遇见幸福

喻丰 著

中信出版集团 | 北京

图书在版编目（CIP）数据

遇见幸福 / 喻丰著 . -- 北京 : 中信出版社，
2020.11（2022. 5 重印）
ISBN 978-7-5217-2038-9

Ⅰ. ①遇… Ⅱ. ①喻… Ⅲ. ①普通心理学－文集
Ⅳ. ① B84-53

中国版本图书馆 CIP 数据核字（2020）第 124457 号

遇见幸福

著　　者：喻丰
出版发行：中信出版集团股份有限公司
（北京市朝阳区惠新东街甲 4 号富盛大厦 2 座　邮编　100029）
承 印 者：北京通州皇家印刷厂

开　　本：880mm × 1230mm　1/32　　印　　张：13　　字　　数：380 千字
版　　次：2020 年 11 月第 1 版　　印　　次：2022 年 5 月第 4 次印刷
书　　号：ISBN 978-7-5217-2038-9
定　　价：59.00 元

服务热线：400-600-8099
投稿邮箱：author@citicpub.com

献 给

我的导师
彭凯平教授

目 录

contents

推荐序

过去的十几年，我应邀回国在清华大学复建清华大学心理学系，在这里做有中国文化特色的社会科学研究，推广积极心理学。最令我感到欣慰的，还是发现和培养了许多优秀的学生。喻丰教授是我在清华最早指导的博士生，也是在学术研究上和我最接近、与我最有感情的学生。一晃多年，甚至连喻丰教授指导的博士都毕业了。这些年，我们一直保持着交流和联系。喻丰在清华大学读书时就是心理学系至今唯一的清华大学特等奖学金获得者，这恐怕是清华大学青年学子憧憬的最高荣誉了。

喻丰从我这里毕业时，也曾是中国心理学界最年轻的教授。看似光彩的背后，我清楚地知道这些年他的遭遇，也对其中艰辛和需要的坚忍不拔的意志感同身受。经历过形形色色的人和事，会给社会心理学家观察人心增加更多深刻的视角。喻丰跟我说，很多时候，正是我教给他的有关积极心理学的理念和方法帮助他度过了一个个艰难时刻。我知道他说的是真心话，因此，他也成为积极心理学真实有用的证明者和知行合一的研究者。

眼前的这本书代表着一种学术传承，也是喻丰学习、教授和践行积极心理学的感悟。在我的学生里，喻丰颇有思想和文采。这本书并非只有学术价值，也充满了喻丰自己的感情。我想，这是一本能够让读者受益的读物，你能从中学习到科学的积极心理学知识和实用的积极心理学方法。更重要的是，它告诉我们，积极心理学不是高高在上的原理，而是有血有肉的生活。

喻丰把本书献给我，我很感激，这是一段最好的师生之谊。

彭凯平　教授

清华大学社会科学院院长、心理学系主任

前　言

这不是一本学术论文集，只是一本做学术的人所写的随笔集。我的日常工作就是读和写，不过读的是文献，写的是论文。好在我很喜欢阅读与我专业无关的“乱七八糟”的书，也很喜欢把我的所思所想给写下来。我在西安交通大学任教三年多，讲授社会心理学和积极心理学课程。承蒙学生不弃，凡选课必过千人，凡上课必挤满教室。尤其让我高兴的是，课上的学生除了选课的大学生、旁听的大学生，还有很多西安的心理学同行、外校的学生、外地来的心理学爱好者，甚至有几位一次不落的老者。我始终觉得每个人自己对知识的理解一定是独特的，讲课讲的是自己而非书本对知识的理解。我不喜欢教材，所以会推荐许多参考书，每次课后我也尽量将教学内容写下来促进学生理解，这就是这本书大半篇章的来源——我上课时所讲的内容。此外，也有一些是我研究积极心理学的心得，以及对生活中与积极心理学有关的事件的思考。不同场合的所思所想，有时观点并不完全一致，也有些案例和想法被不止一次地提及或验证，它们是我在生活和治学的不同阶段中不断思考的见证。

所以，本书是个人化的积极心理学知识，它是我对积极心理学的理解。也许你同意，也许不同意，我都尽量基于科学心理学的研究，但仍是以我理解的方式。

这是一本有思考的书，你应该能从中读出我对幸福、意义等问题的思考，或深或浅，希望它能对你有益。这是一本有情绪的书，你应该能从中读出我写下或者讲出这些文字时的情绪，或悲或喜，希望它能感染你。这也是一本有人格的书，你应该能从中读出作者独特的样子，或明或暗，希望它能鲜活起来。总而言之，这是一本想让你理解积极心理学的研究，并能将之用于生活，去追求人生幸福与意义的独特的书。我想这些文字不是写给研究者的，而是写给每一个人，它不是学术性的，而是生活化的。积极心理学重要的不仅是学术，更是实实在在地用于生活。

我在 34 岁的生日当天摘选了 34 篇积极心理学文章，这是对我自己一段经历的总结。我 34 岁时离开了西安交通大学，回家乡的武汉大学任教。其中故事，让我更理解人性与人心，也更能体会到积极心理学在人生困顿处之可贵。我一直以来的愿望是写本小说，来了却这段经历。30 岁时，我放弃了清华大学的教职来到西安交通大学任心理学教授，这是让很多人无法理解的选择。我把曾经的一篇小文《三十》作为后记，也许读者能体会我当时的心境。我曾写过一首词给我的博士室友：“繁花不过三两月，怎怪空枝不挽留。且看明年枝头上，知否，新芽更比落花厚。　　花落无边飘零处，回首，方恨当年逐水流。再叹那时留恋意，已休，莫将旧酒酿新愁。”这本书也正是我与往日时光作别，告诉自己“莫将旧酒酿新愁”的作品。

过去永远都是过去，而未来如何，是你可以主动去追寻的。希望每个人读后都能有所收获。我的要求很低，哪怕一本书里有一句话能打动你或者稍微拨弄到你的心弦，这本书就没有白读。希望你面前的这本书就是如此。

感谢我的导师——著名心理学家彭凯平教授，将我领进学术之门。他从来善良，如果有缘得见，你会知道他是积极心理学最好的代言人。感谢我的挚友丁晓军教授，感谢我的学生许丽颖博士，还有我实验室的诸位同事，在艰难的日子里，幸得他们的鼓励支持。感谢本书的编辑刘倍辰老师，若没有刘老师，可能也没有这本书的问世。感谢我的家人和孩子，孩子不知道幸福是什么，但他的出现能给你带来幸福（虽然大多数心理学研究都认为孩子没法促进幸福感，但目前为止，这个结论对我并不适用）。

01

积极心理学
只是预设了一颗主动的人心

当积极心理学之父马丁·塞利格曼从研究习得性无助转而研究乐观时，我猜他也没有去预设人类都有颗主动的心。如他所言："'二战'以前，心理学有三个使命：治疗心理疾病，让所有人的生活更有意义，鉴别和培养天才……但是，心理学的后两个使命在走下坡路，几乎被遗忘。心理学变成了研究受害者的科学……50年后，我想提醒大家，心理学已经偏离了主题。心理学不仅要研究弱点和损伤，还应研究优势与美德。治疗不仅要修复受损的部分，还要滋养我们内心最好的部分。"积极心理学的兴起在于反对疾病模式以及强调人的优势的发挥。从塞利格曼定义的层面来说，"积极心理学研究的是使个人、群体和制度繁盛或达到最佳状态的条件和过程"。在其关于远见和未来的观点中，心理主动而非被动的感觉已然清晰可见。

但我想，所谓的“积极”，完全在于积极心理学预设了一颗主动的人心，或者说“能动（agency）”更加恰当。人能够控制自己、调节自己，发挥自己的能动性、自主性、自由意志，这是人之为人的最初状态。积极心理学想让人们去追求的无非在于此，我们可以通过自己的“知情意行”，主动地或策略性地改变自己主观的体验，以幸福为最终目标。

“积极心理学”这个概念并不是塞利格曼的创造。其首创者是亚伯拉罕·马斯洛，他在《动机与人格》一书中使用了“积极心理学”作为首章的标题。他也开宗明义地强调，心理学过多地了解了人类消极的缺憾，却忽视了人的美德潜能。马斯洛所谓的“自我实现者”，一定有一颗主动的心，因为自我实现不是天上掉下来的，而是主动去寻求的。自我实现者会洞悉一切，正确决策，单纯无伪，悦纳自己，喜乐自洽，天人合一，悲天悯人，民主和平，深交善友，明辨是非，诙而不谑，真情流露，超然于世，天真无惧。这些都是要主动去寻求的。我一直相信，马斯洛的主动人心与自我实现的高峰体验来自他自己的经历。他出生于一个并不幸福的家庭，他的母亲是其父亲的表妹。父亲酗酒花心，母亲迷信暴躁。马斯洛曾经捡了两只小猫回家，却被母亲活活打死，因此他与母亲关系一直不好，甚至拒绝参加母亲的葬礼。经历过娶了自己表妹的父亲所造成的混乱生活之后，马斯洛也没能逃脱命运的安排。这个因自己的大鼻子而对自己相貌极为不自信的人在阿尔弗雷德·阿德勒的著作《自卑与超越》中找到了安慰，并同样爱上了自己的表妹。19岁那年，羞涩的马斯洛被表妹推吻，那种愉悦的快感让他感受到了前所未有的冲击和巅峰状态——我猜是这种一生难忘的感觉启发他创作出了自我实现时的巅峰体验概念，也正是这种愉悦的快感让他认为快乐是可以去主动寻求的，因为当时的心理学容不下一颗主动的人心。马斯洛在康奈尔大学听过爱德华·铁钦纳的心理学课程，对这种无聊被动元素分析的心理学失去了信心。在读到约翰·华生有关行为主义的论述后，马斯洛才重新燃起对心理学的兴趣。他前往威斯康星大学，师从以研究灵长类动物而闻名的哈利·哈洛，接受了严格的行为主义心理学训练。马斯洛关于灵长类动物支配动机的博士论文获得了功能主义心理学家爱德华·桑代克的高度赞赏，但马斯洛却在自己与表妹的孩子出生后背离了行为主义传统。他表示，任何一个有孩子的父亲都不可能相信华生所谓的“环境决定论”，把自己的孩子当作一个被动的动物般接受刺激从而做出反应。

华生代表着当时心理学界最大的势力。这位传奇的心理学家从来就没有认为人可以主动去做什么，对他来说，行为无非是历史的奴隶，而历史则代表刺激的输入。与马斯洛不同，华生相貌英俊。心理学史上有个笑话，越英俊的心理学家对人性的看法越悲观。华生的家庭并不富裕，也不幸福，他的父亲是个游手好闲之徒，而少年华生也颇为顽劣，甚至还被逮捕过两次。婴幼儿时期，华生的保姆给他灌输了太多魔鬼与黑暗的故事，这让华生成年之后还经常感觉抑郁、害怕黑暗，甚至需要开灯睡觉，他也不可能感到幸福。华生 15 岁时进入福尔曼大学学习，跟随摩尔学习心理学。很明显，被捕过两次的华生并不是一个好学生，摩尔甚至挂掉了他的心理学课程。但在华生 21 岁时，他拿到了福尔曼大学的硕士学位。毕业以后的华生来到小学教书，当时的工资是每月 25 美元。穷困的华生不甘心做小学教书匠的工作，他跑到芝加哥大学，租食堂的房间，在食堂当服务员，给心理学系“看门”，看管实验室里的小白鼠以获取微弱的报酬来生活。在芝加哥大学，他师从约翰·杜威、詹姆士·安吉尔等功能主义学派的知名人物。华生25岁时毕业，成为芝加哥大学当时最年轻的博士，并留校成为助理教授。这一年，他娶了自己的学生玛丽·伊克斯为妻——玛丽在心理学概论课上爱上了这位年轻英俊又才华横溢的老师，在期末考试的试卷上，玛丽并未答题，而是给华生写了一首情诗。这次“文学创作”得到了玛丽预期的结果，也说明当时的美国没有对教授的本科教学评估。5年后，约翰斯·霍普金斯大学以5倍年薪邀请华生任教，当时约翰斯·霍普金斯的心理学系主任为前美国心理学会主席詹姆斯·鲍德温。次年，鲍德温因涉嫌嫖娼被捕，被迫辞职，华生接替其职位。1913年，华生在《心理学评论》杂志上发表了《行为主义者眼中的心理学》一文，标志着行为主义的诞生。1914年，年仅36岁的华生当选美国心理学会主席，这距离他博士毕业仅仅过去了11年，其中还包括他服兵役的3年。6年后，华生与学生罗莎莉产生了感情，其妻玛丽潜入罗莎莉家里盗取了华生和罗莎莉的信件，之后华生因情书见诸报端而被起诉，导致学界无人敢聘请他，华生也黯然结束了其学术生涯。无论在芝加哥大学还是在约翰斯·霍普金斯大学，“出身”功能主义的华生都坚持使用铁钦纳的教科书作为教材，而铁钦纳也是为数不多在困境中仍旧支持华生的心理学家。之后的华生投身广告界，与罗莎莉结婚。罗莎莉很年轻的时候便离世了，留下两子，分别取名为“威廉”与“詹姆斯”。自此，这位25岁便拿到博士学位，30岁成为教授，35岁改变心理学史的巨星淡出学术界。华生根本不承认主动的人心，他相信环境决定论。华生的名言也许最能说明他的想法：“给我一打健全无缺陷的婴儿，让我在我特殊的世界里抚养，我可以保证，从他们中任意挑出一个，不管他的才能、偏好、倾向、能力以及他亲族的职业和种族，我都可以将他训练成为我所能选择的任意一种类型的特定人物，例如医生、律师、艺术家、商业领袖，甚至是乞丐或者小偷。”这种忽视心理过程的做法实际上抹杀了“心理”二字，是一种极端的环境决定论。当然，在华生心底，他何尝不惋惜于自己过早地离开学术界，之后只能混迹于其他业界——他曾经为生计做过科普，录过音频，写过非专业杂志专栏。直到他年过古稀，获得了美国心理学会的奖项，因怕自己会激动得泪流满面，华生让孩子代为出席领奖，不久便离开人世。我想，在华生心底，他又何尝不知道对环境的极端强调是有违心理学基本原理的，但是他的坚持使得心理学的科学方法有了真正得以施展的场地，人类行为相比于心理过程更外显，更能够直接在心理学的发源处得到科学研究。

马斯洛觉得他自己创建的心理学才是人的心理学，华生是“小白鼠心理学”，而另一非学院派传统的弗洛伊德则完全是“神经病心理学”。弗洛伊德的故事我不再赘述，据说他是改变世界的三个犹太人之一，他让大多数的非心理学专业人士爱上了心理学，也广泛地在 20 世纪影响了文学、艺术等诸多领域。但在学院派心理学家眼中，弗洛伊德只是个文辞华丽、说服力强的小说家，这一点可从弗洛伊德受斯坦利·霍尔之邀赴美国讲学时，铁钦纳对其抱有的不屑之中看出。弗洛伊德的精神分析学派完全是非学院派，且不实证的，但其思想洞见常有闪光，其理论解释力之强也令人折服。最有趣的一点在于，弗洛伊德本人也几乎不相信现实此刻，以及主动人心的力量。他是个早期经验决定论者，更有名的，他还是个潜意识决定论者。他认为人的大部分行为是由潜意识驱动的，而潜意识在意识的水面之下，无可接触。水面之上露出来的小部分是意识，但人的大量行为并不是由它驱动的。从这个意义上看，人甚至不知道自己为何行事，更别说主动去寻求幸福、发挥潜能了。

出身行为主义的人本主义者马斯洛反对了行为主义，其实出身于功能主义的行为主义者华生也反对了功能主义。而功能主义者，或多或少地预设了一颗主动的人心。比如高尔顿·奥尔波特，他更强调理性且有意识的自我功能。当然功能主义的始祖威廉·詹姆斯也如此。詹姆斯出身于富庶之家，有条件致力于自己的兴趣并能轻松获得教职。在欧洲，詹姆斯听过赫尔曼·赫尔姆霍兹与威廉·冯特的课程，但他对他们的理论毫无兴趣。回到美国，他谋得哈佛大学心理学系教职，并先于冯特建造了一个仅仅用于教学的心理学实验室，同时花了整整12年时间撰写了文辞优美的《心理学原理》。之后，这位哲学家气质浓郁的心理学家扔下一句“心理学是一些简单的事实，一些闲扯和争吵，一种仅在描述水平上的归纳和推论，但是没有一条定律足以与物理学意义上的定律相匹敌。这不是一门科学，它仅仅是一门科学的希望”。好在詹姆斯重视意识，也反对低端还原论，他将意识看作一个私人化的整体，是连续不断的流，是无法将其分割为碎片的。意识也总是有对象的，无法凭空进行，它的对象还存在人为选择，每个人始终在选择一种意识对象而排除其他意识对象。当然，意识这种私人状态也是一次性的，你无法体会两次一模一样的心理状态。因为意识有主体也有对象，那么人在知觉自己的时候，一定存在一个主体，也存在一个对象，这个时候的主体与对象都是“我”。詹姆斯把主体称为“主我”，而将对象称为“客我”。詹姆斯重视这种主我，因为它是整个主观生活的中心。于此可见人心之主动。

以主动的人心追寻幸福并非易事。如果仔细上溯寻求，你便会发现，以主动的人心去寻求幸福，确实不易。在古希腊，没有主动追寻幸福的可能。那时，人们遵从神祇——那些被神眷顾的人，便是幸福的。因此，在古希腊人看来，世界是由神控制着的，我们人类无法掌控自己的命运，无论发生战争、自然灾害，还是其他天灾人祸，冥冥之中都是神的旨意，人类不过在神的游戏中而已。因此，世界充满着不确定性，而人类对自己的命运又完全不可控。正是这样的看法，让古希腊人无法主动追寻幸福，只能等待幸福的降临。也就是说，在他们看来，幸福不是通过自己努力可以主动得到的，而是需要得到神的眷顾被动获得的。因此，在古希腊人看来，幸福是不可预计的，幸福也是不可思议的，更是不能强求的。于是，幸福不是一种可以追求的理想状态，而是对一个人一生的评价。评价一个人的一生，最好的时候在于他们临终的时刻。所以，古希腊人所谓的“幸福”应该是在一个人临终之时，纵观他的一生，评论得失，判断幸福。我们可以在卧榻之侧，询问临终之人，他这一生是否幸福。这样的幸福无关当下的情绪，而是对生命全程中自己所拥有的美德的感怀。现代研究发现，人们大都在 50~60 岁左右就开始表现出一些判断自己幸福与否的兴趣，包括“我给予了这个世界什么”，或者“我做出了哪些能让自己不朽的贡献”等。说到底，古希腊人在弥留之际对自己幸福与否的判断依据，是他们是否受到了神的青睐。他们的幸福充满不确定的意味，幸福是一个人一生的命运和幸运的程度。古希腊人的一生是悲剧性的，因为他们不知道会发生什么，不知道神的旨意是什么，不知道自己的命运将会如何。古希腊人仿佛生而不幸，他们有着太多不可控和不确定性——就像神的“玩具”，没有太多的自由意志，对未来不会有太多的憧憬，似乎自己的命运早已被决定。这种宿命论的观点导致他们只有在死的时候才能品评自己的一生幸福与否。英勇的武士战死沙场，这是幸福的。因为在他们死后，人们才开始评价他的一生：为国捐躯，这是光荣。就此献出生命，那么人的一生就会被别人评价为：幸福。因为环境是如此险恶，人生是这般艰难，谁也不能预料明天会发生什么，之后的事情除了神无人能够预知。在死亡的时候遇上人生最幸福的事情，那么幸福便谁也夺不走。死亡为幸福赋予了意义，幸福也是在人死之后对这个人一生的评价。

不过苏格拉底将幸福的评价变成了人们对幸福的追求。雅典的民主和繁荣让苏格拉底敢于抛开神的旨意，提出“追求幸福”的目标。他认为人们应该掌控自己的人生，而这个工具就是自己的理性行为。对苏格拉底来说，幸福不再是机遇，不再是命运，幸福是真真切切、实实在在的，是人类可以看得到、摸得着、能够追寻的东西。之后，苏格拉底和他的学生柏拉图进一步解释了幸福的真谛。我们的确都有追寻幸福的欲望，但我们的欲望也常常流于粗鄙、庸俗和蔑视道德。美食、性爱无一不能为我们带来短暂的欢愉，但它们却不能为我们带来真善美，不能为我们带来幸福。要想获得幸福，我们需要经过漫长的培养过程，从爱人的身体到美的物体，从美的物体到美的内在、美的知识，直到我们超越了普通的感官欢愉，节制了各种各样的欲望，才有可能获得真正的幸福。因此，幸福不是玩乐，不是运气，不是财富，也不是名声，幸福就是我们的理性行为，就是我们抛弃了欲望的尘世而来到的真善美的天堂。

苏格拉底和柏拉图的幸福观也许只有他们能够达到，即使主动，也难寻求，因为他们最终的幸福观指向了无上的哲学。能达到这种境界的人少之又少，苏格拉底和柏拉图在俗世之外寻找着哲学的智慧，而亚里士多德则在现世之中探寻着幸福。亚里士多德是柏拉图的学生，是古希腊哲学之集大成者，甚至现代数学、物理学都常常追根溯源至他。他与柏拉图一样，相信人的理性；但又与柏拉图不同，亚里士多德认为要探寻幸福，就必须观察现实世界，而不是诉诸哲学。这或许也是他所谓“吾爱吾师，吾更爱真理”的彰显之处。因此，亚里士多德的幸福感没有苏格拉底和柏拉图那般玄虚，他立足于现世，给出了幸福和追寻幸福的方法。亚里士多德认为，人区别于动物和植物之处，就在于人拥有理性的灵魂，而正是理性的灵魂才能让人有追寻幸福的可能。亚里士多德认为，万物皆有其目的，人生在世，也是为了实现某种目的、达成某种目标。对人类来说，这个目标就是善；而在善的背后，终极的目标便是幸福。可以说，善也是达到幸福的一种方式，而我们达成善也必须有自己的方式，那就是成为一个好人，按照美德来行事。在亚里士多德看来，一个好的直尺能方便、准确地度量物品；一株好的花是香气四溢的，能沁人心脾、娱人心智；一只好的猫能够捕捉老鼠、乖巧可人。这就是亚里士多德对什么是“好”的理解，他似乎告诉我们，物能尽其用便是好物，那么人能尽其才也才是好人。以“功用”来定义道德是其思想：一个好的人是恪尽职守、温和节制，并充分发挥了自己能力的人。亚里士多德用中道来确定他所认为的美德，因此美德就是不走极端，极端便是恶德；美德不能过度，美德也不能不及。在他看来，胆小、柔弱便是不及，鲁莽、蛮横便是过度，而只有居于其中的勇敢、坚强才是美德。因此，按现代观念来看，我们有着天赋的基因、不同的文化以及独特的人格，我们需要将它们在现在的环境中表达出来。亚里士多德的幸福观要求我们将自己的核心优势和热情表现出来，并发扬光大。亚里士多德的中道是一个深层次的观点，它要求我们平衡生活中的苦痛与快乐、理智与情绪。凡事皆有所由，但凡事都不能走极端。我们不是不能发火，但是这个“火”必须是为了适当的目的，在适当的时间，用适当的方式和适当的程度，发在适当的人身上。我们也可以有欲望，但欲望不能太过，以致打破平衡。对很多人来说，同情是变得快乐的一大关键，但是同情也要有节制。一些极度利他的人会病态地将自己所有的东西都赠予他人，他们会将自己的钱全部捐出来，将其子女的钱也全部捐出来。这当然是不对的，他们需要受到约束。亚里士多德认为，你的欲望水平要和你当前的财富相匹配，只有在你的财富允许的前提下，你才能扩张你的欲望。不过这一观点也有争论，有人认为将欲望变得比财富水平低是很危险的事情，因为这会使你缺乏更上一层楼的渴求，也会让你安于现状、不思进取。当然，说适度的观点所有时候都是正确的，但也不尽然，有些时候极端也是好事。试想一下当你不可救药地坠入爱河时的感觉，又或者是一个江郎才尽的画家、作家突然有了灵感，这种极端的感觉会让人如痴如醉。当然，亚里士多德并不像苏格拉底与柏拉图那样排斥感官快乐，他从不认为无衣无食还能幸福，他坦率地承认感官快乐、外部环境都是幸福的来源，同样，运气也不必排斥在幸福之外；但最为重要的幸福途径还是培养美德。不过，亚里士多德也承认，人们再怎么培养美德，也难以达到最终的幸福，最终的幸福必须要靠沉思——这是神圣且纯粹理性的运作。立足尘世的亚里士多德还是将最终的幸福抛向了神，人类所能做的除了用理性来行事，便只剩下放弃为人。

伊壁鸠鲁和芝诺是亚里士多德之后的古希腊哲学家，他们不满足于从苏格拉底到亚里士多德对追求幸福的悲观看法。虽然苏格拉底、柏拉图和亚里士多德已经宣称幸福可以追求，但他们认为的最终的幸福却离凡人过于遥远；而伊壁鸠鲁和芝诺则认为，追求幸福是人类的责任，幸福可求，但机遇也不是随机的，我们可以塑造、把握机遇。伊壁鸠鲁强调快乐的重要性，他认为人天生具有趋乐避苦的倾向，这种快乐并非堕入凡俗，而只是指在身体上没有苦痛，心灵中没有忧虑和烦扰。对伊壁鸠鲁来说，快乐就是善，而痛苦就是恶。芝诺则不然，他甚至无视快乐与痛苦，他认为美德才是首位，拥有美德的人，即使是饱受不公与折磨，他也是幸福的。两人的观点相同之处在于他们主张的追求幸福方式上的一致，这便是禁欲。为了避免身体的痛楚与精神的煎熬，我们只能用理性面对灵魂的纷扰，摒除那些使我们误入歧途的欲望，以换回内心的宁静。只有熄灭欲火，我们才能不被欲望所驱使；只有毫无欲望，我们才不会受到因得不到而产生的伤害。没有了饥饿的欲望，我们怎会受饥饿之苦？没有了性爱的渴求，我们便不会沉迷其中。从苏格拉底到亚里士多德，人们已然发现幸福就在眼前，但当他们着手追寻时，却不得不感叹苏格拉底等人所谓的幸福依然远在天边。当幸福就在前方，人们却无力追求的时候，伊壁鸠鲁和芝诺告诉大家，克己而禁欲就是把自己变成神的方法，也是让自己拥有追求幸福的资格的方式。当然，古希腊诸位哲学家所谓的幸福仍不是主观的幸福，他们所谓的幸福都是一种客观的状态，某种意义上来说，尚不是感受，仍然是一种评价。

在这些哲人看来，幸福已然可以主动追寻，但是都还悬于空中。中世纪是宗教时代，基督教一开始就是苦难的——耶稣被钉在十字架上。成千上万的人将圣像佩戴于胸前，用手势画着十字架的形状。基督教强调人们要遭受苦难，这与世人对幸福的理解大相径庭。为何受苦反而能达到幸福？为何获得永远的幸福必须要历经千万苦难？奥古斯丁用原罪的观点进行了解释：基督徒都是带着原罪来到这个世界上的，我们出生时并非清清白白，而是带着罪责而来，罪把人类和上帝隔绝开来。上帝的子民们希望得到救赎，但他们必须历尽艰辛到达某一目的地。因此，人类的幸福便是上帝的恩赐，遵循上帝的指引，博得上帝的欢心，到达上帝指定的地方，这才是幸福。不过基督教不再教人拒绝苦难，而是让人接受苦难，面带微笑地拥抱苦难，替基督受难——这不是苦难，这是荣耀，这是幸福。因此，有人笑着就义，有人慷慨赴死。只有在死亡之时，我们才有可能得到上帝的恩赐，获得幸福。上帝并非在每个人死时都予以恩赐，即使恩赐，上帝也需要选择，所以幸福在生前永难得到，在死时才能等待上帝的开恩。幸福的终极意义只是一个幻觉，幸福也不会在这辈子为你我所发现，只有当我们死后，脱离了肉体，进入来世时才能体会。幸福的评价需要在尘缘已了之时，所以主动追寻“此岸”的幸福似乎也成为徒劳。

基督教说人带着原罪而生，但有一个人不同意他们的观点，这个人便是约翰·洛克。洛克认为人生下来的时候，其道德和心灵就是一张白纸，什么都没有，什么也不带。洛克的思想无疑把人类的先在苦难和罪恶都抹去了，他以为我们是干干净净地来到这个世界，我们的思想和心理的运作就是在这张白纸上写下独特的对世界的文字，而这一切都需要通过我们的感官来反映。因此，感官的快乐便受到了洛克的重视。洛克认为："完满的幸福就是我们所能享受的最大快乐。"他的思想明显承袭了伊壁鸠鲁对快乐的看法，但是洛克并没有像伊壁鸠鲁那样强调禁欲，当然洛克也并没有为各种感官享受做辩护。他所谓的真正的快乐并不在此，真正的快乐是长久的快乐，而不是一时的感官欢愉。

置身欧洲启蒙运动中的洛克和当时哲学家的思想极大地改变了西方文化。文艺复兴时期的人文主义开始强调"人"而不是神，强调人本身的潜力。哲学家杰里米·边沁吸收了洛克的思想，他试图科学地定量测量幸福，并想通过公式来计算如何将幸福最大化。在边沁看来，功利就是"倾向于给利益有关者带来实惠、好处、快乐、利益或幸福，或者倾向于防止利益有关者遭受损害、痛苦、祸患或不幸"。边沁认为，快乐和痛苦是人类的主宰，而自然、政治、道德和宗教是快乐和痛苦的四大来源。因此，功利原理（或者叫作最大幸福原理）才是人类应该遵循的首要法则。功利原理是指："它按照看来势必增大或减小利益有关者之幸福的倾向，亦即促进或妨碍此种幸福的倾向，来赞成或非难任何一项行动。"边沁反对禁欲主义，因为禁欲势必降低人的快乐。在边沁看来，功利原理不仅可以用于个人，还应该被用于群体乃至社会。政府的立法行动应该考虑如何提高整个社会的幸福，这就是社会中每个成员的幸福的总和。也就是说，只要符合这项原则，我们就能判断一个行为、一项法律、一种决策是否正确。如果整个社会的幸福提高了，但这是以降低某一个成员的幸福为代价的，那么根据功利原理，这也是可取的。边沁不仅这样说，他甚至将这一原理具体化。他认为，对一个人来说，其快乐或者痛苦的程度要根据以下几个方面来计算：强度、持续时间、确定性或不确定性、临近或偏远、丰度（指随同种感觉而来的可能性，即乐有乐随之、苦有苦随之）、纯度（指相反感觉不随之而来的可能性，即苦不随乐至、乐不随苦生）。而若要计算一个群体或者社会的幸福，我们还需要加上一条：广度（即波及的人数）。

密尔在边沁的基础上区分了幸福的质和量。密尔说，“做一个不满足的人比做一头满足的猪好，做一个不满足的苏格拉底要比做一个傻子幸福”，为什么？这正是因为苏格拉底拥有高级的快乐，而猪只能享受吃喝等低级的快乐。对人来说，有知识、受尊重、听音乐、传播美德所带来的快乐要远胜于吃、喝、性所带来的快乐。无论如何，经过了启蒙时代对自由和个人权利无以复加的崇尚，与古希腊天堂般不可触摸的幸福相比，现代的幸福观已经飞入寻常百姓家，变成了每个人都可以主动追求的目标，甚至是人类的权利。

这一源流的哲学思想似乎给出了对追求幸福的主动人心的深刻预示。心理学来源于哲学、物理学与生理学的发展，前科学阶段的心理学始终存在理性与经验的争论，当然，也存在主动人心与被动人心甚至是人心多余的争吵。普遍来说，德国传统的哲学更加理性、主动，而英国传统则相对更加经验、被动。积极心理学的“积极”，无非是在说人心可以主动，这才是积极，而不是肤浅地贴个“积极”的标签，让人误认为什么都可以且都需要被鸡汤式地看待。

更多的主动，我想不是坏事；但是，过多的积极并不是好事。研究发现，过于积极看待未来的美国总统，其任期内的经济状况反而更差一些，这也许是因为太过乐观，容易忽视危险而麻痹自己。中国人倒是熟悉这样的观点，所以传统的父亲都是严父，他们很少夸赞孩子；但是你会发现美国人却经常将“wonderful”“brilliant”“genius”“great”挂在嘴边。刚去美国时，听到他们总夸赞我，我还真以为自己天赋异禀。一天我给人 7.5 美元买 6.5 美元的东西，要找 1 美元，我能口算出来，他们却要用计算器，于是我得到“天才”的评价。这时我才知道，“天才”是个被用滥了的词。

所以，你不用过分积极。当然，主动的人心也从来没有预设过人性就该是善良的。马斯洛认为人性本善，但是当你问人性是不是善时，这个问题则很难回答。不考虑“这要取决于善恶的定义”这样诡辩式的逃避，我想可能很难去说人性完完全全是利他的。对，我在这里将利他与自私当作善恶。见义勇为也可能并不出于真的善，它还必须排除是否为了让自己心安，是否可能避免良心谴责或社会谴责，是否这样让自己更舒服，是否可能让自己受赏等自私动机的影响。我想，似乎很难说人心是完完全全利他的，这不符合实际情况。“我之为我”就是因为自我与他人有边界，我知道别人不是自己，那么我对待别人与对待自己也许便不尽相同，这在逻辑上也完全说得过去。不过，这并不妨碍我们追求善，也不妨碍人心可能会向善。也许在恶的世界发现善，你才会知道善是多么可贵。

这个世界不甚完美，也许你用尽所有力量它都无法变得完美，似乎你必须接受。我们能够学习的是主动去改善自己，力所能及地改善世界，在这个过程中保持积极心理学倡导的态度，不违良心，心向善良，明辨是非，骨气长存。积极心理学让我们有主动的人心，这绝不是愚民，也不是想让大家都变成幸福的“猪”，它是想让大家主动理性地思考，主动积极地行动。生活不易，积极心理学不是生活的兴奋剂，它只是让你换个眼光看待平淡（也许是波澜壮阔）的生活。

我想，有一天，主动思考已经深入你的骨髓，追求幸福真的成为人类衡量自己生活的最终目标，这时“积极”便可以消亡。这是好事，就像平时谁也不会谈起电，只有停电时才能意识到电的存在。这是我的理想：人人都能主动、理性地思考生活，追求幸福。无人谈起之时，才是深入人心之至。

我总认为，积极心理学的要义就是这般主动的人心。

不一样的幸福观

上课讲到跨文化的幸福概念，有人问我：中国人拥有幸福的方式和其他国家的人不同吗？我想了想，也许会不同，这可能源于我们的文化。既然问到了，我就谈几句吧。

谈到跨文化，很多人会夸大跨文化的差异。其实，许多东西并非西方一定没有，比如我们强调的“面子”和“关系”，我和乔纳森·海特交流过，和马克·阿尔法罗也交流过，对他们来说，这并没有什么不可理解的，他们给我的反馈甚至是，这并非文化差异最重要的部分，因为他们也有这样的情形。深层次的部分当然不同，这是我们谈到差异的地方；但是我们强调的共性也是肯定的。下面都是我自己的感受，它不一定是科学的，但我认为的中国人的幸福大体如此。当然，首先得定义一下文化，这段话是我在其他文章中写的：

> 文化是知识、经验、信念、价值、态度、意义、等级、角色、观念、思想、行为方式等在代际间或者群体间的累积。藉由文化，人类的知识与经验得以保存。同时，文化通常情况下也被认为是人之所以为人的特征之一，因为似乎只有人才具有这种积累知识的能力，能够通过语言将知识储存，并不断传承。当然，文化并不一定非要以语言或文字记载的方式进行传承，符号、习俗甚至集体潜意识都能够成为文化传递的基础。通过分析可知，文化是存在于一定的群体的，因此文化之间必然存在群体与群体的不同，是为文化之变异。正是因为文化有其变异性，才使得文化成为一种独有现象，并有着能够在长时间内保持、传承和进化的可能。文化影响着人类的外在表达，如语言表达、衣着服饰、生活方式、起居习惯；同时，文化也影响着人类如何认识外部世界、如何知觉外物、如何看待自我，并因此影响人类如何决策与行为。当自己的文化受到其他文化冲击时，人们会表现出愤怒；当自己的文化受到其他文化产品的污染时，人们会表现出厌恶；当人们受到死亡威胁时，他们会聚集在国旗下，用自己的文化来抵御。文化就是这样一种弥散于外而内化于心、进化千年却影响当下的事物，它使得人成为人。

作为中国人，我们无时无刻不受中国文化的熏陶，它时刻都在形成一种弥散的背景，影响着我们如何知觉这个世界。中国人——至少在我们这一代——再怎么全球化，也不可能不受中国文化的影响。我们的幸福，我的个人体会是：

第一，“二维”的幸福。我最欣赏的文化差异发现，并不是中国人和美国人之间的比较，而是非洲人在深度知觉上与中国人的不同——非洲人看东西实际上更加偏向一种二维的感觉。我想到某次我和同学去国家博物馆看展览，恰好碰上当天在展出非洲艺术，他们的艺术在人像和动物像上始终有一种必须看见全局的感觉。比如，画动物不能画它的侧面，得把动物剖开，然后展开来铺平。这种感觉是看个半边都是假的，你得把两面都翻过来拉平了给我看。一次偶然的机会，我在西安交通大学博物馆看到一幅陕西户县农民的画，突然又给我一种这样的感觉：户县农民似乎在世界认知上和非洲兄弟有些相似，许多动物画像都不是一半侧面，而是有一种拉平失真但是能看到全局的倾向。我仿佛觉得，中国人（尤其是相对更能代表中国文化的农民群体）对比西方人，似乎在认知上也要更加二维一些，不知道是否有相关研究。一个平面就是横竖两根轴，如果再加一根轴，那就是三维——加上的这根轴可能是拉远的时间维度，也可能是拉高的空间维度。若没有时间轴，我们便很难长远地看问题，会更倾向于短视；没有空间轴，我们便很难抽象地看问题，会更倾向于琐碎。短视和琐碎的结果是“当一天和尚撞一天钟”。有时候我爱想大问题，朋友跟我说：“你过好今天就可以了，管那些干什么？”但我还是会想，而且我非常害怕很多所谓的“活在当下”。是的，活在当下没有错，但是当下的生活不应该是躺着就来的，它需要你经过思考而选择。

第二，道德的幸福。我研究道德心理学的体会是，道德将人类尤其是中国人束缚得很紧。在泛道德化严重的地方，道德能被用来杀人。网络时代最容易发生的事情就是舆论的狂欢，而人们很容易陷入狂欢状态，将任何事件染上道德的颜色，然后进行群体情绪宣泄，产生道德义愤。很多热点新闻的发酵都是因为道德，看到不道德的人受到惩罚会让我们快乐。用道德标定幸福也是一种方式。有人赌咒立誓要做有德之人。有一次，我看见有人在社交媒体放了自己的结婚照片，写下他此生只爱妻子一人，若有不轨之念便是人渣。你看看，这就是用道德来标定幸福。

第三，差序的幸福。我们的道德辐射范围是有差序的，我称之为“道德差序圈”。你关心路人吗？很难啊，我又不认识他。我应该关心吗？这话都不该问，当然应该。孙隆基在他的书里谈“仁”时说：“中国人在排队时遇到熟人也来排队，总会硬将他拖到自己之前，热情地说：‘你先！你先！’但是，如果是陌生人，即使已经排在自己前面的，他也会设法抢在他前头。”对啊，我们的幸福是建立在重要他人的身上的，只有在你和重要他人之间才能得以体现。现在的年轻人将它叫作“双标”而批判之。联合国 2018 年的《世界幸福报告》里，中国的幸福排名正好在世界的中间，我们的社会支持不错，说明我们熟人间的维系很好；最影响我国人民幸福指数的一点是慷慨，可能表现在陌生人之间的道德缺失和冷漠。一个幸福的社会，总是人们互相亲近爱护，把彼此当作“人”的社会。缺乏对其他陌生人道德的关怀，很难成为一个良善友爱的世界。

第四，人情的幸福。道德差序圈最中心的地方，就是我们的核心自我概念中可能重叠的那些人，这些人可能是你的亲人朋友，也可能是领导。我们的文化权力距离大，领导的一两句话经常成为中国人幸福感和压力的来源。我们的权力距离大到就算领导和你再熟，就算领导住你家隔壁，你也不能拍着他肩膀叫他老王，在美国，你可以叫你爸“约翰”，在中国你要叫你爸“约翰”，“约翰”可能会打你。我在中国将导师彭凯平教授称为“彭老师”，在美国大家叫他的名字“Kaiping”。我们中国学生到了美国发邮件，“ Kaiping”叫不出口，叫“Prof Peng”又觉得做作，于是有人发明了“Peng Laoshi”的称呼，你看看这文化差异。那么给领导留点儿什么最幸福？当然是人情啊。那天我在楼下听见两个人给领导送礼，可能是想换工作离开，求领导放行。一个老师说：“送了吗？”另一个说：“送了，话说了，帮他把那个事儿也解决了。”这个说：“这下人情到了。”是的，赤裸裸的经济利益关系，硬要当作人情来解释。都说犹太人擅长营商，其实我们也擅长——擅长的是投资人情，债都是人情债。人情这种东西，还让你不好拒绝，拒绝了你自己都感觉不幸福。比如我上课，每次同学们都站满教室，结果每次都有学生找我要 PPT，不给吧，他们脸上写着“你好小气”；给吧，这完全不尊重我备课的劳动和我的知识版权。我倒是想给大家灌输这种用劳动衡量一切的做法，但是没办法，大家目前还没有强烈的版权意识。

第五，集体的幸福。有了人情我们就是朋友了，而朋友只谈感情。我们不谈自己，只谈集体——我自己幸福其实不是真幸福，“我们”幸福才是幸福。我每天看到很多同质化的朋友圈转发现象，同一个单位的人现在在朋友圈几乎都不发表个人化的内容，转发的都是这个单位的好事。我们的文化就讲究集体，甚至我们的自我很多时候都是由集体来定义的。比如，问学生他是谁，他们十有八九都是些集体的描述，比如他是“清华大学学生”，他是“八字班学生”，他是“心理系的”等等，但是很少有人直接说自己的名字，因为那是他自己。我有次看到一个微信好友转发一位教授获得荣誉称号的消息：“我为你高兴，为你感到骄傲！”看上去很熟络。我问他：“你真的认识对方吗？”他说：“不认识啊！不认识我就不能发了？”我说：“你真的为他高兴吗？”他反问我：“你说呢？”我哪儿知道啊，看着他不那么好看的脸，我只是觉得这个月亮外的“晕轮”可能真的太亮，把我们的脸都烤糊了。

第六，联系的幸福。我们在朋友圈里发这些信息，无非是想获得和更多名人的联系，用以提升自己的幸福感，即使它是虚幻的。其实虚幻的幸福也很幸福，比如你加入了某个夸夸群，大家整天一窝蜂地互夸；你不想看书是因为你早就学到“溢出”的程度，不能再加了；你只想睡觉是因为你天赋异禀，可以在梦中汲取书本精华。明知道是胡说，但这样做也可以舒缓情绪，我们要的就是这种感觉。我常听见有人吹牛说，昨天他和某高官、名人吃了饭，他家有个远房亲戚的后妈是谁谁谁，这种联系带来的幸福感并不弱，甚至当你因为某种原因不能说它的时候，会很焦躁。可见，与他人之间产生联系，这是我们最重要的事情。

第七，现实的幸福。有很多次，我和人聊天，聊不下去。有人问我为什么要学心理学，我说之前是瞎填的志愿，之后就是想了解人心和人性。他说：“了解人心真好，那样就可以看透人心、把握人性，升官发财还不是随你挑啊？”我说越是了解人心人性，我就越想做我自己觉得单纯而你们看起来可能很傻的样子，因为我有时候可以采用“上帝看猴子”的视角。他不解，当然也觉得我傻。很多人认为，不成功似乎是不可取的，而这些成功无外乎功名利禄。我们有想过了解了很多知识其实也是幸福吗？很少有。“心理学能干什么？能赚钱吗？”——这是大多数人对我的质问，我想，我只是想了解这些知识，我了解后就很开心、很快乐。就这么简单。

第八，物质的幸福。以前我也喜欢写诗送人，直到我听说有人因为写诗送给女朋友，被大骂“你写首诗送我有什么用？又不能当饭吃”后，愤然分手，我就再没写过诗作为礼物送人了。恐怕写诗这种纯精神之物不值得赠送，我得用毛笔写在纸上，再裱起来加个框，变成“物质”，才合适。

第九，回避的幸福。看夫妻吵架有时是件乐事，因为吵架的双方很少直接就某个主题吵下去，通常情况下吵架的主题会飘忽起来，他们能从昨晚为什么有一个未接电话，吵到为什么偷看对方手机，吵到为什么不尊重彼此的隐私，吵到这就是自私，吵到20年前为什么你吃饭没给我先夹菜……说真的，昨天为什么有一个未接电话啊？不知道，反正也说不清楚。有矛盾就直面矛盾，这是西方人的观点；有问题绕道而行，这是我们的观点。问点事儿我们不能直接问，先扯到上下五千年，见缝插针不留痕迹地恰好对了，问别人能不能下课后帮我取个快递。有次我参加校友会活动，有位老校友苦口婆心地说：“你们年轻人五年之内不要换工作，不管你们是否做得顺心。”老校友也是好心，怕我们遇到困难直接面对，教我们回避，以免某天没饭吃。隐忍、回避、悬置是我们通常解决问题的方式。

第十，停止的幸福。回避得有个“头”，这个“头”就是看你什么时候能够自我合理化。在我们的人生哲学中，知足非常重要。很多人对我说：“你还要什么院士、名誉，现在多舒服，要知足啊。”是的，我们的进和退都是看情境的。如此的情境主义，可以让你奋斗不止，又可以让你知足常乐。这都是境遇，对吧？处江湖之远你就道，居庙堂之高你就儒，出世入世一句话，是进是退看对象。人生不如意事常八九，所以知足、降低期望，这都是良好的幸福策略。

第十一，辩证的幸福。辩证有点儿意思，贴段我写过的文章：

> 彭凯平老师认为，东方人倾向于以一种整体观的认知方式来看待世界，而西方人倾向于以一种分析论的方式来看待世界。许多东亚国家民众的思想中都包含着朴素的辩证思想，其核心即变化、矛盾和整体论。变化律认为现实是流变不居的，一切存在都不是静止的，而是变化的；矛盾律认为现实是充满矛盾的，矛盾是永恒存在的；整合律认为所有事情都彼此关联，没有什么可以孤立存在。而西方人则倾向于以一种非黑即白的方式来看待整个世界。相应的，西方人的思维方式更倾向于线性思维，强调同一律、非矛盾律和排中律。这种思维方式上的差异使得东方人能够容忍矛盾、期望变化，会在归因时倾向于向外归因，而在知觉世界时倾向于看到背景，不仅仅是关注焦点。

我想这个辩证观不是让我们分开两面看问题，也不是矛盾一方战胜另一方，而是协调。这让我们很容易认知失调地获得幸福和心理上的平复。辩证的幸福看起来不会是非常极化的，它会让你拥有折中的幸福、不浓烈的幸福。

第十二，非线性的幸福。辩证就肯定难以做到线性。有一次我有个学生得了奖，请大家吃饭。吃完饭没有尽兴，我们接着又去唱歌。唱完歌还没有尽兴，他又请我们吃宵夜。吃完宵夜我们一起走回学校，他突然脸色凝重地对我们说："今天我是不是庆祝得太过了啊？"我的思维方式是，庆祝就要尽情，这没什么。但他觉得庆祝还得悠着点儿，不能太过，过了就会倒霉。我们讲究“人品守恒”，这种“过”会被看成“败人品”。实际上，所谓“攒人品”无非是我们认为这个世界会盛极而衰，也会否极泰来。这种思维方式其实非常诡辩。比如我摔了个跟头，我妈跟我说没事，会否极泰来，明天肯定有好事。第二天我过天桥，又被鸟粪砸中头，我妈跟我说没事，明天肯定会否极泰来。第三天我被狗咬了，我问我妈：“你不是说否极泰来吗？”我妈说：“你还没有否极。”

第十三，非极化的幸福。辩证的想法要求我们做人要方而不割、廉而不刿、直而不肆、光而不耀。我却总说，你要耀眼，耀眼只是一个个人选择。我有个大学同学玩单机游戏，用修改器。我们都知道，再好玩的游戏，一旦用了修改器，在修改的时候无比爽快，而十分钟后这个游戏就会变得索然无味。这个同学居然还给自己订了个修改的规矩，比如每局只能修改其中一项指标，而这项指标的修改不能超过敌人该指标的一倍，其他都得自然形成优势。我很费解，改都改了，你还定个貌似道德的规矩，累不累啊？他说，他有个原则，改也不能改得悬殊太大。

第十四，非重要的幸福。曾有电视台采访路人“你幸福吗”，结果得到了一堆乱七八糟的答案。事实上，大家似乎还没有准备好回答这个问题。涉及研究，我访问过被试类似的问题，有人甚至告诉我，他觉得幸福不幸福无所谓，他只想过好自己的生活，有饭吃有觉睡就好。也许幸福是个较为个体或主观的概念，每个人都有自己的标准。

第十五，非逻辑的幸福。每当我和人说话很有逻辑的时候，别人就会觉得我很轴、死板、揪住问题不放、抠字眼、抓住形式忽略内容之类的。就像吵架，那种缺乏逻辑的争吵最终都会变成泼妇骂街。

我觉得，幸福就是有意义的满足，而这种有意义就体现在我们能够主动去思考、去等待、去努力。就像我说的，积极心理学只想要颗主动的人心。

自己的选择，自己的责任，自己的幸福，如此而已。

03 幸福除了快乐还有意义

幸福是一种主观感受和体验，因此幸福离不开心理学的探索。从 20 世纪末开始，心理学中的积极心理学思潮就批评当时的主流心理学过分关注少数人的消极心理现象，提倡心理学应服务于大多数心理相对健康的人，应关注个人与社会心理的积极方面，包括个体的积极情绪、潜能和美德，以及积极的社会组织。在这一背景之下，从 21 世纪初到现在，对幸福的研究一跃成为心理学中的显学。每个哲学家都会思考幸福的问题，但是他们对幸福的定义不会和心理学家一样。以一种具体且有操作性的测量方式以及测量结果来定义一个概念，这是心理学的传统，幸福也不例外。

认知心理学家会用物质基础来定义幸福，迷走神经的作用、多巴胺和阿片系统的分泌、伏隔核的活动、杏仁核的抑制以及左脑而不是右脑的激活等，都被他们用作幸福的操作定义。而心理学中最常见的方法还是主观自我报告，心理学家至今已经编制了数份不同的幸福量表来让人评价自己的幸福感受。无论量表的题量多寡，它们其实都只是在回答一个问题："你觉得自己的幸福程度是多少？"研究者甚至发现，这个问题和其他多项目的量表之间的相关性很高，用这一个问题就能代替其余量表。也有心理学家使用经验取样的方法，在每天不同的时刻问这个问题，对答案进行平均，得出的值就是这个人的幸福水平。从某种程度上说，对这个问题的回答也就是心理学家对幸福的理解。

回答这个简单的问题，实际上已经要求人们在主观体验的基础上，平衡自己相互冲突的各种欲望，思考自己相互抵触的各种目标，得到一个总体的评价。欲望和目标的实现代表着满足和快乐，而各种目标和欲望之间通常又并不一致，此时便涉及我们对不同目标的意义的思考。从心理学的观点来看，幸福确实是一种主观感受，但它又不仅仅是单纯的快乐和满足，而应该是有意义的快乐和满足。包括积极心理学倡导者马丁·塞利格曼在内的大多数心理学家均持有这样的观点。但一旦到了操作层面，意义便常常被忽视。譬如另一位积极心理学领军人物艾德·迪纳在研究幸福时，便只测量积极情绪与生活满意度。一般来说，心理学的概念都对应着"知、情、意、行"这几方面，其中"行为"是外在表现。迪纳的幸福定义当然包括了"认知"与"情绪"，但是忽视了"意志"。作为一个主观心理变量，幸福应是知、情、意的统一。如果我们列一个公式，那么会发现"幸福 = 满足 + 快乐 + 意义"。

享乐主义幸福观强调我们对欲望的满足以及对感官快乐的追寻。确实，欣赏美景、享用美食、闻到花香都能让人变得快乐起来。我们舌头上的味蕾、眼睛里的视觉细胞以及皮肤上的感受器众多，它们的存在就是让人来体验享受的快乐与满足。身体的接触和抚摸能促进催产素的分泌，使你更信任他人，同时影响交感神经系统，使你能平息压力。享乐主义不乏心理学的实证证据，对快乐的追求与快乐带来的实际益处都得到了广泛的证实。情绪的作用在现代心理学的情感革命之后得到了前所未有的重视，确实，快乐的情绪是人类幸福必不可少的组成部分，甚至成为人类的一种高级心理需求。但让我们思考这样一个问题：若有一台快乐机器，你进入这台机器就能持续体验快乐，而且机器还能产生各种变化，使你的快乐感觉不至麻木。因为太过快乐，人一进入这台机器，就不愿意出来，会在机器中耗完一生。你愿意进去吗？大部分人都不愿意进入这台机器，把自己的一生交给单纯的快乐。但如果一个人的目标就在于追求快乐或者享受快乐，那么这样一个可以让人获得一辈子快乐的机器，为什么大多数人不会选择呢？

这个问题涉及意义，大多数人虽然在追求快乐，但快乐并非终极目标，如果人最终追求的是幸福，那么快乐之上还应有意义。我们割舍不下亲人与朋友，忘却不了回忆，放弃不了希望，是因为这些事情对我们来说有意义。更重要的问题是：幸福中的意义是如何获得的？意义是一个静态结果，而我们这里讨论的是一个使生活中的一部分变得有意义的、实在的动态过程，也就是说，我们如何获得意义？它存在于更高的层次，并体现了人类的自由意志。

我们一旦选择进入快乐机器，便经由自由意志进入了一种被决定的状态。在机器中，我们无法体现自己的自由意志，像低等动物一样单纯地快乐至死，也没有了意义。幸福需要意义，而赋予意义的过程必然是行使自由意志的过程。必须要说明的是，许多心理学家对自由意志持有怀疑的态度。神经生物学家本杰明·李伯特等人用脑电记录被试自由移动手指时的反应，发现被试报告想要移动手指之前约 300 毫秒，大脑便有了准备电位，这似乎表明自由活动是被大脑决定的。而约翰·迪伦·海恩斯利用脑成像技术也发现，在我们做出决定的 7 秒之前，似乎大脑已有反应。有没有自由意志是一个哲学问题，现代神经科学只能触及其皮毛，但自由意志能不能被体验到则是一个纯粹的心理学问题。丹尼尔·瓦格纳发现，我们能体验到自由意志，甚至在很多时候还能错误地体验到它。比如在实验中，瓦格纳让两个人同时操控鼠标，将鼠标停留在某一图片上。实验室会给两人不同的指导语，其中一个人会误认为他人已经停止运动，是自己在掌握鼠标的活动。但实际情况是相反的，这时这个人会体验到虚幻的自由意志感。且不论是否存在自由意志，体验到自由意志感就能给人带来积极的作用，比如促进其道德行为。从心理学的观点来看，抛开意志是否自由的争论，我们的意志活动与体验到的自由意志感便足以赋予世界意义。在心理学中，让我们实现自由意志或者说能让我们感到有自由意志的活动有三种：思考、努力和等待。

第一是思考。苏格拉底说过：未经审视的生活不值得过。这实际上告诉我们，生活和世界是经由思考才获得意义的。思考体现了我们的理性，从亚里士多德开始，理性便一直被认为是获得幸福的根本。但心理学家有时不这样认为，比如弗洛伊德，他认为主导人类行为的是潜意识，而不是意识。现代心理学也有研究证实，很多无意识的刺激都会给人带来影响。我们会更偏好那些一闪而过的词语，虽然这些词语我们其实根本没有意识到，它们仅仅是在我们意识不到的阈下时间里呈现给我们而已。另一种削弱理性力量的观点来自现代行为经济学研究。诺贝尔经济学奖获得者丹尼尔·卡尼曼发现，两个实际上一模一样的问题，如果换个说法，人们的回答就会不同。这说明人类的决策和行为并不是完全理性的，很大程度上受到非理性的影响，或者说我们的理性是有限的。

实际上，心理学研究发现，人类的思维系统是一个双加工的模式，一类是直觉思维系统，一类是推理思维系统。直觉系统的信息加工快速、自动化、不需要努力，且通常和情绪有关，而推理系统的信息加工缓慢、受控、需要投入努力，且通常和情绪无关。直觉系统能够平行加工大量信息，是基于联结的，但要形成这样的联结需要缓慢的学习过程；推理系统只能系列加工少量信息，它是基于一定规则的，要习得这样的规则相对比较灵活。直觉加工系统经常使人做出非理性的判断，而推理加工系统通常就代表着我们的理性活动。打一个比方，这就好像一台既有自动对焦又有手动调焦功能的相机，你可以大部分时间都使用傻瓜模式来自动对焦，一旦不满意，你就可以使用手动模式。自动模式就相当于直觉思维系统，手动模式就相当于推理思维系统。

很明显，这两类思维系统都表征着人类的思考活动。推理加工系统代表着审慎思考，通过它我们能做出决策。而做出决策花去了我们的时间和认知资源，这些时间和资源的投入是一种沉没成本，已经花去且不可收回。我们不愿意浪费自己的投入，使得这种沉没成本给我们思考的结果赋予了意义，我们会更喜欢审慎思考后的结果，觉得这一结果更能够使自己感到幸福。而直觉的思考实际上很多情况下未经意识，它同样能使我们做出选择。选择一旦做出，其结果也就有了意义。直觉的思考也让我们做出了决策，但会使我们认知失调，我们不能解释为什么这样选择，于是便开始给自己寻找各种理由。对选择结果的再思考不仅又一次让我们投入了成本，而且此时它又多了一份理由，因此我们会更加满意我们的选择。我们在商场里面对两台价格性能相近的电视机时，可能会犹豫不决，一旦买下了一台，我们就会历数这台的好处，也会更喜欢买下来的这一台。当然这种幸福感不会比推理思维系统做出的选择更高，因为如果我们问，别人帮你做决定、自己随便做决定和自己深思熟虑后做决定，哪种更让你感到幸福，大多数人都会选择最后那种。

第二是努力。每个人都曾经努力做过某些事情，如果要评价以下两种情况，你觉得哪一种更幸福？第一种情况是："A 在上海开会，会议直到晚上 7 点才结束。他的飞机 8 点半起飞，为了赶上飞机他一路奔跑，从地铁到出租到磁悬浮列车再到机场。等他赶到机场时，已经过了 8 点钟，飞机上的工作人员正准备关门。经过他的努力，工作人员最终让他上了飞机，这时离起飞只有 10 分钟了。"第二种情况是："B 在上海开会，会议直到晚上 7 点才结束。他的飞机 8 点半起飞，为了赶上飞机他一路奔跑，从地铁到出租到磁悬浮列车再到机场。等他赶到机场时，已经过了 8 点钟，这时发现飞机还晚点 10 分钟，所以他顺利地按时登机。"大多数人都会认为 A 更幸福。第二种情况看起来非常幸运，但是幸福程度不如第一种看似不太幸运的情况，其原因就在于第一种情况下我们努力了。

我们让学生到实验室来做实验。让一组学生做十分困难需要努力的 SAT（Scholastic Assessment Test，学术能力评估测试，相当于美国的高考）试卷，另一组做非常容易不需要什么努力的 SAT 试卷。做完之后告诉两组学生，他们的正确率都很不错，可以给予他们一些物质奖励。这两组学生都会去另一个房间领一支笔，并让他们评价这支笔好不好。很有趣的是，做困难试卷的学生觉得自己考得很糟，但付出了努力，他们都会高高兴兴地去领笔，并给这支笔很好的评价；而那些做简单试卷的学生则无所谓，很多人都没去领笔，领了笔的人对笔的评价也要低于做困难试卷的学生。这说明幸福也是努力带给我们的满足。

同时，努力代表着一种幸福的未来取向，因为努力的过程是为了达到某一目标，而这一过程有时候并不快乐。成功人士都喜欢说“我当年如何”，当年的事情通常也是一段辛酸奋斗的历史，但是他们总是带着淡淡幸福感来讲述这些往事。朝着目标努力是一种能看到希望的、朝向未来的、有意义的活动。丧失了希望，不只是人类，连老鼠都会抑郁。塞利格曼做过一项研究，将老鼠放到一个笼子里，笼子外放着食物，中间隔着一个电击装置，只要老鼠想跳出笼子就会受到电击。老鼠开始还会挣扎着想跳出笼子，但不久之后，研究者即使撤去电击装置，老鼠也不会再试图跳出笼子了。这一现象称为习得性无助。不仅是老鼠，人类也是一样，希望的幻灭带来的是对自由意志的麻木和放弃，使人无法体验到幸福感。

第三是等待。等待体现了我们的意志和坚持，同时也要求我们暂时放弃眼前的欲望。沃尔特·米歇尔研究了所谓的延迟满足。他让幼儿园的孩子到实验室来，实验室里只有一张桌子、一把椅子，桌子上放着棉花糖。他告诉孩子们，他要出去一会儿，棉花糖可以现在吃，也可以等他回来后再吃，如果能坚持到他回来再吃，就能再得到一颗棉花糖。结果只有大概 1/3 的孩子坚持到了米歇尔回来，更多的孩子难以抵挡诱惑，在他回来之前就吃掉了那颗棉花糖。实际上，孩子们抵御诱惑也很不容易，有的小女孩开始拉扯自己的辫子，有的孩子蒙住自己的眼睛不看棉花糖，有的孩子要靠踢桌子、踢椅子才能勉强坚持。几十年后，当米歇尔再次看到当年的这些孩子时，那些小时候能够延迟满足的有着更好的成就，也更加幸福。延迟满足体现了我们的自我控制能力，经过自我控制的行为也是让我们能够体验到幸福的行为。

实际上等待并非一件幸福的事情，但是在等待的过程中，我们进行了自我控制，自我控制是一种意志的体现，它能使我们获得真正的幸福。坚持和克制都是等待过程中带来意义的过程，这一过程必然需要克制自己的欲望。实际上与常识不符的是，心理学研究发现，帮助别人能让你更喜欢别人，而你也确实会感到更加幸福。同样的道理，把钱花在别人身上比把钱花在自己身上要更加让人感到幸福。

我们讨论的各种意义过程，无论是思考、努力还是等待，都在心理学水平上体现了自由意志，能给人类带来幸福。但是这种自由意志带来的意义，某种程度上是被动的。我们进行了这样的活动，体验到了自由意志的感觉，因而获得了幸福。从时间轴来说，这是一种事后的意义获得。我们是否可以主动使用这样的方法来赋予意义，而不是被动地获得意义呢？即让自己更多地进行审慎的思考，不懈地努力，并积极地等待呢？答案是肯定的，这样能使人运用自由意志来获得自由意志的感觉，表现出一种对自由意志的自由意志，这样做的人或许是最幸福的。

04 幸福的进化过程

《风俗通》记载：

> 俗说天地开辟，未有人民，女娲抟黄土作人。剧务，力不暇供，乃引絙于泥中，举以为人。故富贵者，黄土人；贫贱者，絙人也。

人在很小的时候，就会发现镜子中的那个人其实就是自己，而不是其他人。如果给这时的婴儿的鼻头上涂点儿胭脂，他们对着镜子时就会摸摸自己的鼻子，而不是去摸镜子。这个时候人就有了自我意识，知道了我和世界的界限与距离。接着，人类永远不灭的好奇心驱使我们想去了解这个世界和自己到底是怎么来的。或许这时每个妈妈都会捧着故事书给孩子讲讲那些发生在远古的神话故事：

宇宙洪荒，天与地还没有分开，世界的万事万物都合为一体。我们的祖先盘古手持大斧将这一片混沌劈开，轻者上浮，重者下沉，于是有了天与地。顶天立地的盘古死后将自己的身体化为山川河流、良田沃土。这时出现了女神女娲，她不愿如盘古般孤独终老，于是开始用黄土捏成人形来造人。世界十分广大，需要造的人太多，女娲便开始拿绳子抽泥巴，落下的泥点也都变成了一个个的人。这便是神话传说中我们人的由来。

这是我们东方的传说，从古至今影响了一代又一代的中国人。西方也有类似的创世故事，《旧约全书·创世记》篇就提到：

> 起初神创造天地。地是空虚混沌。渊面黑暗。神的灵运行在水面上。神说，要有光，就有了光。神看光是好的，就把光暗分开了……神说，我们要照着我们的形像，按着我们的样式造人，使他们管理海里的鱼，空中的鸟，地上的牲畜，和全地，并地上所爬的一切昆虫。神就照着自己的形像造人，乃是照着他的形像造男造女。神就赐福给他们，又对他们说，要生养众多，遍满地面，治理这地。也要管理海里的鱼，空中的鸟，和地上各样行动的活物。神说，看哪，我将遍地上一切结种子的菜蔬和一切树上所结有核的果子，全赐给你们作食物。至于地上的走兽和空中的飞鸟，并各样爬在地上有生命的物，我将青草赐给它们作食物。事就这样成了。

无论你信或者不信，这些神创论的创世神话都有大批拥趸，很多情况下，这些神话也很可能首先被灌输给孩子们。我们都知道，如果我对你说，我有一个同事，他聪明、懒惰，你会觉得这个人还不错；如果我换种说法，还是这个人，我说他懒惰、聪明，那么你可能会觉得这个人不是那么靠谱。因此，这种先入为主的观念对孩子来说有时根深蒂固，他们常常根据这一观念来评判其他观点。

面对生命起源的困惑，很多科学家抛弃了神创论，认为也许人类生命的出现只是浩瀚宇宙中的一次偶然，且人类孤寂万分。这条假设同样有人怀疑，很多科学家认为只要有了合适的环境，就会出现生命，因此地球上也许不只诞生过一次生命，宇宙中也许不只地球上有生命。疯狂的科幻爱好者不断寻找外星人，讲述飞碟的故事；科学家也试图了解土星上到底有没有生命的迹象。更加痴迷的人甚至认为人类可能就是外星人或者异形的后代，或者人类就和异形同时生活在地球上。

在外星人的话题盛行之前，有一个年轻人真的触摸到了人类起源的真相，他便是查尔斯·达尔文。刚从剑桥毕业的他，踏上了环游世界的科学考察之旅，用他对世界各地动植物及地质情况的考察证明了其祖父伊拉斯谟·达尔文曾经预示过的进化论思想。这次游历的所见所闻与所思所想，让达尔文创作出了《物种起源》一书，从此才真正揭开人类起源的神秘面纱。进化论的思想深深地震撼了世人，这种和神创论截然不同的理论是对上帝存在的巨大质疑，当时的人可能无论如何也难以接受这样的理论。当然，真相总是会被人所接受，一千年前的人怎么也不会相信一大堆金属能在天上像鸟儿一样飞行，但是现代人已经习惯了天空不时掠过的飞机。进化论也是一样，我们已经无须质疑其合理性，因为它早已广为接受。

下面我们来谈谈进化的基本原理。

第一是遗传。每个化学家都会毋庸置疑地将元素周期表倒背如流，从最开始探寻化学世界的本质开始，人们就习惯于将物质分解为元素。当化学家们不懈地发现了60多种元素后，年轻的化学家门捷列夫开始思索着这些元素之间到底有什么规律，又应该按照什么来排列。我们知道，门捷列夫在睡梦中梦到了这些元素纷纷落入了一个个的小格子中，并最终按照这种方式设计了元素周期表，不仅排列了当时已经发现的元素，也能很好地给没有发现的元素留出位置。在化学家的眼里，没有饼干、没有苹果、没有空气、没有河流，他们看到的都是不同的元素及其组合。科学家喜爱这样一种将事物逐步分解的分析方法，这有利于他们看到现象背后的本质、了解世间万物的异同、追求适合于每个人的普遍规律。这种思想就是还原论，当然它有着将事物变得简单化的危险，因为将一个整体剥离为各个部分，必将损失掉一些信息，例如各个部分之间的联系。另外如果将整体细分为各个小的部分，那么便没有整体这个概念了，如果将一个苹果切成小块，那么单看一个小块，我们也得不到苹果的全貌。并非只有化学家这样还原，科学家莫不如此。古希腊哲学家德谟克里特认为世间的所有物体都是由原子组成的，原子不可分割，它是最小的单位。德谟克里特所谓的“原子”并不是现代意义上的原子，但在探求物质最基本单位的观点上，现代物理学家们可是依然故我，原子、电子、质子、中子、夸克等等，他们试图把物质一分到底，想知道最后那个不可再分的基本单位到底是什么。

同样是一个人，在化学家的眼中，他是一堆元素；在物理学家的眼中，他是一堆原子；而在进化生物学家眼中，他是一堆基因的产物。为什么我们长得像自己的父母？因为我们得到了父母的遗传，父母遗传给我们的就是基因。基因携带着很多遗传信息，所以我们会长得像父母，我们很多时候的心理与行为也会表现得和父母一样。很大程度上可以说，我们是被先天决定了的。我们的相貌不是我们选择的，我们的性格、行为、生活环境，这些在我们出生之前都已经预设好了。幸福程度也是如此。

心理学家普遍认为，人格特质的遗传力在 0.4~0.5 之间，也就是说，一个人外向的程度、随和的程度、开放的程度、尽责的程度以及神经质的程度，大约有 40%~50% 是由基因来决定的。心理学家索尼娅·柳博米尔斯基也承认，一个人幸福的程度大约有一半是来自遗传，这个叫作幸福的定点，即我们先天上的幸福程度。当然我们必须注意，心理学的结论都是建立在群体水平之上，所以不能随便指着一个人就说他的幸福程度有 50% 来自遗传，这个数据仅仅适用于整个人类群体，而不应该将它用在一个特定的个体身上，因为每个心理学研究的结果都是基于一群有代表性的人平均所得出的，如果用在特定的人身上，我们必然会犯错。当然，进化也并不是发生在个体和有机体的水平上，而是发生在基因的水平上，所以我们不能用这些结论对某个特定的人妄加评论。

我们如何知道幸福的基因到底对我们的幸福造成了多大的影响？最简单的办法是找到幸福的基因，再测测携带有这样基因的人和其他人的幸福程度。但是，哪一对基因是幸福的基因，这本身就是一个更为困难的问题。每对基因到底各司何职，我们还不是十分明了。那我们可以选择更曲折的方法来判断。比如找一些幸福的老鼠两两交配，找一些不幸福的老鼠两两交配，数代之后，也许你会发现那些幸福老鼠的后代中最不幸福的那只，也比不幸福老鼠后代中最幸福的那一只要幸福。如果能够找到区分老鼠幸福与否的方法，这样的方法确实可行，因为擅长走迷宫的老鼠两两交配的后代要比不擅长的老鼠的后代聪明。另一种方式就只能选择双生子了。很多时候，虽然是同一时间从妈妈肚子里生出来的，但是有的双胞胎长得非常相似，父母都很难分辨，有的双胞胎却不是非常相似，就和普通兄弟姐妹的相似程度差不多。这是因为前者是同卵双生子，两个人是从同一个受精卵分裂而来，因此基本共享了100%的基因，而后者是异卵双生子，是从不同的受精卵分别发育的，共享的基因大概为50%。对比这两种双生子的幸福程度，我们就能大致估算出遗传对幸福有多大的影响。还有一种研究方法得看机遇，有很多从小失散的双生子，分别被不同的人抚养，对比他们自身、与亲生父母、与养父母之间幸福程度的相关性，我们也能知道遗传的效应有多大。

第二是变异。变异，也就是不同，比如后代和父母的不同。在进化心理学上有一种不同是很值得注意的，那就是后代和父亲的不同。一些研究者估计，大概有5%的概率，孩子出生时的父亲并不是孩子生物学意义上的亲生父亲。我们后面会讲到，在这种情况下，父亲是不会为没有自己基因的子女投入资源并照顾他们的。而凑巧的是，父亲对子女是不是自己亲生的很难确定。母亲很容易知道子女是不是她亲生的，因为分娩的过程见证了孩子从她体内落地而生，她很确定这个孩子是不是自己的，而父亲确定这一点则需要找各种证据来证明这个孩子是他的，以便决定要不要照顾这个孩子。因此，马戈·威尔森和马丁·达利做了个有趣的研究，他们观察了婴儿刚出生时其家人间的谈话，发现家庭成员都会不约而同地说这孩子长得像他父亲，医生、护士和朋友也都倾向于这样说，这帮助新生儿解决了一个进化的问题：每个人都说他长得像他父亲，这就能督促他父亲来照顾他。

我们这里说的变异虽然也是后代和父母的不同，但不是父亲和非亲生孩子的不同，而是父亲和自己的亲生孩子之间的不同。这种不同有些是变异，有些不是。比如，你的父母都是单眼皮，而你是双眼皮，这不是说明你不是你父母的孩子，当然也绝不是变异，这是因为基因型和表现型并不相同。对于一种外在表现（例如单眼皮或双眼皮），它由一对基因来决定，这对基因分别来自父母，这对基因上如果 A 表示单眼皮，a 表示双眼皮，那么 AA 和 aa 这样的基因配对毫无疑问就分别是单眼皮和双眼皮，而 Aa 这样的基因配对则会表现出单眼皮而不是双眼皮，因此我们把 A 叫作显性基因，a 叫作隐形基因。所以 AA 和 Aa 这两对基因对于一个人来说，表现型都一样，都是单眼皮，但他们的基因型确实是不同的，因此两个基因配对都是 Aa 的单眼皮的人可能生出一个基因配对 aa 的双眼皮的孩子，这不足为奇。但是，这不叫变异。

很多人都赞叹造物主的神奇，为什么人、动物、植物和各种自然环境会被设计得如此完美？为什么人类社会和生物界能持久地和谐共存？为什么我们身体的各个部分都有不同的作用，添一分则多，减一分则少？我们可能不会想到，这种充满整齐和规律、设计得恰到好处的世界，来自随意、看似毫无章法的变异。这里说的变异，不仅指表现型上的变化，也指基因型上发生的改变。让我们来想这样一个问题：本来鹿和马的脖子差不多长，那么长颈鹿是怎么来的呢？法国生物学家让·巴蒂斯特·拉马克提出了一种假说，他认为长颈鹿是从普通的鹿演化而来的，这是因为鹿多树少，矮树上的树叶都被鹿吃完了，普通的鹿需要伸长脖子去够高树上的树叶，脖子由于经常使用就会变得发达，所以就慢慢变长了。这种后天获得的外在表现还能够遗传，一代一代用进废退，鹿就变成了长颈鹿。当然，拉马克的假说也强调了环境的重要性，是环境造就了生物体的外在表现，生物体的用和废都是为了适应这个环境。但是达尔文不同意这个观点。在达尔文看来，外在的表现型不遗传，真正遗传的应该是基因。因此鹿变成长颈鹿是一个基因变异的问题：基因在很小的概率上会发生变化，某一天普通的鹿产下了一头长颈鹿，而长颈鹿能更好地吃到树上的树叶，过得更好，于是这头长颈鹿活了下来，并将自己的长脖子基因遗传下去，慢慢地，更加适应环境的长颈鹿就多了起来，成为一个物种。当然，有人会说，为什么普通的鹿会产下长颈鹿而不是脖子更短的鹿呢？当然，这是极有可能的事情，因为基因变异没有方向，它不是一定朝向环境变化的，它会随意变化，但是一旦出现了某个变异能更好地适应环境，那么这个变异就能遗传下去，而其他不能更好适应环境的基因则不会遗传下去。这个过程就叫作自然选择。

自然选择是第一种选择压力。我们刚刚已经说过，变异实际上是盲目的、随机发生的，那些适应环境的变异被慢慢保留了下来，而不适应环境的基因则被淘汰。由于变异是没有方向的，因此进化的过程并不一定就代表着进步的过程，仅仅凭借进化过程，我们难以说自己比祖先们更先进，只能说我们更适应环境。因此所谓进化并不一定包含“进”的意思，它只是代表有变化，而这种变化从进化过程来看并不一定是由坏变好的过程，只是一个没有方向等待选择的过程。

进化心理学认为人类面临两大问题，一是生存，二是繁衍，那些有利于我们生存和繁衍的基因会被遗传下来，因此自然选择的过程也就是留下利于我们生存的基因的过程。比如我们都害怕蛇，据调查，蛇是最普遍的能引起人们恐惧的东西。这大概是因为在我们祖先的生活中，蛇是极度影响他们生存的动物。想一想我们那些风餐露宿、衣不蔽体、食不果腹的人类远祖，他们外出觅食所经之地没有高楼大厦，没有熙熙攘攘的人群，只能在荒郊野外冒着被各种动物攻击的危险来寻找食物，一旦被蛇咬伤，又缺乏医疗技术，会极大地威胁其生存。所以，对蛇的恐惧便遗传了下来，以致我们在看到这类动物时会马上警觉，产生恐惧感，提醒我们此物危险，切莫靠近。同样，很多人认为蹦极很刺激，所谓刺激就是明知很危险但还是去尝试。虽然知道有很多保护措施，但还是无法抑制自己在高处的恐惧情绪。因为这种恐惧来自进化，它向我们传递着一种我们的祖先想要告诉我们的信息，就是高处会威胁我们的生存，我们该避而远之。除了恐惧，人们还有一种反应就是厌恶。我们对腐烂的东西会感到厌恶、恶心，正是这些消极反应让我们不再接近这些腐烂的物体。厌恶对人类来说具有进化的意义，这必然是我们的祖先经过屡次尝试后想要告诉我们，腐烂的食物不能食用，会危及我们的生存。因此，我们一看到这样的东西便会产生这种消极的反应，厌恶使得我们在进化的过程中少受细菌侵害，避免了很多疾病。面对一种情境，我们能选择“争斗或者逃逸”，厌恶或者恐惧都是一种逃逸选择，告诉我们要远离那些会对自己生存造成危害的东西。不过，愤怒则是一种争斗的情绪，它让我们敢于冒一定的风险去和别人竞争。世界上的资源是有限的，占有这些资源是一个你多我少的零和博弈，争斗就是为了获得更多的生存资源，以便我们将自己的基因传递下去。不过，面对竞争者，这也是一件危及自己生存的事情，于是，我们看到别人的愤怒面孔就一定能马上辨认出来。研究发现，即使用一个你意识不到的时间将一副恐惧面孔快速呈现出来，你对它的反应也会快于一副普通的面孔。这说明了恐惧情绪实际上有着进化上的意义。

第二种选择压力是性选择压力。我们的基因其实生存在自然选择的夹缝之中，有的生物体会有后代，有些不适应环境的生物则不见得会有后代而逐渐灭绝。不过除了生存，我们也必须为了让自己的基因存活下去并传递给下一代而生儿育女。如果你不进行繁殖活动，自生自灭，基因是不会传递下去的。有两种性选择的压力值得我们注意，其一是异性选择，其二是同性选择。

达尔文一度很不明白为什么雄性孔雀会有娇俏美艳的尾巴，看起来这尾巴毫无作用，因为自然选择过程总是将万物设计得刚好且不差毫分，这看似多余的尾巴到底有何用途呢？公鸡也是一样，老是顶着一个红色的鸡冠招摇过市。而雌性的动物却低调很多。很多雌性动物并没有什么华丽光鲜的外表，这怎么看都不是为了解决生存问题而设计出来的美丽，达尔文最终用性选择来解释这种现象：雄孔雀开屏只是为了向雌孔雀展示它的美丽以增加繁殖的概率，从而使自己的基因能更多地传递下去。当然不只是雌性来选择雄性，异性选择的过程还包括雄性选择雌性。譬如我们随便翻翻各种婚介所的广告，男性征婚者的广告一般为：“未婚，年收入 60 万，住房多套，名车代步，志存高远，英姿勃发”；“未婚，资产数百万，住房三套，私车代步，骁勇善战，威武雄健”；“离异，资产千万，高级住宅二套，名车代步，文韬武略，一代英杰”等。女性的广告一般为：“未婚，云淡风轻，秀美精灵”；“未婚，眉目传情，楚楚动人”；“未婚，清新淡雅，笑靥如花”；“未婚，白皙光亮，笑傲群芳”；“未婚，明眸含情，姿容出众”；“未婚，卓尔不群，姣美怡人”等。很明显，我们可以看出，男性大都炫耀自己的资源，女性大都炫耀自己的美貌，正可谓“女人爱钞，男人爱俏”。进化心理学研究告诉我们，女性偏好寻找位高权重且富有的男性，而男性偏好寻找年轻貌美的女性。男性的富有代表其有足够的资源抚育后代，而这能增加自己的基因存活下来的概率；女性的年轻貌美代表她有较好的基因繁殖可能性——所以在进化心理学看来，男性和女性的配对说白了就是美貌换地位。而为了自己的后代和基因着想，男性和女性都会产生嫉妒之情，男性更加在乎女性身体上的不忠，女性更加在乎男性心理上的不忠。这是因为女性的身体不忠使男性作为父亲的不确定感增强，使他不知道自己是否在为别人抚养孩子，而自己没有必要为别人的基因投入资源；男性的心理不忠使女性开始害怕男性会将更多的资源投向别的女性，从而使得自己的孩子和基因没有得到更好的照料以至于生存下来的概率降低。当然我们不必纠结于自己是否这样，一是即使它是正确的，这也是基于群体得出的结果，不应该归结于个人；二是这一理论提出伊始，就广受诟病，之后也有很多学者和证据并不支持这样的观点。不过这样的解释倒是道出了进化心理学性选择的实质。

相比起来，同性选择就要残酷得多。同性选择压力会让人和与自己同性别的人进行较量，男性会较量权力、名望和地位，这样才会获得繁殖的特权。中国古代的帝王都是三宫六院，他们有地位，所以比别人能得到更多与女性进行性接触的机会，能更多地将自己的基因传递下去。且不说人类，黑猩猩都有对权力和地位的追求，这可以使自己获得优先选择生存所必需的资源的权力，譬如食物、配偶。黑猩猩里的领袖甚至会在发情期独占所有的雌性，而地位低的黑猩猩只能在一边望之兴叹。地位高还有点好处，就是能有更多的资源用于照料自己的后代，能使自己的后代更好地生存，有利于自己基因的遗传。社会中的等级次序和层级结构在其中扮演了重要角色。相比地位来说，一个强壮的男性实在算不得什么。如果你觉得作为男性，肌肉强健、修身健体很重要，这其实并不会那么吸引女性。女性也是如此，美的女性从来都是争抢的对象，沉鱼落雁、闭月羞花的“四美”一直传唱至今就是最好的说明。人们对美丽的女性是有着狂热的崇拜的。史诗般的特洛伊战争到头来却只为一个美丽的女性。不过美是什么，女性之间进行什么样的同性竞争是要依赖于文化的。通常来说，女性的身材更多体现了文化的作用。有心理学家认为腰臀比是女性年龄、生殖状态和健康的“最诚实的”指标。研究者让被试观察 12 幅随机排列的图片，然后将图片按照吸引力的高低排序，这 12 幅图片代表 3 个不同的体重水平和 4 种不同的腰臀比，在所有类别中，男性和女性都将最低腰臀比（0.7）的图片判断为最年轻、最健康、最有生殖能力、最具吸引力，但只有正常体重下的 0.7 腰臀比才是最有吸引力的，体重过高或者过低都不行。之后这组研究者使用了一些新的材料，这次所有图片的腰臀比都是 0.7，但是胸围和臀围的尺寸不同。评价结果显示，大的胸部和小的臀部更有吸引力。不过研究者肯定没有考虑我国盛唐时代以肥为美的情况，也不知道杨玉环“云想衣裳花想容，春风拂槛露华浓”的美艳景象，因为这些证据都来自西方工业社会。实际上，腰臀比偏好并非是普适的，而且这取决于西化的程度，一个文化的西化程度越高，偏好的腰臀比就越小。实际上，在生活条件难以得到满足的社会里，男性偏好的腰臀比就会变高，因为在那里，苗条是不健康、缺乏营养、低繁殖能力的表现，而丰满显然是食物充足、拥有资源的象征。不过在食物充足的社会里，腰臀比高的女性就变成了肥胖女性，男性的选择也随之改变。当然这与时代的变迁也有关系，一个社会从温饱迈进了小康，喜爱苗条势必成为大势所趋。

群体选择是第三种选择压力。理查德·道金斯的名著《自私的基因》告诉我们，进化是发生在基因水平上的，或者说，进化指的是个体的进化。群体选择指的是发生在群体水平上的进化，这一观点的发展充满波折。实际上，达尔文也曾经意识到，某些动物牺牲自己以保护自己的种族，这种行为可能并不只能用个体水平上的自然选择来解释，但是他并未深究。群体选择的观点曾经一度流行，直到乔治·威廉斯和他的《适应与自然选择》一书的出版。威廉斯认为用群体选择来解释大多数现象并不正确，譬如小鱼会形成一系列鱼群来活动，它们并不是要同仇敌忾、齐心协力地对抗大鱼的捕食，而是因为小鱼们都想混进鱼群之中，这样看到鱼群中其他鱼开始藏匿就可以马上逃跑，通过窃取其他鱼的情报，以最快的速度获得自己天敌出现的消息，尽快逃生，当然还能让其他小鱼给自己做挡箭牌。因此所谓的伦理道德完全不存在，都是利己动机的副产品而已。试想如果只有一点食物了，是那种舍己为人、绝食自杀的鸟儿后代多，还是不管其他鸟怎么样，自己拼命争食的鸟儿后代多呢？显然前者自己的生存都堪忧，何谈后代，而后者能生存和繁衍，乃至形成一个物种。按照这种观点，人类的亲社会行为是怎么进化来的呢？很多情况下，选择亲社会行为意味着你减少自己生存的机会来增加别人生存的机会，这违反了自然选择的规律。

威廉·汉密尔顿的内涵适应性理论可以部分解释这个问题。汉密尔顿认为，我们倒不一定非要着眼于自己的后代，我们的亲属，包括一切携带和我们相同基因的人，都应该成为我们照料的对象。这就是说，我们起码会帮助我们的亲属以及与我们有基因联系的人。这似乎也帮助同性恋者解决了一个困惑的问题：虽然他们能够生存，但他们不能进行繁殖，这是有违进化规律的行为，那他们如何保证自己基因的传递呢？广义适应性理论告诉我们，同性恋者可以通过照料自己的亲属（比如自己的侄子）来延续自己的基因。

不过对亲社会行为更多的解释来自互惠利他的理论。互惠说的是，我们的利他是期望别人的报偿，就像一种交易。比如在原始社会，所有的人将食物进行分享，这样你每天都能吃到食物，即使有一天你自己打猎一无所获也不会担心。但是如果大家只顾自己，你打到了猎物就自己独吞，没有打到猎物就只能忍饥挨饿，这样你就只能饱一顿饿一顿，靠天吃饭。所以互惠实际上也是利己的。这说白了就是一种一报还一报的策略。正如囚徒困境中的囚徒：两个囚犯如果都不招供，那么他们都将被无罪释放；如果都招供，那么他们就都得蹲监狱；如果一个招供，一个拒绝招供，那么不招供的那个将被判重刑，比两人同时招供判得还要重，招供的那个则会被释放。两人分开接受审讯，你不知道别人的选择，如果只玩一次，作为其中一个囚犯，最好的选择是背叛你的同伴，选择招供。但是在这种游戏不断重复的情形下，研究者发现最佳选择是相信同伴，双方采取互惠式合作。同时，我们需要说明的是，“利他”这个词指的是不求回报，不计后果，单纯地只为他人利益着想的行为，比如勇救落水儿童后默默离去，不留姓名且不再提起，仿佛自己没有做过这件事情一样。从个体进化的角度，人类不太可能有真正的利他行为。

群体选择的观点在威廉斯之后由戴维·索兰·威尔森和埃利奥特·索伯为其正名。实际上他们的群体选择理论认为，人类群体的利他行为得以进化留存下来，并不是因为个体的一己私利，而是建立在群体水平上。自然选择的过程并不一定非要发生在个体之间，也应该发生在不同的群体之间，群体与群体之间同样是适者生存，那些成员凝聚力强、相互合作、不为私利计较的群体能胜过其他群体而生存下来，并一直繁衍下去。从历朝历代的更迭我们都可以看出，失去民心、缺乏凝聚力、人民互不信任、权贵谋求私利的朝代都是气数已尽，即将被强调利他、合作的新群体所替代的。因此，只要群体间存在着竞争，就会将利他的基因传递下去，因为利他的群体会在竞争中获胜。

而利他的群体又是如何形成的呢？这应该和长颈鹿的脖子一样，鹿的后代中脖子有长有短，这种变异没有方向，最终长的脖子经过自然选择存留了下来。利他的群体也是如此。竞争的群体有利他的，也有不利他的，最终经过群体选择，利他的群体存留了下来。所以伦理道德不是每个人自私自利的副产品，而是群体经过自然选择存留下来的，这就是为什么那么多的先烈和志士会为了后代而英勇地牺牲自己。群体选择同样可以很方便地解释人类的艺术和宗教。人们创造艺术和宗教来将自己与他人联系在一起，它们是人类共有的纽带，能促进我们适应群体并生存下去，同时使一个群体凝聚得更好。

第三便是适应。选择过程留给我们的是适应。人类本身就是一个基因池，基因组成了我们的生理心理系统，使我们成为有多种偏好和不同行为倾向的人类。经受着选择压力的基因产生了被我们称为适应的特质、特征和倾向。

对于生存和繁衍问题，我们其实有自己的解决办法，这就是适应。就像之前所说，我们怕高、怕蛇、厌恶腐烂的食物等，这都是适应。我们的惊讶反应不仅包括 7 块面部肌肉的先后运动，还包括发出一种普遍性的声音，这种声音在发生“争斗或者逃逸”反应时也会出现。因此，一旦我们听到了巨大的噪声，半秒钟之内我们就能改变自己的行为。同样，我们生而具有对甜味的偏好，这能帮助我们获取自己的身体不能制造的营养物质，如维生素 C，所以人们喜爱水果就是对获取营养的适应。如前所述，嫉妒这种看似非理性的情绪也有其适应的价值，它使人们对徘徊在出轨边缘的伴侣时刻保持警惕，以免自己将时间投资给了那些繁殖他人基因的人。由于胎儿对毒素特别敏感，容易让孕妇产生妊娠疾病，所以母亲在摄取食物时就必须对毒素保持非同寻常的敏感性，这些适应都体现了进化的优势。

适应就是我们在自然选择的夹缝中生存和繁衍下来的见证，很多看似平常，我们认为理所当然的事情都是由于适应的作用。比如我们直立行走、我们的眼睛能看见事物、我们的鼻子能闻到气味、我们的心脏拥有水泵一样的功能、我们的胃能消化食物等，这些都是适应的体现。最有趣的适应莫过于康拉德·洛伦茨发现的印刻现象。一些动物（例如鹅）在出生后不久就会将它看到的第一个对象认作自己的母亲，并始终跟随着它，愿意与这个对象亲近，远离时会发出悲鸣。于是洛伦茨成功地让一堆小鹅把自己当成了母亲，跟随他自己。孩子天生依恋母亲，母亲也天生会照顾孩子，这就是我们的适应。

人类的善良和幸福等积极天性是如何进化来的呢？在亚里士多德看来，幸福是至高的善。如果人性就是恶的，那么我们从哪里去追寻幸福呢？尼科洛·马基雅维利很早便谈道："本质上来说，人皆忘恩负义、薄情虚伪之徒，他们逃避危险，贪婪获取。"中国古代对人性善恶问题有着不同的看法，孟子推崇性善论，而荀子推崇性恶论。"孟子道性善，言必称尧舜"（《孟子·滕文公上》），因此孟子曰："恻隐之心，人皆有之；羞恶之心，人皆有之；恭敬之心，人皆有之；是非之心，人皆有之。恻隐之心，仁也；羞恶之心，义也；恭敬之心，礼也；是非之心，智也。仁义礼智，非由外铄我也，我固有之也。"（《孟子·告子上》）"人皆有之"即孟子对人性的解读，人性普遍是善的。荀子则不然，他论述道："凡人有所一同：饥而欲食，寒而欲暖，劳而欲息，好利而恶害，是人之所生而有也，是无待而然者也，是禹桀之所同也。目辨白黑美恶，耳辨音声清浊，口辨酸咸甘苦，鼻辨芬芳腥臊，骨体肤理辨寒暑疾养。是又人之所生而有也，是无待而然者也，是禹桀之所同也。可以为尧禹，可以为桀跖，可以为工匠，可以为农贾，在执注错习俗之所积耳。""汤武存则天下从而治，桀纣存则天下从而乱，如是者，岂非人之情固可与如此，可与如彼也哉？""材性知能，君子小人一也。好荣恶辱，好利恶害，是君子小人之所同也。""人之生固小人，无师无法则唯利之见耳。""尧禹者，非生而具者也，夫起于变故，成乎修为，待尽而后备者也。"（《荀子·荣辱》）因此荀子认为，所有人生来就是好荣恶辱、好利恶害的，人性本恶。

20 世纪的人类科学也许只是受到了马基雅维利的影响，或者说贯彻了荀子的观点。举几个例子来看，第一是经济学。经济学一贯采取的先在假设便是理性人假设，这种理论认为人是趋利避害、唯利是图的利己者。我们追求的是个人利益的最大化，想达到的目标是花最少的力气赚最多的钱。这受的是享乐主义影响，认为每个人的本质都是好逸恶劳的，所以从这个意义上讲没有什么道德可言。还是应了政治家的那句话："没有永恒的朋友，只有永恒的利益，因为市场是不断竞争的。"很显然，政治科学也受到了这样的人性假定的影响。这种理性人的假定已经受到了批判。1978 年诺贝尔经济学奖得主赫尔伯特·西蒙认为人类的理性是有限的，我们的思维和决策活动并不是建立在数学和逻辑基础之上的精确的得与失的判断，而是建立在感情、理念和经验的基础上。因此我们的决策也并不一定是建立在理性基础上的最佳选择，而是建立在人类心理基础上的第一满意选择。同时心理学家马斯洛认为，人类并非是经济学家简单假定的动物，我们不止是为了满足自己的一些基本需要而奔波，我们也并不是简单的经济动物，只想追求自己的利益。我们还有认知的需要、审美的需要，更重要的是每个人在满足了各种需要之后毕生追求并为之奋斗的自我实现。这也是很多先烈能慷慨赴死、为国捐躯的原因。当然你可以说，他的牺牲是一种为了自我实现的需要的纯粹利己行为，但无论如何，人类并非只是一种低等的经济动物。

第二是社会学。社会学通常着眼于不同的社会阶层，研究人类社会的分层。社会层级中最引人注目的便是层级间的斗争。这种现象不仅是社会学的研究对象，在我们的生活中也很常见。

第三是心理学。弗洛伊德的精神分析理论在 20 世纪成为心理学的一大势力。并非学院派心理学家的弗洛伊德目睹了当时残酷的战争，坚信人性邪恶至极，他认为人这种生物体是受到生物本能驱动的，一种是性的本能，一种是死的本能。性本能受到伦理规范、文明教化的压抑，容易使人产生精神疾患；而死本能则在人类的战争中暴露无遗。无论如何，人性都是恶的。邪恶的人性有时候还能从其他一些心理学证据中得到验证，比如人类的归因。人们通常会把他人的行为归结为内因，这叫作基本归因误差。但是这也得分情况，如果你上课迟到了，你大概会说路上堵车、闹钟坏了或外面下雨等外在原因；而如果你同桌上课迟到了，你可能就会暗暗地想：他本来就是个懒人。这就是我们的自我服务归因。同时我们也都是努力维持着自己自尊的动物。如果你的好朋友比你的成绩好，你会怎么办？社会心理学家发现，你大概会采取三种方式：要么努力提高学习成绩；要么认为学习成绩对你来说无足轻重，你跑得比他快，这才重要；要么认为这个朋友根本不是自己的好朋友，他这个人不怎么样。当我们认为一个人不怎么样时，他就真的会不怎么样，这叫作自证预言。因为我们思想上不认可他，所以行为上不会对他友好，然后他也不会有积极的行为反馈。我们为了维护自己的一点儿自尊，是不会在乎别人的，从这点上看，人有自私的一面。同样，刻板印象、偏见和歧视、冲突与和解，始终是社会心理学的研究主题，这无时无刻不在提醒我们人性本恶。人性是恶的吗？我并不赞成这样的观点，要不然也不会写这样一本书来科学地探讨幸福。

第四就是生物学。社会达尔文主义一直在宣扬我们前面所讲的自然选择原理，人类有自私的基因，所以是永恒竞争着的，成王败寇的丛林法则也是人类活动的基本准则。经济学的市场竞争、社会学的阶级斗争、心理学的人际冲突、生物学的物竞天择，似乎都在告诉我们争斗无处不在，好像人类每天所做的事情就是互相争斗。仔细想一想，这也许并不是达尔文的本意。从我们的进化来看，我们直立行走，空出双手，可以进行更多的接触；我们的毛发变得越来越少，裸露的皮肤越来越多，这也有利于我们相互之间进行接触。种种证据似乎也告诉我们，进化带给我们的不一定是竞争，应该还有人性善良的那一面。是不是我们误读了进化论？

进化适应性环境是指经过千百万年进化历程使我们适应的环境，我们生理的、情绪的、社会的以及其他方面的特征都是由它塑造出来的，我们就是从进化适应环境中进化而来。不过我们如何知道这种环境是什么样的呢？以下三类数据能帮助我们找到答案：

首先，我们可以采集居住在前工业化条件下的狩猎采集民族的资料。他们是以小群体为基础生存的，我们就是从他们进化而来的。麦尔文·康纳和其他人类学家、动物行为学家在非洲、新几内亚和亚马孙雨林里与这样的人生活在一起，研究他们如何解决冲突、如何关爱后代、如何处理竞争、如何进行性行为等问题。他们发现，这些民族生活在那些和我们曾经的社会、物理环境极其相似的条件下，通过他们，我们可以了解当时的进化适应环境以及我们一些心理过程和行为的进化基础，这使我们能够更加深刻地理解这些心理现象和行为。

其次，我们有丰富的考古学记录。我们可以通过尸骨了解他们是怎么死的、活了多久，甚至吃什么、怎么吃等问题。我们能考察古人狩猎、烹饪以及分享食物的模式。对绘画和音乐的研究令人着迷。我们知道，欣赏艺术的经验会使我们增长见识、情绪愉悦，使我们更健康，更富生命力。史蒂芬·米森研究了我们何时才开始进行唱歌以及其他音乐活动。他认为20 000年或25 000年前我们开始艺术活动，从那时起，我们有了洞穴绘画。对此，还有两个假设。一种假设认为这是对壁顶绘画的灵性体验，使人感到神圣。另一个假设认为这是为了保护男性青少年，他们的需求在洞穴中会被排斥，于是他们便画了很多女性生殖器官，这也是在洞穴中经常看到的图案。这一领域里有很多有趣的争论：一些人说有洞的骨头就是最初的笛子，另一些人却说这仅仅就是个有洞的鹿骨而已。

最后，我们可以观察我们的"近亲"，例如黑猩猩和倭黑猩猩。黑猩猩和人类99%的基因是相同的，而倭黑猩猩更接近人类。700万年前我们是同一个物种的分支，因此我们有共同的祖先，也有同样的特质和情绪。我们和倭黑猩猩有着相似的神经系统。

看看现在游牧民族的资料以及考古学记录，还有我们的灵长类近亲，会发现人类在很久很久以前就是社会动物。我们也会深深地感到同情、做出利他行为，这也是通向人类幸福的一条主要路径。达尔文早就意识到，我们是一个充满同情的物种（虽然这种能力已日渐离我们远去），因此我们需要一个新的视角来理解我们的社会性的环境。

这个视角便是人类的独特性。第一，人类是互相照料的种族。我们是一个相互关怀照料的物种，这是进化的过程带给我们的适应。人类是当时平均寿命最长的灵长类动物，年长的人类有很多生活经验，他们知道如何抚育孩子、气候如何变化、什么威胁生命等，但是由于生理机能的衰退，他们必须受到年轻人的照料。不仅是老人，初生的婴儿在进化的过程中也促使我们形成了互相照料的能力，因为我们的后代从出生到能够独立生存，通常需要很长的时间。对人类来说，如果按照我们的身体大小来推测出一个理论上的脑的大小，我们脑实际的大小比这个理论上的脑要大很多，在所有物种中，人类的这种脑形成商数是最大的。原始人类进化出了如此能够承载智慧的人脑，但是因为我们从树上跳下，开始直立行走，为了提供更好的支撑，女性的骨盆开始变得狭窄，所以在分娩之时，婴儿巨大的头部需要从母亲狭窄的骨盆中探出来，与其他物种相比，人类的婴儿必须尽早出生以使头部能顺利从骨盆中出来。出生后，虽然有着硕大的头部，但其肢体与头部相比完全不在同一水平上，人类婴儿非常缺乏独立生存的能力，他们需要得到更多的照料。因此携带着我们基因的婴儿使我们变成了一个相互照料的种族。莎拉·哈蒂在《母亲本性》一书中谈到了婴儿的巨大前额，这样的构造会让成年人更想去照顾他们。婴儿的头顶有费洛蒙激素，它会散发出一种类似巧克力或茉莉的香味，这种香味成人都很喜欢。如果有人胆敢对孩子无礼，那么孩子的家长马上就会变得气壮如牛，甚至像吸血鬼般呲牙咧嘴。我们生来就会照顾我们的后代。其实，很小的黑猩猩与倭黑猩猩能喂自己吃东西，能直立，能适应环境，这些事情人类婴儿却做不到。我们是一个非常不独立的物种，这使我们必须适应环境并做出照料子女的行为，这样我们的孩子才能生存下来。

第二，人类是协调合作的种族。就像我们之前所说的，人类的合作，比如狩猎后共同分享食物、大家轮流照顾后代等等，都对我们基因的传递有好处，这避免了一些会危及我们和我们后代生存的问题。作为一种动物，人类是弱小的，我们的祖先每天得出去打点野牛、大象之类的动物当作食物，不过一个人一般是难以打死一头野牛的，人类相对于自己的“食物”而言尚显弱小，但是我们这种弱小的物种却需要用那些比我们强大的物种作为食物。这只能靠大家联合起来，进行合作。我们与黑猩猩等灵长类近亲还有一点不同，就是我们的面部没有什么毛发，这使得我们能面对面地交流。而且人类的面部，特别是双眼附近有更多的肌肉，这使我们能做出更多的面部表情，进行更加深入的交流。与其他灵长类动物相比，我们的声道延伸更长，舌头的活动范围更大，这使我们能发出各种声音。多种多样的声音就可以包含多种多样的社会信息。同时，我们的语言能力使我们产生了独一无二的文化，让我们有了模仿、移情的能力。人类是一个有社会性、能移情、能模仿的物种。对他人的模仿是我们积累资源的一部分，比如在博物馆游览的人看见雕塑经常会去模仿雕塑的样子。人类幸福的一大特征就是我们能够模仿并对他人产生移情。缺乏这样心理能力的人容易罹患精神分裂症、抑郁以及阿斯伯格综合征等疾患。

第三，人类是依赖社会的种族。人类社会有着森严的等级制度，因为这样的安排能让人更好更快地决定怎么分配资源，避免冲突。在很小的时候，我们就能意识到并划分出等级。一群人在一起很快就会形成等级制度中的上位和下位。如果一群普通人在一起，即使是一群小学生，老师也会指定一个队长，然后由他发号施令。而实际上，地位高的人并不一定是社会达尔文主义所描述的那样武力强盛、恃强凌弱的人。也许最初，地位高的人还是那种孔武有力、能够压制其他人的人，但是这种方式并不能持久，他们不能只靠打架、惩罚来管理群体，他们需要思维，需要维持这个群体的和谐，减少群体间的冲突，确保资源的分配更加合理。地位低的群体并不是束手就擒的人，他们会更加容易建立起联盟，他们都有着丰富的友伴网络，这能使他们限制那些占据主导地位的人对权力的滥用。相比起来，其他物种的层级结构更加垂直，而人类有更多层级和形态的社会组织，更广泛的权力分布，这使大部分的权力都能受到限制。在这些权力之下，我们能更好地控制上位者的暴力行为。人类发展出了闲谈的能力，我们能聚在一起评论他人，特别是那些地位高的人，这给地位高的人以监督，也能让他们受到限制，并时常按照地位低的人的想法来行事。这就是现代网络社会“八卦”如此流行，社会舆论传播速度之快、范围之广，使政府非常重视的原因。心理学研究发现，那些获得了社会地位的人并非盛气凌人、让人畏惧且极度马基雅维利主义的人，相反，获得社会地位的通常是那些有着很好的社会智力、在得到自己利益的同时也使大家获益的人。前者是社会达尔文主义所认为的那种应该成为领袖的人，但实际上，靠武力、靠胁迫是无法获得较高的社会地位的。

第四，人类是追求和解的种族。我们不能回避人类无处不在的冲突，因为我们共用着地球上的资源。从进化论的角度来看，冲突和竞争是无法避免的。但是，冲突带给我们的是什么？这值得我们深思。传统观点都认为竞争带给人类的是攻击行为。著名灵长类动物学家弗兰兹·德维尔研究了灵长类动物的攻击行为。1980 年开始研究的时候，他假设当两只黑猩猩用强壮的臂膀互相打斗时，它们是能消灭对方的。但如果它们在资源上进行争夺，就会因为成熟的自我保护机制而放弃争执。于是，德维尔花了更多的时间来研究黑猩猩的和解。在和解的过程中，它们低声下气，伸出友谊之手，帮对方理毛，然后翘起它们的尾巴。经过这样的过程，黑猩猩之间便能和解。人类远比它们要和谐得多。如果我们在这永恒的争斗中始终采取攻击的态度，那么付出的代价就太昂贵了，因为我们有可能付出自己的生命，这在社会达尔文主义者看来完全不是进化所趋。不争斗，我们还可以逃逸，那么能够脱离群体而孤独终老吗？前面我们说过，群体合作对于生存和繁衍的价值远远大于独自一人。在远古时代，一个人难以生存下去，而且孤独感带给人们身体和心理的影响远远甚于其他。社会联系多了，我们感到各方面的压力，觉得“世网婴我身”，一旦切断了所有的社会联系，几个小时你倒可以忍受，长时间这样，你一定会深感抑郁。所以人类的竞争和冲突实际上帮助我们进化出了和解的能力，比如宽恕，而不是像社会达尔文主义者宣称的那样全部是攻击行为。

第五，人类是讲究忠贞的种族。众所周知，人际关系对于人类的健康和幸福来说非常重要，充满爱、同情和宽恕的关系是幸福的关键。现在看来，我们致力于出双入对，主张一夫一妻制，但很多时候，我们的关系实际上很脆弱，很容易受到伤害。一夫一妻制可以让男性避免自己作为父亲的不确定性，他们能确定自己唯一的妻子也只有自己这个唯一的丈夫，所以孩子肯定是自己的，他们就会投入资源来照料孩子。这是我们比我们的灵长类近亲进化得更完全的地方。处于发情期的雌性黑猩猩会和周围任意一个雄性相结合，没人知道它孩子的父亲是谁。倭黑猩猩是母系社会，也不是一夫一妻制，它们无时无刻不在和同性或者异性发生性行为。它们的社会不存在出双入对，而我们人类会配对，这部分是进化的产物。虽然我们的关系有时会显得脆弱，社会中也有各种偏离一夫一妻制的丑闻，但是忠贞在进化的过程中毕竟作为一种道德准则适应了下来。

当然，进化也给人类幸福制造了一些障碍，要超越这些障碍并不容易。

首先是竞争。人类善良的本性使我们能够寻求幸福，但是我们确实不能忽略那些每天发生的影响我们幸福的事件，大到报纸新闻所刊登的恶性犯罪事件，小到我们自己因为一点点事情而产生的情绪困扰，这都会影响我们的幸福感。这些事件背后就潜藏着我们的进化渊源。进化过程是一个竞争的过程，竞争本身就是一个破坏幸福的过程。很多人下楼得抢电梯，出门得抢车，上了车得抢座位，到了单位得抢职位，时时处处无不面临竞争，无不破坏人的幸福感。如果我们时时向上进行社会比较，可能就很难感受到幸福。如果你在意你的学术成就，天天和牛顿、爱因斯坦比，我想你不会幸福。当然没人会这样比，离我们生活太遥远的人物也不会影响到我们对自己的评价。如果换个方式，想想那些沿街乞讨的乞丐、毫无自由的罪犯，我们就会发现自己的生活真的非常美好。

当然，上行比较也是有益的，它给我们以激励，而下行比较则有阿Q之嫌，经常落得不思进取之名。下行比较这种方法叫作认知失调，实际上说的是我们给自己找理由。心理学家已经发现，人在很多情况下就是一个不停给自己找理由的动物，我们所做的很多事情只是一个辩解的过程。社会心理学家理查德·尼斯贝特发现，在商场里买东西的顾客面对一模一样的袜子，多数选择了右边的那双，这其实是因为他们是右利手，但当问起他们选择那双袜子的原因时，没有人说得出真正的原因，取而代之的是他们为自己的选择找出了各式各样奇奇怪怪的理由。而乔纳森·海特同样发现，如果让人们判断用国旗擦洗厕所、吃掉自己养的但被车撞死的狗、不遵守亲人临终时的承诺、兄妹接吻、超市买回冻鸡先与之做爱而后食之等情境，人们在听到这些故事时，会很快地做出判断，说这种行为是“错误的”，但当研究者询问他们为何错误时，大部分人会沉默良久但做不出任何解释，只能说“我就是知道这是错误的”。我们发现自己境遇不佳时，便心里不安，于是开始给自己找理由以平息心理上由于认知冲突所产生的紧张感。心理学家列昂·费斯汀格发现，对比那些拿着高报酬做着无聊工作的人，拿低报酬的人更觉得这份工作有趣。明明是一份无聊的工作，钱拿得少的人反而觉得有趣，这个挑战我们日常直觉判断的结果告诉我们，人是在给自己找理由。既然是无聊的工作，自己为什么会去做呢？高报酬的人可以轻松地回答是因为工资高，而低报酬的人只好改变自己对工作的认知，自认为工作是有趣的，否则他们是无法说服自己的。

我们所谓的“阿Q精神”也是这样。阿Q不停地改变着自己的认知以适应环境来换取自己心理上的安慰，或者说提高自己的幸福水平。鲁迅先生实际上已经对这种精神胜利法进行了批判。我们这里还想说另一个人，那就是孔子的高足颜回。孔子说：“贤哉回也！一箪食，一瓢饮，在陋巷，人不堪其忧，回也不改其乐。贤哉回也！”同样是生活条件简陋，为什么颜回和阿Q不同？因为他们秉持的信念不一样。阿Q的朴素幸福观里，低级的需要是幸福的来源，他追求的也是这些低级的需要，所以一旦实际生活和他的这些信念不同，他就只能改变自己的认知。颜回已然脱离了这些问题，他本身高一个层次，不仅不因此而困扰，反而坚持着他自己更为高洁的信念和理想，在生活条件简陋的情况下依然能够与人为善，而且日复一日，实践不止。阿Q需要认知失调来改变到或者说上升到颜回这样的认知，所以思想境界也是幸福的前提之一。我们在发挥自由意志、增添幸福感受、体验丰足生活的基础上，特别需要提升思想境界，也要善于在我们平凡而充满竞争的生活中发现美和幸福。

其次是环境。没有什么比进化过程更强调环境的作用了，环境对我们的影响之大在进化过程中得到了最大的体现，世界上各个物种是何模样、有何作息、做何行为，无不归结于环境。不仅是进化适应环境有这么大的影响，我们的日常行为也时常受到环境的影响。斯坦利·米尔格拉姆发现，当人们处在一种强的服从权威的情境下，甚至会做出相当残忍的行为，譬如在权威的要求之下对撕心裂肺号叫挣扎的人施以450伏的电击，虽然所有人都知道这个电压足以致命，但置身这种环境的人都选择了服从。不仅是强情境，比较微弱的情境改变也能影响人的行为。社会心理学家艾森和保拉·勒温发现了“一角钱效应”。在实验开始之前，她们在城市商业区附近的一个电话亭开展了这项现场研究。每一个进入电话亭的人在打电话之前都会等待前一个人打完，而前面这个人是研究者假扮的，研究者打完电话从退币口取出零钱然后离开电话亭。这时进入电话亭的人会随机地面临两种情境之一，一种是退币口还留有一角钱，另一种是退币口没有钱。另一位研究者隔着玻璃在外面观察打电话的人的情况，只要在退币口有钱的情况下，这一角钱被发现了，那么他就会被算作有效数据。等他们打完电话，研究者马上走过去在他们前面故意将一堆文件掉落在地上。结果发现，得到了一角钱的人有近九成的人会帮忙整理文件，而没有得到一角钱的人仅有一人提供了帮助。这个实验说明好心情能促进亲社会行为，心情能影响行为，而其深层的含义则在于情境中一个细微的改变就能影响到人是否去做出帮助他人的行为。在旁观者效应的实验中，一群人参加实验，他们被随机分成独自做问卷和与他人一起做问卷两种情境，在做问卷的过程中实验室突然冒烟失火。结果发现，当有他人在场时，我们不会报告险情，而独自一人时，我们会很快报告险情。按常理推断，神学院学生应该是具有美德的，是具有道德特质的。但是在实验中，让他们准备一个关于好心人的寓言故事的演讲，原本和他们说在某楼里做报告，但后来又告诉他们改到了另一栋楼里，在离开原来的楼时，有一个人在路边呻吟，看起来需要帮助，那些被告知时间充足的学生比那些被告知需要赶时间的学生更可能提供帮助，而且其提供帮助的比率甚至高出 6 倍之多。被认为具有美德的神学院学生为了去做某一道德主题的演讲，居然会因为一点点微小的情境改变而决定自己是否在别人危难之际施以援手，我们不得不感叹情境的巨大力量。另外，仅仅是外界光线条件的改变，也会改变人们的道德行为。光线昏暗的黑屋子里的人比亮屋子里的人倾向于更多地虚报他们做对困难题目的个数，而戴着墨镜的人也比戴着普通眼镜的人作弊更多。不仅仅是光亮，温度也会影响我们的道德行为，过高或者过低的温度都会增加我们的攻击和暴力行为。物理上的干净也会影响到我们所谓心灵的纯净，情境中自己干不干净就能使我们对同一道德问题做出不同的道德判断。同样，干净的气味也能改变人们的道德行为，在一个洒满清洁剂的房间内做任务的人比那些在普通房间内做任务的人更能相信别人，也更愿意施舍他人。

可以说，环境甚至在很大程度上决定着我们怎么想、怎么做。对于幸福来说，环境也有着不可估量的巨大影响。最显著的影响就在于我们的进化适应环境和我们当前生活的环境不一样。进化是一个漫长的过程，自然选择每时每刻都在发生，而我们通常没有生活在那个选择我们的环境中，因为环境也在变化，而进化过程又不是马上就能适应，所以我们现今所处的环境与进化出现在的我们的环境并不相同。虽然直觉看来，我们现在要幸福得多，远古人类哪里会有楼上楼下、电灯电话，哪里会有如此先进的医疗条件、如此发达的科技与文明？想象一下有些疾病在不久之前都还是人人恐慌的不治之症，比如肺结核，但现在不过是小病一桩。但是，由于我们适应的是很久以前的环境，因此现代环境还是会给我们的幸福带来很多障碍。

首先是自然环境的变化。对比进化适应环境，我们现在的自然环境实在差得太远，经济的发展带来了严重的污染，人口的激增带来了食物的短缺，科技的进步带来了资源和能源的不足，生活条件的改善带来了远古人类不会患的高血脂、冠心病等“富贵病”。各种不同带来的是各种麻烦，这些都会影响到我们的幸福。社会环境的变化对幸福的影响更大。我们的远祖基本是小群体居住，整个社交范围恐怕也不会超过千人，而我们现在甚至在各种交友网站上的好友都不止这个数。现代社会的城市化让我们周围聚集着大量的人，我们每天都会遇到大量的陌生人，而我们也会将时间和精力消耗在这些泛泛之交上。比起我们的远祖，我们的友伴关系的质量和深度都大打折扣。人类远祖平常社交的也不过就是那些数得过来的人，而我们接触过的人的数量可能是呈几何倍数上升的。研究发现，一个人一般来说平均只有 6 个好朋友，而近 20 年来，我们又减少了 1 个，变成了 5 个。这里的好朋友说的是深交的朋友，而论熟人的数量，毫无疑问多于我们的祖先。有时我们会扪心自问，自己到底有几个知心的朋友，很多人这时都只能摇摇头坐在沙发上一言不发。是的，缺乏深交的朋友和纯真的友谊，这确实是现代人才有的困扰。也正是由于人口密集，我们能够认识的人变得太多，一个群体或者一个组织也变得无比庞大，远古人类几百人的群体不会分工如此细致，也不会等级如此之多。想想普通的远古人类要想看到自己群体的领袖，那确实易如反掌；而我们现在要想看到领导者，必须越过层层的等级阶梯，这种无助感是我们的远祖无法体会的。人口的增多与密集、城市化的进程与群体的增大还让我们的潜在性资源变得丰富起来，相比起来，在远古人类那里，能与自己进行繁殖的潜在性资源少得可怜。选择多本身就是一种困扰，众多的选择会加大人类出轨的意图，而且众多的潜在资源也能让人更轻易地进行性行为，这也会导致人们在两性关系上缺乏承诺，缺乏亲密，并导致人们情感空虚。因此，为了自己的幸福，我们需要重视自己的友伴关系，多与他人建立深刻的友谊，也适当要求自己提升抗拒诱惑的自我调节能力，增加和伴侣的交流与亲密程度。

远古时期，由于小群体生存，人们接触的人里很多和自己存在着亲缘关系，人们和自己的亲戚生活在一起，一个家庭很大。而现代由于生产分工的细化以及交通运输的高度发达，即使子女也会离开父母，很多表亲之间甚至毫不熟悉，我们的血缘关系变得更淡，亲属变得更少，而空巢老人变得更多。现代一个核心家庭大概只有父母和子女三四个人，四世同堂的家庭并不多见了。亲戚和朋友本来是我们交流感情的重要对象，甚至是我们寻求正义，请他们主持公道的人，现在我们有了法律，亲属之间并不需要以此维系。这些人际关系的淡化导致了很多社会问题，同时在心理上也会造成现代人的孤独感加深，在相当程度上会使我们患上抑郁症的可能性增大。因此，要增加我们的幸福，还应该加强亲友之间的联系，即使一个大家族生活在一起有些困难，但我们也不能只在逢年过节走一个形式，一言以蔽之：常回家看看。

现代媒体的发达给我们带来了很多方便，也带来了很大的问题，这些问题也是远古人类从来没有遇到过的。无论是平面媒体还是电视、电影，到处都充斥着形象俊美的明星，广告商试图用他们进行外周途径的说服，而爱美之心人皆有之，他们也确实是我们喜闻乐见的形象。见多了美丽的明星之后我们会受到什么影响？首先他们会影响我们对自己的评价。如果美是一种正态分布，那么经常出现在媒体上的这些人比大多数人都要美，这些美的形象毫无疑问会降低我们的自尊。而且不仅是美，无论哪一方面的优秀者都会通过媒体很容易地被我们了解，所以不管你是跑得快还是跳得高，在现代社会你都是在和全世界的几十亿人比，而在远古的时候，我们只是和群体里那几百个人来比，无论我们有什么特长，我们都很容易成为一个受人羡慕的优秀者。现在，这难度已经不可同日而语了，这份无奈是我们的远祖不能体会的。其次，媒体还会影响我们对伴侣的评价。同样还是比较的问题，各个方面，包括容貌，我们都能将自己的伴侣与大量的人进行比较，发现伴侣的缺点与不足实在是太容易了，这显然会降低我们的满意度，导致我们的幸福程度减退。因此，我们需要在了解这个世界的同时，知道我们所处的位置，寻找匹配的伴侣，不盲目比较，不妄自菲薄，也不要轻视别人。

第三是情绪。情绪是进化而来的，就像我们前面所说的那样，害怕、恐惧、厌恶都是为了我们能够更好地生存下来，嫉妒也是为了我们能够更好地抚育自己的后代，有利于基因的传递。达尔文早就认为情感活动具有个体生存和适应的价值，而且人类具有相同的遗传神经结构和生理学特性，这可以用来表达自己的经历和情感。这种相似性甚至在不同的物种之间都存在，也就是说，哺乳动物具有很多跟人类一样的表达情感的生物学基础。譬如黑猩猩，它们和我们一样有情感，甚至也和我们一样可以通过面部肌肉的运动表现出来。为了验证达尔文的假设，心理学家保罗·艾克曼开展了他的研究，艾克曼认为，人类有 6 种普适性的基本情绪，即愤怒、厌恶、恐惧、快乐、悲伤和惊讶。他首先让来自美国、阿根廷、巴西、智利和日本的被试分别判断照片中的人的情绪，结果发现，这些人对愤怒、厌恶、恐惧、高兴、悲伤和惊讶的判断有着高度的一致。但这里有个问题：这个实验的参与者和图片中的人所处的国家都是文明的工业化社会，在媒体如此发达的今天，大家共享着很多视觉刺激。于是艾克曼又让新几内亚原始部落的人选出最能代表这些照片中的表情的故事，结果发现，他们对 6 种基本情绪的选择也与工业社会中的人高度一致。同样，让美国人来判断新几内亚人照片中的表情时，也发现他们对 6 种基本倾向的判断高度一致。让美国人和日本人都观看会产生压力的电影，并记录他们的面部表情，结果发现他们的表情基本无异。这说明人类对一些基本面部表情的判断有高度一致性。同时，所有的新生儿都会对苦味表现出厌恶反应，对疼痛刺激表现出痛苦，对新异声音和其他感官改变表现出兴趣。一般来说，4~6 周的婴儿开始会微笑，在 3~4 个月的时候表现出愤怒，在 5~7 个月的时候开始表现出恐惧。而那些先天失明的婴儿，其情绪表达发生的顺序和同年龄的正常婴儿也没有区别。这些研究都证实了不同的情绪和面部表情是普适的、通过基因编码的，而且与我们灵长类祖先的进化有关。

这些进化来的情绪中，我们对消极情绪的关注要远远大于积极情绪。艾克曼的 6 种基本情绪中，有 5 种都是消极情绪。对心理学文章的统计发现，以愤怒、焦虑、抑郁等消极情绪为主题的论文在 1967 年至 2000 年间加起来接近 10 万篇，而以高兴、幸福、生活满意等积极情绪为主题的论文还不到其 1/10。学者对消极情绪的注意要远远大于积极情绪，这或许不是学者们有意为之，因为这一点在进化上确实有意义。想一想我们远古的祖先，多打了一头猎物意味着他们能吃上一顿好饭，而少打了一头猎物则意味着他们可能吃不上饭。前者只是关系到生存得好不好的问题，而后者却关系到能不能生存的问题。显然，我们对多打一头猎物所产生的愉悦远不能和少打一头猎物所产生的懊丧相比。损失产生的强烈消极情绪还能让人始终保持朝向生存目标的有力动机。因此，我们要体验一点点的幸福感就需要有大量的获得，而要想感到大量的痛苦则只需要一点点的损失。2002 年诺贝尔经济学奖获得者丹尼尔·卡尼曼就因为与此相关的研究而获奖。卡尼曼发现，人们在获得时是风险规避的。比如让你选择“肯定得到 250 元”与“25% 的概率获得 1000 元，75% 的概率什么也得不到”，大部分人都会选择前者，因为在面临获得的时候我们不愿意冒风险；而如果让你选择“肯定失去 250 元”与“25% 的概率失去 1000 元，75% 的概率什么也不会失去”，大部分人却选择了后者，在面临失去的时候我们却愿意放手一搏，选择风险偏好的策略，这正是因为人们对于获得和损失的心理感受大相径庭，同等程度的获得与损失，前者给我们带来的愉悦远不及后者带来的痛苦。所以面临获得时小心谨慎，规避风险，而面临损失时则会不甘失败，偏好冒险。这似乎告诉我们，对于人类的幸福来说，由于进化的作用，我们需要大量的成功才能提升一点儿幸福感，而只要遭遇一点儿失败就会让幸福感大大减退。这一点本身就会让人不快，辛苦奋斗的成功与幸福的增加完全不对等，而意外的失败却会让幸福陡降。所以我们必须意识到这一点，并以此调整自己。

人类对消极情绪十分敏感，大大影响了我们的幸福程度。好不容易被唤起的积极情绪，消逝得非常之快。人类对外在环境的适应能力很强，以至于我们很容易产生喜新厌旧之感。就像一个好吃的东西，如果你不停地吃，最终一定会厌倦，这在经济学上叫作边际效用递减，也就是说你会感觉到，自己吃的每一口都没有上一口好吃。如果我问，中了彩票大奖的人和车祸中不幸瘫痪的人在事发一段时间之后谁的幸福程度高，我相信大半的读者都会说是前者。但是实际上，研究发现，这两种人虽然在事发当时经历了大喜或大悲，但很快都会恢复到普通人的幸福水平。所以我们大可不必担心住在火车道旁的人家睡不着觉，火车每天有规律地经过，这很容易使他们适应；如果这家旁边又建了个工地，虽然不及火车声大，但是杂乱无章的声音不容易让人适应，反而会让人睡不着。我们对于幸福的适应能力如此之强，这对我们的幸福是不利的，因此在日常生活中应该选择那些不容易适应的活动。比如同样的价钱，我是应该给女儿买个洋娃娃，还是应该买个七巧板呢？当然应该选择后者，因为洋娃娃很容易玩厌，而七巧板能摆出不同的形状，相比起来不是那么容易适应。

进化带给了我们比较强的适应能力，但我们的预测能力比起这种适应能力来说实在是差得太远。心理学家丹尼尔·吉尔伯特一直致力于研究重大生活事件对我们幸福感的影响以及我们对它的预测能力。如果你决定去读研究生，那么你就会花时间证明你的决定是正确的，因为你觉得自己选择的职业道路是幸福的；如果你在亲密关系中举步维艰却选择坚持到底，那是因为你觉得这样做会有利于自己今后的幸福。但实际上，今后自己是不是幸福，我们真的很难预测。在职称评定之前，年轻的教授们觉得能获得终身教职就会使他们感到快乐，而如果没有得到终身教职，他们怎么也不会幸福。但是吉尔伯特说，他们其实都错了。吉尔伯特比较了那些最终得到和没有得到终身教职的教授们，发现这其实并不会影响他们的总体幸福感。当浪漫关系破裂，你和你的恋人分手的时候，你觉得自己会有多抑郁？你可能会说，爱人就是自己的心肝宝贝，没有了他 / 她，你会苦不堪言。但实际上，没有亲密关系的人和正在经历亲密关系的人在快乐程度上是差不多的。一些研究在调查了大学生之后，甚至发现分手后的人会感到更快乐些。当我们做这些预测时，我们忽视了自己进化而来的心理免疫系统，其实我们能很好地应对，我们的心理也是富有弹性的。很多时候我们都会觉得天要塌了，但实际上我们的心理免疫系统这时便会起作用，因为这种过于消极的感受会影响到我们的生存。乔治 · 博纳洛的研究关注创伤对幸福感的影响，他比较了丧偶的人、被性虐待的人以及有亲属在“9 · 11”事件中罹难的人，发现对 50%~60% 的人来说，创伤造成的心理效应很小。我们都错误地估计了创伤产生的效应。埃德 · 迪纳研究过那些曾遭受失业或自然灾害等苦难的人，他发现：除了自己至亲的亡故，没有什么能对我们的影响超过 3 个月。因此，为了我们的幸福着想，在遭遇困苦之时，我们必须告诉自己，这些困难对我们的影响没有我们想象的那么大，我们终能战胜生活的苦难和消极的情绪。

最后我们必须谈一谈一贯被大家忽视的积极情绪，因为它也与消极情绪一样是进化过程的适应结果。芭芭拉 · 弗雷德里克森提出了积极情绪的扩展和建构理论，她认为遭遇让我们不快的人、事情或气味时，消极情绪会缩小我们的注意范围，而积极情绪则能拓宽我们的视野，鼓励相互联系的创造性思维。这种受到扩展的思维和行动能够为我们建构更为持久的个人资源，使我们产生改变，并产生积极的情绪。这是一个循环往复的良性过程。因此，培养积极情绪对于我们的幸福来说非常重要。

05 最勇敢的事情无非是质问人生的意义

与朋友聊天，他问我人生有何意义，我开玩笑说，“心理学家听到这个问题都非常警觉，你没事吧？”我知道他没事，其实这是谁都会问的问题，但是并不是谁都想回答。不想回答也许有好几种情况：

第一，这需要思考，但我真的不想思考。“想这干什么，有用吗？想通了不吃饭吗？”很多人不会也不希望思考这种问题，说它是“哲学”，只是个借口，其实是不愿去想，可是哲学家却告诉你未经思考的生活不值得过。芸芸众生也是乌合之众，生活可以精彩却也同时只能是生活。其实无所谓好坏，我一向认为这是自己的选择，人有思考的能力，但没有强求他人思考的权力。

第二，我想过，但是我的答案对吗？“我觉得生活的意义就是融入社会”“我觉得生活的意义就是繁衍生息”……道德发展水平取决于道德判断的原则你认同吗？实际上不止是道德，几乎所有关于真善美的问题，大多数人都需要让·皮亚杰所谓的“他律”（我妈说是就是）或者劳伦斯·科尔伯格所谓的“前习俗”或者“习俗”（大家说是就是）。没有思考实际上就无从选择，“我认为”和“我想了之后认为”是两回事。自己规范自己，这是多么重要的事情。形成自己的价值、道德和想法，无论大是大非还是小善小恶，没有想要向谁去求证的惴惴不安，也没有不知道自己对错的彷徨不前，对自己的观念自信，多好。

第三，我想过，但我做不到。“我觉得没有什么意义，但你要我出家吗？”有时候你有答案，但是无法知行合一，也许你清楚地知道你的意义就是周游世界，但是你放不下现在的事情。也许你还会囿于社会关系、情感联系。红尘已断是你的答案，我不认同，就如同生比死更需要勇气，生活也永远比逃避需要更大勇气，哪怕不是逃避远离而是寻求超越。当然，我也并不是说寻求需要勇气的事情就是好的，这也是选择。

生活有什么意义呢？我不是哲学家，只能按照心理学的数据来说话：据说大多数人都不知道，但都会觉得自己的生活相当有意义（这是大规模问卷的结果，如果用量表，大多数人的回答都会超过问卷刻度的平均数）。当然研究还发现，认为生活有意义还有很多好处，觉得生活有意义的人活得更久，认知能力衰退得更慢，更少得阿尔茨海默病，更加健康，更少抑郁，更少自杀，更能适应工作，更加吸引他人。

怎么样，听起来和幸福的人一样是不是？其实也不一样，罗伊·鲍迈斯特等学者说，第一，幸福必须是需要的满足，意义不是。第二，幸福更接近当下，而意义和过去、现在、将来都有关系。快乐只是当下一瞬，品味过去的快乐时是不是更加幸福了？第三，幸福更像索取而非给予，而意义更像给予而非索取。第四，意义更多与忧虑、焦虑和压力联系，但幸福不是啊——幸福的时候就是开心嘛，讲什么意义，多么煞风景！第五，意义更多是个人认同和自我表达。幸福的时刻都是相似的，但是对幸福时刻的理解各有各的不同，那是意义。这就奇怪了，其实有意义的生活并不一定幸福，是吧？那我们该追求什么？这时你可以扩大幸福这个概念，把这种有意义的快乐叫作幸福就好，我想这是我们需要追求的。

鲍迈斯特同时觉得意义有四个来源：目的、道德、效能、价值。你按照字面理解就行，也可以体会一下类似场景：无所事事坐在床上打了一天的游戏，是不是在半夜放下鼠标时感到毫无意义？在一个毫无正义可言的地方做事是不是让你觉得毫无意义？想拿诺贝尔奖却拿不到是不是让你感到毫无意义？被人戏弄是不是让你感到毫无意义？鲍迈斯特说的就是这个意思。

那么，到底人生意义是怎么来的？

第一，它是个积极情绪的产品。兴高采烈的时候你觉得人生有意义吧？沮丧的时候是不是觉得没什么意思？积极情绪启动确实会让人报告更多的意义感。不过我想很多人不会同意这种观点，比如最有名的维克多·弗兰克尔，我一直把他的书当作鸡汤来读，其实也不对。他说“工作成就、爱和苦难都会给人带来意义”。当然弗兰克尔说苦难本身无意义，如何看待它才是意义，在困苦中依然要保持人的尊严，不把自己变成低等动物，这我非常赞同，这就是心理学的感觉。外部世界怎么样其实不重要，如何看待外部世界才重要。在我困难的时候，我常常看看彭老师很久前给我发的一条短信，它始终支撑着我，就七个字：“喻丰，磨难出英雄。”磨难可以打倒人，也可以成就人——这和所有事情一样，在于你怎么看待，怎么去做。是不是不经历磨难就无法出英雄？我想可能确实是这样，顺利时你就只是幸福，而可能没有那么深刻地去思考意义，遭遇困难的切身体会和替代经验是完全不同的。

第二，它是一种补偿。也许它就是用来应对你的各种不满、不舒服，用社会心理学的话来说，就是你心里的紧张状态。要降低你的紧张，总得做点儿事情，这让人感到有意义。当然，所有的人类行为也许都能这样去理解。感到意义受损的人会给不道德的人更多惩罚，感到意义受损还会让人去学陌生的语言。这是不是很有意思？其实很多时候我们都能用意义去解释我们的行为，为什么我们有时会把一个玻璃可乐瓶看成一个人的形状？为什么有时候我会对着电脑讲话，好像它是一个人？为什么不顺利时你会怀旧，或者想象未来，甚至想象现实不是这样，都能更加舒服？因为我们需要这种方式把意义感融入其中。

第三，它是一种连贯的感觉。很多年前，我在新奥尔良的人格社会心理学年会上听到劳拉·金讲这个研究，我觉得这太有意思了。一年四季的图片按顺序给你看，你便会觉得有意义，而随机出现，你便会觉得没什么意义。的确，日出日落，一年四季，甚至无意义的迷信联系，这是我们的习惯，它造成了一种你自己构建的体系，将它打破不仅空虚，而且紧张。原来我在清华读书时每天都要骑车，从心理系伟清楼到宿舍W楼，中间有个大坡，骑下去时我总要坚持车轮嵌在路中间的缝隙中，我知道这很危险，但是我有种不这样骑不舒服的感觉，这大概是为了有种连贯的意义吧。

用研究来讲意义其实会很强烈地削弱意义感，因为我始终觉得意义是非常远而抽象的，但是研究是具体而近的。这种解释水平的冲突，我猜也是很多人不愿意思考类似总问题的原因。另外，研究里的意义也非常肤浅，它不见得真的是人们的精确体验，也不见得真的就是人生的意义。最重要的是，它祛魅，它告诉你，严格说来，意义不过都是些副产品而已。也许真的文学作品更能让人思考意义。我看过不少影片和一些小说片段（比如《丰乳肥臀》），现在我都无法忘记那种描写人性像吃了苍蝇的感觉。

中学时我语文数学很好，其他科目都很差，晚自习回家后我并不喜欢做理化的题目，但是却总能看着《红楼梦》睡着。有一天早上搭车上学的路上，我发现自己能默默背下来："陋室空堂，当年笏满床；衰草枯杨，曾为歌舞场。蛛丝儿结满雕梁，绿纱今又糊在蓬窗上。说什么脂正浓、粉正香，如何两鬓又成霜？昨日黄土陇头送白骨，今宵红绡帐底卧鸳鸯……"我很高兴，我能知道这是何意，但并不真的理解，只知道这大概就是曹雪芹在讲人生意义，对吧？古今将相在何方？荒冢一堆草没了。世界和人性如何运行，其实每个人都能知道，但是知道、相信、应对是不同的。

曾有同学给我的公众号留言，说他其实觉得什么都无所谓，到头来都是一捧灰，当然也告诉我他没有心理问题，只是想问问我怎么看。还能怎么看？哪儿的黄土不埋人？"一抔净土掩风流"当然是最终的状态。"没缘法，转眼分离乍，赤条条来去无牵挂"，这是洒脱也是逃离啊。超越需要理由，这只是为了说服自己。

我是不是很消极？一点儿都不是。我永远相信，有良知的学者是不愚民的，是启蒙民智，让人选择，并为选择负责任的。心理学，哪怕积极心理学，也不应是仅仅是让人做个快乐的猪，只要高兴就好，而是有思考后自由选择的幸福。

我还是一样的看法，最勇敢的事情是你抽身思维又陷身于生活，以第三人称视角思考生活，却以第一人称视角体味人生。我们都知道，只有一种英雄主义，就是看清了生活的真相之后依然热爱它。

世界以痛吻我，我要报之以歌吗？其实不用，但思考后也许你可以。

06 花钱买幸福有独特的方法

我有一次看到一个视频，一个大学老师在讲毒鸡汤，他说："幸福跟钱没什么关系，有钱不一定幸福，没钱也不一定不幸福。这并不是心灵鸡汤，而是一个客观事实。"我觉得有点儿好笑，科学为什么没有门槛了，谁都能胡扯？但凡有科学素养的人就知道，这个老师是在说幸福与钱没有相关。但是事实呢？我想，要说它们完全没有关系，那就过分了。

你可以轻而易举地想到，没钱，人就是不怎么幸福的，满足不了基本的生理、安全需求，去哪里获得幸福呢？"一箪食，一瓢饮，在陋巷"的颜回虽然不改其乐，但是人不堪其忧啊！心理学研究的是平均数，没钱肯定是不怎么幸福的。看看国家财富的数据你就知道，GDP（国内生产总值）与幸福感有正相关，当然，不是相关系数等于1的完全正相关，各种研究始终得出一种边际效应递减的曲线关系。换句话来说，它表明，在财富较少时，金钱的增加是可以增加幸福感的；而在财富较多时，这个关系就不那么明显了。那么多少财富是多呢？其实标准不一，一般用三千美元的阈限来设定吧。

幸福调查真的是多如牛毛，谁都要测一测幸福感。不过无论怎么测，各种调查都发现，这个世界上最幸福的国家通常情况下就是那些北欧斯堪的纳维亚半岛的国家。也许因为那些国家没有那么等级分明，社会公平稳定，收入区别也不是很大，享受生活就挺好。最不幸福的当然大半是非洲国家以及战火纷飞的地区。看看 2018 年的《世界幸福报告》，中国排在正中间的地方。与我们的经济发展水平相比，幸福感还没跟上。有趣的是，社会支持给我们带来的幸福感不少，但是慷慨所带来的幸福感却不多。你看，我们就是这么差序，帮助熟人却忽略陌生人。

为什么钱多了，钱就买不来幸福了呢？其实也简单。你想想，如果你是个乞丐，捡 1 块钱也许就是一天的饭钱，那得多开心？但是如果你飞黄腾达，捡 100 块钱可能你都懒得弯腰，哪儿还能获得幸福感啊？在不同的经济状况下，人们增加同样的幸福感需要增加的钱可是完全不一样的。比如你买个 5 块钱的白菜，隔壁菜场卖 4 块，要走 10 分钟，可能你会走；而你买个 50 万的车，不远的 4S 店卖 499995 块，你是不会走 10 分钟去另一家店的。这个叫作费希纳定律，画出来的曲线就和财富幸福曲线一样，边际效应递减。不管是什么刺激，你要能感觉得出差别，那需要刺激的相对数量而不是绝对数量，这是讲人类感觉的韦伯-费希纳定律。幸福也一样，钱少，一分钱一分幸福；钱多，一万元一分幸福。

所以费希纳定律就会让你情感适应。让普通人判断车祸断腿的人和彩票中大奖的人三个月之后谁更幸福，大多数人肯定认为是彩票中奖的人，实际上结果是差不多，情感适应让我们很快就适应了幸福或不幸的状态，最后都无所谓。所以寻死觅活跑来找我说自己活不下去的人，我通常都劝他再活三个月试试。我们根本难以预测自己的幸福感。给学生一些万花筒玩，让他们预测一天之后有多喜欢、一周之后有多喜欢，大致他们会觉得喜爱程度没什么变化，结果是很快就玩腻了。所以其实喜新厌旧非常符合心理学原理。你可以想想每天生活中有多少这种现象，洗澡水刚开始总是很烫，游泳池刚开始总是很凉，自己的工资总是很少，别人的女朋友总是很漂亮等等。

有个所谓的“柯立芝效应”说的就是这件事。一天，美国总统卡尔文·柯立芝和夫人去参观家禽农场，在参观时，柯立芝太太向农场主询问，怎样用最少数量的公鸡产出更多能孵育的鸡蛋，农场主自豪地解释道，他的公鸡每天要执行几十次“职责”。柯立芝太太听了后答道：“请告诉柯立芝先生。”总统听到后，问农场主：“每次公鸡都是只为同一只母鸡服务吗？”农场主答道：“不，有许多只不同母鸡。”总统答道：“请转告柯立芝太太。”

防止情感适应很简单，就是让刺激不容易适应。所以我们要选择那些不容易适应的好事去做，而避免那些不容易适应的消极事件。涉及创造力和社会性的活动比较不容易适应，多从事科学艺术、棋牌社交，少买点儿房屋、家具、首饰服装。这也告诉我们做选择也一样。如果有个空调噪声一下子大一下子小，大能大到 30 分贝，小能小到没声音，完全随机；而另一个空调保持31分贝的噪声，当然得选后面一个。换句话说，如何让你男朋友不那么容易适应你呢？没事儿做个头发，换个发型让他重新适应一下就好。说白了，也就是创造点儿新鲜感。你别跟我说没事找事吵个架，这样也能重新适应，那没可能，这样那就祝你们各自快乐。所以你看学习时间长了，你也会情感适应，MOOC（慕课）里视频都不能太长，10分钟左右，因为容易适应，所以学习10分钟左右休息一下，这是比较合理的。

既然钱和幸福的效用会适应，那么钱该怎么花？最好的建议可能有两条：第一叫作买体验，第二叫作给别人。

买体验这件事情是这样的：各种研究都发现，买实体的东西不如买体验划算。其实大多数人喜欢买体验，只是他们不知道。如果给人们2块钱去抽奖，奖品是价值200美元的晚餐，比奖品就是200美元，抽奖的人会更多。你看，人是不是就不理性？拿200美元落袋为安，想干什么就能干什么，包括买这个晚餐，但是他们就不，体验就是吸引人，把钱花在实体上就是不如花在体验上来得舒服。前几天我和同事聊天时听到一首非常冷僻的歌，他很喜欢，他马上就花8块钱在App上买了，我还有点儿惊讶，他跟我说花8块钱买首歌，以后还能炫耀一下，完全不亏，平常8块钱食堂里就能买碗面，还不好吃。仔细想想，我们记住更多的往往是一次旅行、一场音乐会、一顿丰盛的晚餐等等，而房子、冰箱、家具，花再多钱很快就适应了。研究发现，房东还没租户幸福，单纯从幸福考虑，有房子又怎么样呢？

为什么体验有用？我猜是这样的。第一，体验让你和他人相联系。通常情况下，体验都是社会性的，很少有独自体验，社交活动会提升你的幸福感。学生一进学校，首先希望不要被分到看起来差的宿舍，其实熟读心理学你就知道，宿舍设施环境并没什么关系，真的影响你幸福感的是你的室友。你想想，你有没有室友不洗澡脏得无可救药你说她还不听？有没有室友根本不和你说话像木头一样？这些东西才切实影响你的幸福感。

第二，体验让你有故事可讲。人生自古谁无死，哪里黄土不埋人。你想想你临终的时候，不能只看着你买的那些实体物品，肯定也不会把你买的首饰拿出来不停把玩，那没什么意思，你肯定得回忆过往的酸甜苦辣吧？这都是故事。有故事，才是没有白活的人生。我非常抑郁的时候彭老师安慰我，我说这有什么，都是故事，别人没有，我以后可以讲，多好，这才是人生。

第三，体验表明记忆重于一切。人是不愿意失忆的，更不愿意更换自己的记忆。很多时候人的会心一笑无非是不美好的事情过去了，而在记忆里变得美好。情侣们不愿意更换自己第一次约会的记忆，哪怕它再不美好。记忆就有这样一种美化功能，一次糟糕的旅行，时过境迁，人们通常情况下再看，还能咂摸出点滋味。原来怀个旧，人生还能更有意义，我们活的就是个记忆啊！

第四，体验让你认识自己是谁。有时候我们也不知道自己是个什么样的人，我们通过观察自己的行为认识自己，这是自我觉知理论。体验会让你知道自己是谁，我观察我过往的种种，能体会出自己是个什么样的人。从小到大我都觉得自己是个沉默寡言而没什么吸引力的人，一直到我给学生上课，看似随意，但是脱口而出的笑话和知识需要平时没有功利目标地看各种书和文献。收到课上的反馈，我才认识到我可能的优势里还包括幽默，我也许还有些魅力。

第五，体验让你感受独一无二。总会有些奇怪的地方其实待着并不舒服，但是你会去；总会有些乱七八糟的食物其实并不好吃，但是你会吃。大多数学生报告自己会去冷得要命、都是冰床的“冰旅馆”而不去住万豪，就是为了点儿体验。躺在床上多舒服？但是总有年轻人晚上要相互结伴躺在操场上，又是草又是泥，多难受，但是他们觉得那是体验，还独一无二。谁去体验都会是独一无二的，因为有你自己的体会。

第六，体验会让快乐越来越多。买个实体容易适应这点道理不到两岁的孩子都知道，玩具都是一阵一阵的，很快适应。但是体验不一样，你要是“看人风筝断”，这种“不亦快哉”的感觉第一次体会就非常开心，以后再想起来还是一样的开心，和别人分享那就更开心。体验就是这样，每次回味总有乐趣。

所以不要把时间浪费在体验很差的事情上，比如上下班通勤、看电视、做家务、填表等等，这些小的事情才切实影响你的幸福。买房子的人都关心房子一平方米多少钱，宁愿买个便宜、地段好却设施差的房子，但是其实房子漏不漏雨、马桶堵不堵、空调好不好、暖气怎么样，这些才切实影响人的幸福感。在很多人家里，空调不好能将就，反正过了夏天就好了；暖气不好能将就，反正能用电热毯。这都属于将幸福感当儿戏，没有正确金钱观的行为。有人为了上班方便买辆车，怕同事笑话，还得买辆豪车，但是其实上下班开车并不能更幸福一些，还不如把房子卖了，在单位旁边再买一套。其实时间压力就能影响体验，在有时间压力的情况下，体验会更好。自助餐要是不限时，那你吃着就没什么意思，它要是就限一个小时，那一个小时的自助餐“打仗”体验你能聊一辈子。蛋糕房发优惠券截止两个月兑换或者截止一年兑换，你猜哪种去兑换的人多？我知道你猜错了，大多数人以为是截止一年时间长，兑换的人多，蛋糕房老板也一样，但其实是有时间压力的两个月兑换得多。有时候如果你是更重视时间而不是金钱的心态，也能更幸福一点。给你看看和时间相关的句子，相比于看和钱相关的句子，你就更想体会生活、谈谈恋爱、喝杯白酒交个朋友，而不想去工作。让你算算你每小时拿多少钱，你便会抽离出体验，根本没法再欣赏音乐了，所以金钱心态让你不幸福。

但是万一你就买了实物怎么办？也许换一种认识方式，你也能把它当作体验。有的人买书就是为了买书，连书外面的塑胶封皮都不撕开。我见过好多这样的同人，我一旦推荐了 20 本书，他就一定要全部买回来，然后摆在书架上完全不翻，就认为知识已然自动习得了，这个过程结束了。书其实是要体验的，买它就是为了体验，读书的过程是很好的体验过程。吃饭也是一样，如果你哪天仔细品味一下吃的食物，也许心情会好很多。昨天，我试着在食堂品味了一碗面条，当然实在是难吃，我仔细感觉一根一根面滑入口腔，用牙齿轻轻咬断的过程，虽然它还是一样寡淡无味，但是体验的过程增加了愉悦感。你可以把注意的焦点放在实体上，这样实体可能会变成体验。比如开宝马车的并不比开夏利车的幸福感高，但是宝马车主如果注意到他们风驰电掣于高速公路连续超车 28 次时，他就会快乐一些。体会生活中美好的小事情，这是提升幸福感的方法，这也就是为什么我要建一个感恩群让大家来记录和发现生活中的小美好的原因。

第二种花钱的方式就更好了，就是把钱花给别人。我曾写过一些学术文章讲这事，内容如下：对 632 名美国人的调查发现，给别人花钱（包括给别人买礼物、捐助慈善）可以有效预测其总体幸福程度，而给自己花钱（包括付账单和开销、给自己买礼物）则不能。同时，研究发现，得到公司分红后进行亲社会花销（给他人买礼物、捐助慈善）依然是收到分红前 1 个月与 6~8 个月后其总体幸福程度改变的主要预测源。实验者也进行了直接操纵，在早上给被试者一个装有 5 美元或者 20 美元的信封，让被试者把这些钱花在给自己付账、给自己买东西上，或者将这些钱花在给别人买礼物或者捐助慈善上，结果发现，无论花掉多少钱，亲社会花销都能显著影响花销者幸福程度的变化。甚至这一效应也出现在小于 2 岁的儿童身上，在款待别人时，他们会表现得比自己受到款待时更加高兴。而且，那些需要付出自身资源的亲社会行为，能让孩子获得更大的幸福感。这一效应同样也是普适的，136 个国家的数据显示，无论国家贫富，亲社会花销都能显著预测主观幸福感。但亲社会花销怎么去花销依然还是有区别。研究发现，将钱花给强社会联系的人比将钱花给弱社会联系的人会更加幸福，那些回忆了自己将钱花给亲戚、好朋友及伴侣的人，比那些回忆了自己将钱花给某个普通认识的人、同事、同学以及朋友的朋友的人，会体验到更大程度的幸福。同时，将钱捐给慈善机构并不是总能提高幸福感，提高的前提必须是搞清楚自己所捐的钱是如何用于提高接受者的生活水平的；那些回忆了自己花钱给他人并给他人造成了积极影响的人，比那些仅仅只是花钱而未给他人造成积极影响的人幸福程度更高。更为有趣是的，在将 100 美元如何分配给自己或者给慈善机构的抉择中，即使是强制的，捐赠也会激活大脑皮层中和奖赏过程相关的区域，更不用说自愿的捐赠行为了。

上面这一段说得很清楚了，把钱花给别人很幸福，连小孩子都知道。但是你得自愿，并把钱花在重要他人上。我给好朋友买了个礼物，那非常幸福，我给陌生人买了个礼物，也幸福，但大不如送给好朋友。还要知道钱用了有没有效果。比如我要是在公益机构捐了款，哪怕就是5块钱，我也想要知道那个被一场无情的大火烧毁了家园的绝症小同学到底治好了没有，我好确定我的钱是不是打了水漂，虽然这5块钱一点不亏，已经买了点幸福感回来。

好了，这就是钱和幸福。没钱时钱能买幸福，有钱时钱的幸福购买力就有限了，你得买体验——给别人。

07 对积极心理学疑问的个人化回答

我为何写这个题目?

第一届中国心理学会积极心理学专业委员会学术年会开完了，出席者甚众，亲眼见到才知道中国积极心理学的研究者、从业者、爱好者这么多。我们建了两个群方便通知会议信息，会开完了，我不知道怎么解散群，于是每天就不断接受好友申请，回答各种积极心理学问题，也看看群里的自发讨论。其实问题很有共性，我说说我的看法，纯粹个人观点，只代表我自己。虽然是积极心理学专业委员会副主任，但我并不是学术权威，勿要迷信，也完全不代表任何官方组织观点。我接受任何批评，也肯定有各种错误，但我无意探讨，只是表达。

积极心理学是一门学科吗?

实际上，连心理学是不是一门学科都有人质疑，何况其中的子学科。我并不认为积极心理学是门学科。按理说，积极心理学较为松散，我更愿意将积极心理学看作一种思潮、一种研究偏好和一种研究者与实践者的个人选择。我相信积极心理学对任何心理学子学科都有一种“染色”的作用，即不同的子学科都可以主动选择去研究那些倾向于积极的主题或者主题积极的部分。

积极心理学不需要研究吗?

只要未经实证检验的都值得研究。可千万别说这个结论孔子或者亚里士多德两千多年前就说过了，是的，孔子说了很多话，但科学的目的是用科学方法检验这些话，证实或者证伪均可，要不然你凭何相信？怀疑、证明和不盲从是我们应有的精神，孔子是先贤不代表应该把他的每句话都神化和教条化。也千万别说这个不用研究我都知道。是的，很多结论确实和直觉一致，这不代表它无须接受科学检验。我承认很多科学检验无趣，那是我们研究水平的问题，这需要道歉。

积极心理学肤浅吗?

如果你说积极心理学仅仅研究幸福，让人快乐，确实有种肤浅的感觉。在心理上，坏比好的效应要强，悲剧比喜剧更能唤起你的思考。其实幸福本身很深刻，但是作为科学研究的对象，确实有些过于简单化了。实际上，积极心理学的主题应该远远不止于幸福，作为思潮，也许还能包括真善美的一切，意义、道德、美、创造，这些都可以作为积极心理学的主题，都可以思考得深刻，从这个意义看，主题无所谓深刻或肤浅，思考才有。积极心理学当然可以深刻，也许我们想的和做的还比较肤浅，需要更深刻。

积极心理学的研究“水”吗？

以现在来看，确实有很多“水”的。作为研究者，我也“灌”过“水”，我必须承认积极心理学需要更高水平的研究。现有许多研究者无非找一堆问卷，或自己或别人的，大面积一发，好一点的还追踪一下，回来算个或简单或复杂的模型，得一些显而易见的结论，灌一堆文章，评个职称，觉得自己了不起。生活所迫，我也做过，但我不以为荣，如有条件我不会想要再这样做。这样的研究确实肤浅，也确实在学术和实践上都无益。必须承认，积极心理学确实需要改进研究和审美水平，用更精细化的测量和更精巧的方法，进行更科学的实践研究。

积极心理学是霸权吗？

有反对者认为积极心理学发展出了霸权，即在研究上认为积极者是所谓政治正确的。至少据我所见，这是少数人的观点。我从未觉得存在什么霸权，这似乎是言过其实的哗众取宠。研究主题上可能有所谓的政治正确，但也不多见。我自己主要研究道德、人性，某种程度上说，这似乎并不积极。积极吸引人，“好”是一种行为上的规范，这可能是它容易看似政治正确的原因。

积极心理学有自己的理论吗？

应该说，心理学已没有了大理论时代，这是悲哀。研究客观世界的物理学尚且有大理论，而心理学却只有某些维度的中距理论了，遑论积极心理学。积极心理学有积极情绪的扩大建构理论、PERMA（幸福感理论）、优势强项分类等许多理论，但严格意义上讲它们并非结构严谨、经得起推敲的大理论，更像偏向个人化的归类解读。积极心理学需要更好的大理论，不过现有理论也足够开始研究与指导实践。

积极心理学对指导实践有用吗？

当然。你可能会说，不用研究我就知道吃饭、睡觉、结婚、收入和幸福有关，但是没有研究你怎么知道这些关系是有边际条件的？没有研究你怎么知道年龄、性别、阶层、种族这种社会学变量对幸福的影响小，而感恩、乐观、工作、性行为、自尊、友伴、婚姻、宗教、休闲、健康、控制对幸福的影响大？任何经过多次重复检验的研究结论实际上都可以成为你实践的基础。

积极心理学实践可以自己做吗?

没有人拦得住你自己进行的积极心理学实践。我知道有很多热情进行积极心理学实践的人士，其对象包括儿童、女性、老人、弱势群体。这是大好事，从我的观点看，也一定请大家进行积极心理学的知识学习，如上所述，研究结果是可以指导实践的。也一定请大家进行积极心理学研究方法的学习，比如我经常看到干预研究，你如何知道你的干预是干预的效果而不是霍桑效应？作为研究者，如果积极心理学能用于社会工作，那真是最好的事情。但是我见到太多的社会工作者是随意无理论地进行，甚至不少大学进行的社工项目都如此，拍脑袋来制订一套干预计划，想提升孩子的韧性，这是影响人的事业啊！不是不能做，一定要做，但是一定要谨慎。

积极心理学有门槛吗?

心理学似乎没有门槛，跨专业考研的同学很喜欢考心理学，因为觉得没有门槛，容易。我想说的是心理学有自己的思维方法和问题解决模式，这是教科书学习无法告诉你的，这是科研训练。但是你要使用心理学结论——或者更小一点儿说使用积极心理学结论，你需要知道这些结论如何用、适用范围如何、如何具体化能够还在结论的概括性内。这是基础的科学思维，和具体的心理学思维无关。你要知道心理学结论的平均数特性、心理学结论外推性的限制等等，在这些条件下进行应用。

积极心理学是“鸡汤”吗？

我想不是。“鸡汤”并不是没有用，我见过不少喝“鸡汤”让自己开心起来、振作精神的人。但是积极心理学理应是客观无偏的结论，这些结论不是“鸡汤”，它不会告诉你只有受伤的手指才能弹奏出世间的绝唱，但它可能告诉你在受伤时你可以以十年后的眼光来看待现在的自己，相比之下，你可能会觉得“风雨中这点儿痛算什么”。这个世界不是由“鸡汤”组成的，这个世界也不一定是努力就有回报、好人就有好报，外部环境、你的选择都会受到运气影响，而运气其实是随机的，它没有规范。不过，你怎么看待运气，代表着你会如何行为，要用这样的思维，这是更加客观的思维，而非“鸡汤”。

积极心理学未来会如何？

我相信未来的积极心理学会更科学化基础上的世俗化（即更多有科学精神的人在世俗实践中合理地适用积极心理学结论）、更标准化基础上的定制化（即更多科学标准化的积极心理学方法、模块、训练和干预，而针对不同对象，它们可以定制）、更现实化基础上的技术化（即在快速变迁社会中出现的新问题如通勤困难、慢性身体不适、智能社会慵懒、社交变化、性趣减退、经历购买增加等，针对它们进行的各种技术应对）、更实践化基础上的研究化（即基于更多实践问题的更科学的研究，在此，研究者和实践者不会相互认为对方没用）、更精细化基础上的理论化（做出真实的、深刻的、有意识的、有意思的、反直觉或者能让人豁然开朗的直觉结论，当然最好在某个大理论的指导下）等。希望它繁盛。

积极心理学研究者会不积极吗?

心理学家就不会抑郁？积极心理学家就每天斗志昂扬？这是不可能的，以此判断一个心理学家是否合格、判断一个人的研究是否是好研究，是非常荒唐的。我经常在郁闷之时，听到别人跟我说：你还是心理学家呢。我心里翻个白眼：医生就不该得病，工程师就该修得好家里的一切东西吗？是不是得有点儿科学思维和人性理解啊？正是因为有情绪，人才会生活得如此精彩。但心理学家会力图使用心理学方法，所以你能看到的是，可能比不使用积极心理学方法的人稍好，但也不是永远开心。

你推荐积极心理学的哪些方法?

我想，根据研究结果，也许这些合适：进行一点儿表达性写作（写点感恩、憧憬、情绪、感悟等等），结交一些真的朋友（有意义、深入交往的朋友而非酒肉朋友，要投入，友伴关系或者家庭关系都重要），了解自己的优势并发挥之（你的长处其实每天都有机会展现），找能产生福流的事情做（做那些让你忘却时空的事情），体验现在（体会正在经历的事情而非过去、未来，缓慢地、花时间去体会），要做事情（做喜欢的事情，不能空虚，运动、游戏、正念什么的都行），保持健康（注意饮食，节制烟酒，小病也得治），买体验而非买商品（买包不如旅游，自己旅游不如和朋友一起旅游，买包给自己不如买包给别人）。也许最重要的是，认定你自己的价值观并坚持（它是你生活的支柱）。

积极心理学需要一个什么组织？

我觉得，至少是个研究并实践、包容且热情、真诚无敌意、共生而幸福，同时促进学术研究、事业与个人生活的积极组织。

你如何看待积极心理学？

2010 年我进入清华大学跟随彭凯平教授攻读博士研究生，刚好是清华大学心理学系以系为单位招收的第一届博士生。拿到通知书后到清华的第一件事务性工作便是协助彭凯平教授做第一届中国国际积极心理学大会的会务工作。在会上我听了诸多积极心理学专家的发言。说实话，当时我对积极心理学的认识非常肤浅，我硕士受的训练偏向理论与人格心理学研究，接触积极心理学较少，在当时的我看来，积极心理学无非是研究人的幸福而已，大多数人的报告也确实是集中于人类幸福。会后我大量阅读了和人类幸福相关的文献，思考自己该做点什么研究。不久之后，彭老师给我指导的博士论文方向却并非幸福，而是道德。这时我才发现，我的想法似乎狭隘了。积极心理学哪里只是狭义地去研究人类幸福而已？而且人类幸福又岂是一份问卷、五个项目就能够刻画的？人类的美德、优势、道德、价值、文化、意义、创造、精神、美、灵性，又何尝不积极？如果我们仅仅将积极心理学按照字面理解为“positive”，或者简单当作不同于焦虑、抑郁等“负向”心理的“正向”心理，那么我们似乎缩小了积极心理学可思考的范围。于是，我开始思考积极心理学究竟是什么，该向何处去。我想人之所以为人，是有其定义性的特征的。如何判别人是人，而不是机器、不是动物，这不仅是心理学的问题，更是哲学甚至人工智能的问题。如果我们把人性——或者说人不同于动物与机器的那部分内容——当作是“更高层级”的（这里并没有歧视其他物种、自然或者人造物的意思，立场仅指我们作为人的荣耀而言），那么我想所谓“积极”也属于这部分内容。人之所以为人，可以有很多特征，简单地说，在于人有能动性、有自由意志、有感受、有控制、有道德、有文化、有价值观、有意识形态，能幽默、能创新、能审美、能超越等等。这些看似平常的研究主题在我看来，都是积极心理学所应包含的范畴。我想，这也是彭老师指导我去研究道德的深意。

积极心理学的关键是什么？

这是指积极心理学的研究范围而言。从我自己来说，我更愿意将积极心理学看作一种能够将所有研究染上积极颜色的思潮。毋庸置疑，任何研究对象都可以从正面的导向去研究，抑郁、焦虑或可代之以任性、乐观，但“积极”并不是刻意要在所谓的意识形态上表现出“正能量”，作为学术研究来说，是不是要表现出“正能量”只是副产品，那是学者的选择，学术首先描述事实，这种描述不同于“应该如何”的规范。从这个意义上来说，积极心理学并不是“想要让人去如何”的鸡汤，它是对人性的描述。心理学的发展从心理学史来看总是循环往复的，人类认识和心灵中理性与经验的交织从古希腊就开始了，这种交织带来了心灵主动与被动的区分。毫无疑问，铁钦纳结构主义的人心要被动于詹姆斯功能主义的心灵。而出身于功能主义的华生，其行为主义又将主动的人心灵完全杀死而将人类行为全数归结于环境。认知心理学预设的人心作为一种处于运转与加工中的结构和功能，要比行为主义主动很多，但是发展到现在几乎异化的认知神经科学，又基本看不到主动心灵的痕迹了。发源于行为主义之后的人本主义与存在主义心理学倒是将人看作超人，这种超人是“高级”的（同样这里并没有歧视其他物种、自然或人造物的意思，立场仅指我们作为人的荣耀而言），他展现出完全不同的样貌，这种样貌的首要特征，我想，便是一颗主动的人心，它自由、能动、能社会学习、可自我调节。积极心理学便一直延续着人本主义的核心，即这颗主动的人心。在这个意义上来说，积极心理学不止是研究快乐、高兴，它不是让人没心没肺地过一辈子，它是在探索你那一颗主动自然的拳拳之心。诚然，简单的快乐总让人感觉肤浅。弗雷德里克森的扩大建构理论早已说明，肤浅的快乐只能让人在面上铺开，而悲伤的情绪却能让人反刍式地深深思考。批评积极心理学有种意识形态压倒式的“积极暴政”，认为不说积极有评价性的“不好”，认为积极心理学破坏了所谓消极心理学的平衡等，我想，这应该是批评者并未很好理解积极心理学所研究的主动心灵。

积极心理学可以做何种研究？

这便是我所理解与从事的积极心理学事业。积极心理学探索的是人作为人所独有之处，是人独一无二的主动心灵。在清华大学六年时间，其中包含一年在加州大学伯克利分校，我几乎都在做积极心理学研究。这些研究包括两种方式：其一是在彭老师的领导下进行的深具情怀的有益于社会的研究，比如我们曾经进行并一直在继续的“幸福中国”诸研究等。在这些研究的过程中，我与郑先隽老师、赵昱鲲博士等都结下了深厚的友谊，我们做的是客观描述和理论解释的学术研究，但是我们想表达的却是作为学者希望能够帮助社会繁盛的愿望。其二是我自己认为有趣的研究，比如我一直进行的道德研究。我所谓“有趣”也并非指这个研究“有噱头”，我喜欢也希望做那些做的时候好玩、讲的时候好笑、写的时候好看、细究起来不浅的研究。有些文章发表了，有些文章在发表中，有些文章准备发表，有些文章也许永远也发表不了，这倒无妨，研究的过程已然给我主动的人心灵以满足。

积极何用[①]

08

凡可正面表述之事皆可谓“积极”，然此并非积极心理学之“积极”本意。在中国现今的语境下，积极心理学被过多赋予“积极”，而丧失心理之初心。一时间，潜力、能量、神经语言、内观心法皆披积极心理学之外衣，而星座、皮纹、相面算命、打坐参禅皆入积极心理学之修法。于民而言，倘假文化唱起新科学则无可辩驳，若伪科学接驳正能量必悍然正确。积极心理学于此被套上枷锁，进退维谷——进则与伪类为伍，难拂其身；退则受骄横指摘，束之精英。

心理学有其初心，即用科学之法观人心之运行，灵魂之学由此渐成。若在人心运行规律处明治人甚至制人之法，乃其副产品。反之，此

① 本文是为《积极心理学治疗手册》（塔亚布·拉希德与马丁·塞利格曼著，中信出版社 2020 年版）所写的推荐序。

种实践亦可为了解理性知识之过程，而非目的。如马丁·塞利格曼之言，“心理学之目的乃医治疾患、活出意义、选拔天才”——这可谓广告而非学术语言。知识无应用之目的，但有其使用之可能。

于心理学中，乃亚伯拉罕·马斯洛首倡积极心理学。在其名著《动机与人格》中，马斯洛使用“积极心理学”作为章节标题，其思想混杂存在主义与人文主义甚至个人体验之中，乃强调人作为独立个体存在之价值。马斯洛关怀人性、尊重人为之意义，甚至相信人之力量亦可自胜。我曾撰文数篇，论及积极心理学之精髓尽在人心之能动，乃寻根于此。后塞利格曼用其观点付诸实践并登高呐喊，心理学之使命非唯疗愈病患，乃惠及大众幸福，积极心理学遂成心理之显学。显学易成庸俗之学，亦可成“正确”之学。庸俗者盖因其信者多而泽被者众，商业渐入异化学者，让知识去其精、操作失其形。正确者因其弃阴取阳、政治有向，所以平添高傲之姿。然此皆非积极心理学之初心，初心者仍为爱智求知，或辅以知识惠施于众，许能动之人寻幸福之生活。积极心理学者虽万念不移此心。

中国人尤爱人世间之幸福欢愉、心之喜悦，著名哲学家李泽厚称之为“乐感文化”。然此乐感与积极心理学之幸福、繁盛亦有区别。积极心理学崇尚个体之能动，而吾国文化崇尚群体之和谐，二者不同之处当为吾国学者所察所补。李泽厚以实践理性阐释“乐感”，吾国吾民最为实践，即当穷天地之理，亦求现世之生活。康德不出小城以为大哲，而吾国哲人不行万里羞于论理，此皆实践之所在。现实中，智商优越者不通人事，道德良善者不欲同流，乃至木秀风摧、良币遭驱，皆称之为愚。智慧者大智若愚、大隐于野、大忠似奸，此间辩证，体味妙有。然实践理性非吾国独创，亚里士多德亦多有其实践智慧之论。此类人世间之实践，乃积极心理学之所倡；此类实践无碍彼岸、无涉超越，立行可见、立改可成。再者，幸福之道取自何处，孔子、亚里士多德之哲学与积极心理学有其共有之义，是谓美德。仁者不忧，于秩序中不逾矩，将父子血缘推之于外，则必健康无忧，且保父慈子孝、臣贤君明。亚里士多德亦赞美德之中道，尽可尽之才，取中而行，则至幸福。积极心理学与之异曲同工，以发挥美德优势作为治疗之基，其思想畅顺古今，而其法则藏于此书。

《积极心理学治疗手册》便是积极心理学使用之范本与逐步操作指南。若不欲皓首穷经，则此一册便可取积极心理学应用之实。

是为序。

09 是不是只有道德的人才能获得幸福

不到 20 年时间，积极心理学家塞利格曼批评心理学研究消极远胜积极的时代已然过去。幸福作为积极心理学关注的代表，不断见诸研究、报道、政策与民众日常生活的言谈中。基于心理学的实证研究，学者们不断提出追求幸福的方法，以期给政策制定以指导，给民众生活以帮助。但实际上，面对媒体各种版本“何谓幸福”的提问，民众依然感到困惑。当然，学者们可以简单用一个李克特量表，让人对自己的幸福程度进行评分，并以此作为幸福的指标，但这是否真的代表了幸福的内涵则值得深思。迪纳用“主观幸福感”作为指标。实际上，它意指一种对完满的生活状态的主观感受，因此迪纳将主观幸福感区分为积极情绪、消极情绪和生活满意度是符合情理的，但将主观幸福感直接等同于幸福则有待商榷。当然，享乐主义的幸福观就是简单地将快乐痛苦之差作为是否幸福的依据，功利主义伦理学家（如约翰·密尔等）也为这种观点提供了建设性的发展。简单回答“我有多幸福”这个问题，我们可能会使用当下所感受到的情绪或记忆中可及的情绪作为线索。而所谓的生活满意度，又包含了用一种平均的观点来从整体上审视自己的生活。不过，仅仅对当下情绪的体验以及对整体生活的认知是否穷尽了对幸福的理解？塞利格曼最近提出了“PERMA 模型”，将幸福解释为积极情绪、投入、关系、意义和成就。显然，塞利格曼对幸福的经验理解较之简单的享乐主义更加完备，也考虑到了意义这样相对更加形而上的成分。

从古至今，“幸福”一词的含义从强调外部生活的富足与运气，演变为现今的强调内部感受与认识，无一例外地在确证幸福中的描述性成分。但是，幸福是否还具有规范性成分呢？一种幸福的生活是否需要首先是一种道德上好的生活？在媒体大肆渲染各色幸福观的今天，这种观点似乎在直觉上难以想象，但先哲们却经常秉持这样一种观点。“仁者不忧”（《论语·子罕》），具有“仁”这种儒家所谓最高美德的人是可能幸福的。而美德又是通过锻炼而成，所谓“克己复礼为仁”（《论语·颜渊》）。没有道德，外在资源再丰富，也不会使人感到幸福，所谓“不义而富且贵，于我如浮云”（《论语·述而》）；同时，“一箪食，一瓢饮，在陋巷，人不堪其忧，回也不改其乐”（《论语·雍也》），具有美德的人在外在条件严重匮乏时依然能获得幸福。亚里士多德的幸福观则完全建立在其美德伦理学上。亚里士多德明确地提出，幸福（eudemonia）是最高的善。当然他承认幸福中也含有快乐的成分，但是这种快乐并不是靠消遣，而是来自实践他的德性。亚里士多德论述道：

如已多次谈到的，对好人显得荣耀的、愉悦的食物才真正是荣耀的和愉悦的。对每个人来说，适合他的品质的那种实现活动最值得欲求。所以，对好人而言，合德性的实现活动最值得欲求。

对这样一种古老哲学观点进行心理学的实验探索是可能的。将美德与幸福这样一个哲学与心理学的理论问题转化为可操作的经验假设时，心理学家进行了诸多实证研究，并积累了部分实验结果。我们将从两个方面来讨论心理学家的工作，即实践美德是否能获得幸福，以及人们是否会认为美德能带来幸福。

美德实践是否能获得幸福？首先来看宗教。宗教通常宣扬美德，劝人向善。因此，宗教与幸福的关系似乎可以从侧面说明美德实践与幸福的关系。研究发现，在平均水平上，宗教与幸福呈正相关，与抑郁、焦虑等威胁幸福的因素呈负相关。但是这一关系并不能说明美德实践与幸福之间的因果关系。毕竟，宗教所带来的幸福可能是以更多的社会支持、更多的受尊重感以及更强烈的意义感为中介的。研究也发现，在那些生活环境比较恶劣的社会中，宗教对幸福产生了积极的作用，但是在那些生活环境较为舒适的社会里，宗教对幸福的影响并没有那么大。因此，宗教与幸福的关系似乎并不能为美德实践与幸福之间的联系提供直接的证据。

当然，也有研究直接考察美德实践与幸福之间的关系。研究发现，志愿行为与幸福程度以及生活满意度呈正相关，更多的志愿行为也能带来更多的幸福感。蒂芙妮·菲尔德等学者让 10 位退休老人作为志愿者，接受为期 3 周、每周 3 次的瑞典按摩，之后（一半人是之前）让他们为婴儿进行同样是为期 3 周、每周 3 次的按摩。结果发现，在给别人做按摩之前和之后，退休老人志愿者的焦虑和抑郁水平降低，唾液皮质醇显示其压力水平降低，生活健康状况改善；而在接受按摩的前后，这种效应并不强。那些报告自己有更强意愿帮助他人，并更倾向于做出亲社会和利他行为的人，会更将自己视作特质性快乐的人。柳博米尔斯基等学者让学生每周做 5 件好事，一共持续 6 周，这 5 件事情可以一天做完，也可以分散在一周的任何时候。所谓的好事，被他们定义为使他人获益或者高兴，但是通常使自己受到损失的事情，譬如献血、帮助他人完成论文、看望老人等。结果发现，那些将 5 件好事一天做完的人会体验到幸福感的显著提升，而总体来看，这种提升的效应并不十分持久。同样，感恩、宽恕等美德行为也会提高幸福水平。

另一种直接考察美德实践的研究并不直接告诉参与者去做良善行为，而是让他们给别人花钱。对 632 名美国人的调查发现，给别人花钱（包括给别人买礼物、慈善捐助）可以有效预测他们的总体幸福程度，而给自己花钱（包括付账单和日常开销、给自己买礼物）则不能。同时，研究也发现，得到公司分红后进行亲社会花销（给他人买礼物、慈善捐助）依然是收到分红前 1 个月与 6~8 个月后其总体幸福程度改变的主要预测源。实验者也进行了直接操纵，在早上给被试一个装有 5 美元或者 20 美元的信封，让被试者把这些钱花在给自己付账、给自己买东西上，或者将这些钱花在给别人买礼物或者慈善捐助上。结果发现，无论花掉多少钱，亲社会花销都能显著影响花销者幸福程度的变化。甚至这一效应也出现在小于 2 岁的儿童身上，在款待别人时，他们会表现得比自己受到款待时更加高兴。而且，那些需要付出自身资源的亲社会行为，能让孩子获得更大的幸福感。这一效应同样也是普适的，136 个国家或地区的数据显示，无论国家贫富，亲社会花销都能显著预测主观幸福感。但亲社会花销怎么去花，依然还是有区别。研究发现，将钱花给强社会联系的人会比将钱花给弱社会联系的人更加幸福，那些回忆了自己将钱花给亲戚、好朋友及伴侣的人，比那些回忆了自己将钱花给某个普通认识的人、同事、同学以及朋友的朋友的人，会体验到更大程度的幸福。同时，将钱捐给慈善机构并不是总能提高幸福感，提高的前提必须是搞清楚自己捐的钱是如何用于提高接受者的生活水平的。那些回忆了自己花钱给他人并给他人造成了积极影响的人，比那些仅仅只是花钱而未给他人造成积极影响的人的幸福程度更高。更为有趣是的，在将 100 美元如何分配给自己或者给慈善机构的抉择中，即使是强制的，捐赠也会激活大脑皮层中和奖赏过程相关的区域，更不用说自愿的捐赠行为了。

即使美德真的能够促进幸福，一个普通人似乎也很难想象好人和坏人以及幸福的人和不幸福的人之间会有什么联系。我们真的会认为好人比坏人更加幸福吗？实验证据告诉我们，这是可能的。

哲学家以思想实验作为其论据。布拉德洛克认为“摇篮测试”可以作为验证美德与幸福判断之间的关系：“请想象你是一个因为自己新生的孩子而自豪和流露着爱意的父亲或者母亲。想象你看着摇篮，新生儿在里面安详地睡着，你的内心充满了父母的感情和关怀。你希望孩子能好好成长，生活富足。现在，基于这个给定条件下孩子的幸福，请你看着你的孩子，回答这个问题：如果你的孩子长大后成了一个虐待儿童的人，你觉得让他健康成长的希望还会实现吗？”布拉德洛克认为，哲学家对这个问题的直觉回答会为幸福的规范性提供佐证。

菲利普等人则给出了更加直接的实验证据。他们给研究参与者分别呈现了两个故事，其一为："理查德是红十字会的一个医生，他负责为战争中的伤员提供救治。有时候他因为救死扶伤获得快乐，而有时候，他却因目睹他人受苦而备感苦恼。但是他坚信自己所做的事情非常重要，思索至此时，他感到强烈的满足。不过他也认为战争造成的死伤并不值得，伤员与牺牲者的幸福还是非常重要的。即使有时候他觉得有些苦恼，但还是想要继续工作下去。"其二为："理查德是一个纳粹集中营的医生，他负责给犯人进行强制性的痛苦医学实验。有时候他因此获得快乐，而有时候，他却因目睹他人受苦而备感苦恼。不过他坚信自己所做的事情非常重要，思索至此时，他感到强烈的满足。他认为实验造成的死伤是值得的，死者的幸福不怎么重要。即使有时候他觉得有些苦恼，但还是想要继续工作下去。"接着让人们对理查德的幸福程度进行评定，结果发现，人们认为在红十字会工作的理查德比在纳粹集中营工作的理查德要幸福。

但是这样的测量实际上并没有将道德判断包含在内。接着菲利普等人让人们阅读一个描写出生于严格的宗教世家却成长为同性恋的男士，开始同另一个男士约会，并因为自己的宗教信念而备受心理煎熬的故事。接着让人们对故事主角的幸福程度进行评价，并同时对主角的生活方式是否道德进行评价。结果发现，越认为这种生活方式不道德的人，越倾向于认为故事的主角不幸福。

另一项研究中，菲利普等人让研究参与者分别阅读两个故事，其中一个故事为："苏珊有一个男朋友，他看起来值得付出爱（体贴、善良），也值得付出欲望（外貌有吸引力）。”另一个故事为：“苏珊有一个男朋友，他看起来不值得付出爱（残忍、不负责任），也不值得付出欲望（肥胖、掉了几颗牙齿）。”接着人们都被告知，苏珊被他深深吸引，也觉得和他共度一生再好不过，研究参与者需要评价，在多大程度上，他们觉得苏珊在体验爱以及体验欲望。结果发现，相较于苏珊的男友是一个坏人，当她的男朋友是一个好人的时候，人们倾向于认为苏珊体会到更多的爱，而在欲望上，二者没有区别。同样，人们也倾向于认为一个关怀他人且沉醉于自己生活中的人，比一个无趣且无生活目标但同样沉醉于自己生活中的人要过得幸福。

反思一下，美德是工具性的吗？虽然塞利格曼在其对幸福的理解中忽略了美德的成分，但是他在积极心理学实践中却非常重视合德性的实践活动。克里斯托弗·彼得森和塞利格曼提出了 6 种跨文化的美德：智慧与知识、勇气、仁慈、正义、节制和超越。对于如何达到这 6 种美德，他们认为得找到适合自己的特征性强项。为了帮助人们了解自己的强项所在，彼得森等人编制了优势调查问卷，如果我们在生活中实践它们，就能获得幸福。也许，塞利格曼将这种合德性的实践活动看作一种获得幸福的方法或者途径，而将之视为幸福中的投入或者意义成分。这一点和亚里士多德的观点并不相同，亚里士多德认为美德对幸福的作用不是工具性的。亚里士多德所谓的幸福是最高的善，是将美德作为幸福的来源，而并非一种工具性的幸福活动。也就是说，我们不是为了实现幸福的目标才去行道德之事的。

但是劳拉·金等人的研究却似乎向我们证明了美德行为的工具性价值：人们只有把钱花给自己的亲人和熟人才会感觉幸福，只有了解了钱花得值得，我们才会感觉到幸福。而且儿童能够经由亲社会花销活动获得积极情绪，也似乎预示着，在进化上，我们依然发现了美德和合作的工具性价值。这一点也有其他研究同时证实。譬如有研究发现，在让人们进行快速思维时，人们反而更倾向于合作与利他。不过，这种进化上的利己主义和心理上的利己主义并不是一回事。进化上美德的工具价值，不能推导出现实中人类的心理上，践行美德是为了获得幸福这一论断。

实验结果已经发现，人们践行美德能够获得幸福。同时，人们也相信具有美德的人更加幸福。但是，这能够说明幸福是美德的必要条件吗？似乎并不能。因为只有考察人们在不进行美德实践的情况下或者是进行恶德实践时，是否会感受不到幸福或者感受到不幸福，才能得出美德到幸福的因果结论。但是现有研究结论似乎还很难说明这一点，大量幸福研究并没有考虑到美德这一因素，但在这些研究中，却也得出了幸福提升的结论。实际上，这些研究中由操纵自变量导致的幸福感提升，是否是因为自变量的操纵中暗含了美德的成分？譬如，锻炼提高幸福感，这是否是因为我们在锻炼时同时践行了节制自己的美德？写感谢信、宽恕信、表达爱意的信能提高幸福感，这是否是因为在写信的同时我们也践行了感恩、宽恕、爱等美德？而且，在很大程度上，这些研究对幸福的测量，也仅仅只是用了快乐程度，因此，这些研究的结论还需要再进行审慎的判断。

同时，人们是否认为没有美德但是快乐的人不幸福，也是我们做出因果推论的关键。事实上，菲利普等人的研究已经发现，那些生活中没有真正朋友，也没有一个有意义的生活目标的人，虽然他自己觉得自己生活幸福，但是人们普遍认为他生活没有那么幸福。但是菲利普等人还发现，在判断不幸福程度上，人们却不管这个人是不是好人，美德判断对不幸福的判断不会产生影响，且在判断幸福程度时，一旦同时掺入快乐这一因素，美德判断反而变得不那么重要了。这些研究结果之间还有相互矛盾与不甚明了之处，解决在实践上与信念上美德与幸福的因果关系，尚需更多研究来证明。

同时有趣的是，很多研究还发现，幸福或者快乐也能使人更加具有美德，更为利他。这使得美德和幸福的关系变成了一个环形的圈。但这个圈需要有个起始点，很少有哲学家或者心理学家认为美德是人类的终极目标，大部分人都会认为幸福才是最终的追求。但在研究上如何处理这样一个“鸡生蛋还是蛋生鸡”的问题，如何得出“美德是幸福的必要条件”这一结论，将是接下来的挑战。

10 帮你应对压力的还是朋友

压力人人都体会过。谁能没压力？有人压力太大一夜白头，有人压力太大身心俱疲，有人压力太大导致抑郁。每个心理学家都会对压力给点解释，我想几件事情大家要清楚：

第一，压力其实是个认知产物。也就是说，压力就是你对世界的知觉和解释。比如说我早上起不来，如果早上上课或者开会，对我来说，那就是个极大的压力事件，真的，压力大到会失眠，睡得更少。但是对于我父亲来说这毫无压力。同样一件事情，是否造成压力在于我们如何看待它。前段时间流行一个凯利·麦克戈尼尔的 TED 视频，她叫你把压力当朋友。也没错，对吧？普通小压力可以当朋友，改变一下认知就好了，面对生活的重大变故，其实还是很难把压力当朋友的。但是不管怎么说，压力总来自你是怎么看待外部世界的。

第二，压力其实也不能完全没有。心理学家耶克斯和多德森认为，中等程度的压力对人来说会使任务被更好地完成。也就是说，要想高效地完成一件事情，太高压不行，完全无压力也不行。不过他们也说，任务简单时压力要大一点，任务困难的时候，压力要小一点，这样水平的压力最合适。

第三，压力好像也不总是坏事。一个没有打过疫苗的人容易患病，而有过压力的人受过锻炼，以后碰到事情可以云淡风轻。那些面对压力、接受压力，还和压力做朋友的人，当然就将压力变成了自己韧性的锻炼技巧，还能使你身体更健康。还是一样，这取决于你如何看待它。

第四，压力好像也不总是因为坏事。日常琐事和社会再适应量表已经写得很清楚，离婚当然压力大，但是结婚压力也不小；失业压力大，但是晋升也不是完全没压力。好事坏事都能带来压力，无非是看你面对压力如何去做了。我很喜欢库伯勒-罗斯的死亡阶段理论：否认—愤怒—商讨—抑郁—接受。人世间的故事无非如此，遇到了糟心的事情，反应首先是"怎么可能"，接着"为什么是我"，然后"能不能不要"，继而"怎么老是我"，最后"算了就这样吧"。这就是人生。

当然，压力情况下，你可能会产生一种应激反应，叫"战斗或逃逸"，英文是"fight or flight"。无论哪种，你可能都会产生如下情绪：

第一，愤怒。有的人愤怒起来把自己一下子给气病了，有的人愤怒起来不断指责别人，还有的人默默沉寂。哪种都不太好，最好还是跳出来，审视自己的愤怒，觉知它并寻求社会支持。总有人问我宣泄室有没有用，其实没有什么用，这是典型的弗洛伊德式排解，以为力比多（libido）排完了就好。其实最基本的事实是，愤怒表达必须对应愤怒的对象。以后宣泄室应该来个 VR（Virtual Reality，虚拟现实）的，可以换头，换成那些真的惹了你的人，我猜这样可能还有效点。

第二，内疚。有的人遇到压力就开始内疚，认为是自己的错，不断检讨，一味讨好别人，到最后真的一无所有。内疚的排解可能也得自己改变一下想法，把自己的身段拉高一点，想想：为什么老是我？

第三，羞愧。羞愧不是内疚，区别在于，羞愧是一种面向集体的情绪，其实就是怕别人说。有些人一遇到事情，还没出门就觉得所有人的目光都在自己身上，都戳着自己鼻子指指点点。其实就算是你男扮女装出门，街上也不会太多的人注意你，这是透明错觉。

第四，恐惧。恐惧就多了，比如其实我不怕疼，但是我怕针，这是某种尖端恐惧，打针不疼，但是我怕。每个人怕的东西不同，这都是压力来源。怎么治？那简单，你不是恐高吗？我直接带你到电视塔尖聊人生，以后还恐什么高啊？这叫暴露疗法。或者我们慢慢来，今天上 4 层朝下看，明天上 10 层，后天 14 层，大后天 40 层，怎么样？循序渐进，这叫系统脱敏。

真的面对压力，理论上我们能怎么办呢？通常情况下，有两种办法，我把它们叫作“脑袋决定屁股”和“屁股决定脑袋”。

第一个是“脑袋决定屁股”的办法，就是理性情绪疗法。这就是让你自己和自己做思维斗争。这事情说起来简单，做起来难。假如我出门被车撞了，我觉得没事，但是我的同事如果遇到这事会觉得这是别人故意买凶要杀他，而且还要找我托妻献子。别的女孩看了我们一眼，我觉得没什么，但是他会在一秒钟内在心里和人家过完一生。你跟他说这不合理，他也知道，但是他没有去说服自己不合理。你老板如果今天批评了你，这确实压力大，你可以用不同的方式去认知，当然可能是他讨厌你，但也有极大可能是他对事不对人，你需要摆事实讲道理地列举这两种可能性并说服自己，这样就可以让自己的压力得到缓解。

第二个是“屁股决定脑袋”的办法，就是认知失调理论。这个简单——说出即相信。那些进公司程序苛刻的员工比轻松的员工更爱差劲的公司，因为进来这么苛刻，不爱这个公司那他们不是傻吗？他们是不愿意承认自己傻的，这就是认知失调。所以如果你老板批评了你，你可以不管，做事情就好，还是按照他爱你的方式去行动，你最终会改变自己的态度，觉得老板真的是爱你的。

当然，我觉得最好的应对压力的办法还是社会支持。那就请一定不要一个人。很久以前，我上课时讲到心理学里马斯洛的需要层次理论，我随口说了人类只有满足了低级需要才会追求高级需要，所以饭都吃不饱的时候你怎么会关心你家门锁了没有？安全都得不到满足的时候你怎么会关心有没有亲密关系？这是个玩笑话，其实我对“如何优雅地一个人生活”只有一条建议：不要这样生活！一个人无论如何都很难优雅地生活。即使你觉得自己再优雅，那么血淋淋的事实其实也只是你做不到两个人而产生的认知失调（如果你看不懂认知失调，通俗地说就是阿Q精神）。有一段亲密关系有很大好处，你有了一个稳定的社会支持来源，你会过得更加幸福，你会有更多人生不一样的体验，你会感知到也许一个人感知不到的世界。一言以蔽之，你会变得不一样。现在这个年代不一样了，结不结婚、什么年龄结婚、有没有孩子都不是最重要的，但至少得谈个恋爱吧？我鼓励在上大学的时候去谈一场奋不顾身的恋爱。

怎么谈？我曾经在课上讲过（还碰见过当年的学生反馈给我自己的

亲身经历，并且告诉我这是他唯一记住的心理学知识），太长，有机会再写出来。那么实在没有恋人的时候你该做点什么呢？那就自己默默为结束一个人的生活做准备吧。

如何准备？跨文化研究发现，男性最爱女性排名前三的特点是“年轻”“健康”和“好看”，女性最爱男性排名前三的特点是“赚钱能力”“雄心”和“勤奋”。大家就对照性别为之努力吧。进化心理学把这叫作“美貌换地位”，因为美貌和地位都代表着你有优秀的基因，且有将它传承下去的能力。所以男性，就请做土豪，这我没什么好教你的了，因为我要知道我自己就先土豪了。女性，就请美，尽情地展示你的美丽就好。

美是什么？这个看脸的时代，美其实是平均的脸，不是什么锥子脸，低头能把自己戳死的那种，把这个世界上所有的脸平均一下，就是最美的。因此以后整容前请三思，你可能需要一个平均脸合成软件。但是有的人不只看脸，还看身材。什么身材是美的？ 大多数人爱肥瘦相宜的。因为听说下雨天，WHR（腰臀比）和0.7更配哦。在邪恶的腰臀比之外，男性也不完全是要瘦的，他们要的是“五花肉”，有肥有瘦的。当然腰臀比这件事情也不绝对，和经济状况有关。穷地方没的吃，胖代表有资源，是土豪啊！所以，如果你身处穷乡僻壤，就努力地吃，那才是美！

总结一下，优雅地一个人生活嘛，请不要这样做，因为你优雅不起来。请优雅地变得土豪，优雅地变美！

当然，比起恋人，你的朋友可能更加重要。人有几个真正的朋友？很遗憾，根据心理学研究，没几个，也许就5个。我说自己是个羞涩的人，学生哄堂大笑，这基本就是我上课时的情况，但其实是真的。本质上，我其实不知道如何和人交往，也不知道何时该用何种方式去和人接触，见到人我会紧张，我可以演，但通常情况下都从直从心了。有人擅长此道，口吐莲花，但我觉得，人和人之间还需要别的吗？想说什么就说什么不好吗？当然还是要有社会规则，比如各种礼仪，只是有时候异化了。

每当我这样说，别人就说：你是心理学家啊！是的，但“我知道”和“我这样做”是两码事。就如同别人问我：你是不是可以看穿人心？我都说我不能，而且也永远不要试图看穿人心，那很可怕。人性经不起检验，人心也容不得看穿。

好在，有些人的心是无须看穿的，与有些人的接触也永远不会使你感到紧张，你把他们叫朋友。大概10年前，我看到邓巴数字，才知道一个人的社会关系居然是有限的。最近，为了写文章，我又看了罗宾·邓巴的文章，列几个数字看看：（1）一个人的社会关系大概也就150个人，网络社会也并没有变多。（2）20岁的人比60岁的人朋友多。（3）我们40%的时间精力花在5个朋友上，20%的时间精力花在另外10个朋友上。（4）这是因为你的朋友是个圈层，知己1~2个，密友5个，好友15个，还不错的朋友50个，只是朋友的朋友（你想想这句话：We are just friends. 就这个感觉）150个，熟人500个，能对上脸的1500个。你看邓巴其实很懒，就是乘以3嘛，后一层其实是包括前一层的。（5）15个那一层以里的重要，那是你社会支持的来源，邓巴给了一个操作定义，即如果他们明天死去会给你带来极大的痛苦。（6）每天联系当然就最有情感联结，一年没联系降一半，两年没联系降五分之四，五年没联系那就别联系了。（7）女性会有更多的同性好朋友（异性密友比例才 20% 左右），女性维持友伴的方式是交流（talking），而男性是一起做事（doing）……

一个人真正的好朋友才这么点儿，让人惊讶，但想想确实是。这很像经常被当鸡汤的“二八原理”：少量的人占据了你大量的精力。其实，这是一件好事。不知道从何时开始，我秒回信息的人越来越少，接的电话越来越少，回邮件越来越少（这很不对，我在改正），当然，再少都远远超过 15 个人，因为有些人不能称之为朋友，他们是长辈和我尊敬、崇拜的人，叫朋友太不礼貌。除此之外，可能也就三五人了。中国人讲“四海皆兄弟”，往往是在用语言提升关系，而非促进关系本身，其实我们可能也没有逃脱邓巴数字。当然，这并不是说在你的 5 人密友之外，其他人不会有帮助，他们也很重要。事实上，弱关系的其他人会带来实质上的好处，不少理论讲这件事。

我有个好朋友，我一辈子都会感恩，因为看过了赤裸裸的人性之后，是这个朋友让我相信人心还有善，以一己之力维护着我的信念不垮，要不然我都讲不了积极心理学。我也有个朋友，永远不会跟你说真正的意图，涉及自己就云山雾罩，需要你帮忙就“朋友一生一起走”。不用说，他们圈层不同——最里和最外。认识人永远是最难的问题，需要在变化极大的环境中反复考量得到平均数，日久但环境一样还不一定真能见人心。

不同的心理学家认为维持友情有不同的方式，共情、幽默、共同兴趣、可信、不自私等等，太多了，我都赞同。在我看来，至少要满足以下三个条件：

第一，不以功利的心态看待朋友。别以得失衡量你的朋友，别以功利之心看他，别揣测他的动机，别自私。这种感觉是，“你好就行”。

第二，保持真诚温暖的自我展露。也许不是什么都能自我展露，但只要展露就真诚温暖吧。这种感觉是，“不用说，我懂”。

第三，无条件的积极关注和支持。这是卡尔·罗杰斯的话，我和他想法一样。这种感觉是，“不管别人怎样，我支持你”。

你说，我给女神当备胎时就是这样做的。是的，但是女神不会这样对你，你也不会一辈子这样对她。

朋友会。

11 你会对谁表白

反正不是我。当然要是你今天硬要想发红包而没人，可以发给我。

这个世界有很多节日，关于爱情的节日尤其多。有人爱得深沉，有人爱得轻浮，有人为爱沉沦，有人因爱生恨，而更多的人，是找不到人爱。你会对谁表白，这涉及你会喜欢何种人、我们怎么产生人际吸引的问题。

人际吸引大致有这几种原则：

第一，临近，即我们喜欢身边的人。费斯汀格在早期的研究中，睿智地发现大学新生会和住得近的人交朋友。同一层隔四个房间的两个人成为朋友的比例只有隔一个房间的四分之一。临近才有可及性。我们之前做过研究，发现哪怕女明星愿意嫁给你，你也会选择你们班的班花，因为她可及。心理学的单纯曝光原理告诉我们，你什么都不干，在别人跟前晃 15 次就比晃 5 次在人心里留下的好感多。看见了吗？不在别人面前出现，这是没有临近的，是不可能喜欢的。

第二，长相，即我们喜欢漂亮的人。人们会觉得漂亮的人更亲切、更有趣、更坚强、更外向、更镇定、更好相处，有更好的性格、更高的声望、更美满的婚姻、更成功的社交和职业、更充实的人生。甚至美的人会多赚 5%，美的教授会得到更高的评价，美的罪犯量刑都会更轻。好吧，那不好看怎么办？至少整容不能整成锥子脸，因为研究发现平均脸才是最美的。当然，研究也发现，魔鬼式化妆会被人评价得不那么道德。

第三，互惠，即我们喜欢喜欢我们的人。这条也是很多人困惑“我对你这么好，你为何不喜欢我”的原因。你对别人这么好，会增加别人对你的好感，但是更多增加的是你对别人的好感，因为你投入了沉没成本。其实匹配才是最重要的，虽然我们都喜欢美的，但是长相、资源、机会等的匹配才更好体现了互惠。

第四，相似，即我们喜欢和自己相像的人。两人互相吸引不怎么因为互补，你们性格、观点、价值观、经历甚至名字首字母的相似都会让两人互相吸引。这在日常生活中太常见了，一般别人和我聊天，首先会从我的口音判断我是哪儿人，我听到过以下这些套近乎的：“喻老师，我也是武汉人”“我在武汉上过大学”“我前年还去过武汉”，最有趣的一个是“我妈妈去过武汉”。你妈妈去过武汉其实和我没有关系，但是我知道这是你想找个相似之处啊。

第五，障碍，即我们喜欢自己得不到的人。人就是这样，我让你不想白熊，你脑袋里现在就会有一只白熊。罗密欧和茱丽叶如果不是因为有人阻拦，说不定早就不爱了。障碍可以成为你们互相吸引的原因。研究发现，酒吧快打烊的时候，才是荷尔蒙爆发，约会渐进高潮的时候，因为打烊了就没有机会了，这是个障碍。你看看韩剧，男女主角失明、截肢、家里不同意的剧情反复地上演，从这个意义上来说，就是障碍原理。

说了这么多，这也只是我们可能产生人际吸引的途径。选择恋人真正看的是什么呢？大致从性格、长相和资源来评价，我们喜欢那些性格热情、忠诚、可信、友善、亲切、外向、有支持力、善解人意的人；我们喜欢那些长相俊俏、美丽、性感的人；我们喜欢经济宽裕、有社会地位、生活安稳的人。

你要问这些特质里什么最重要，研究发现，恐怕智慧、幽默、友善、可靠是我们寻找伴侣时的重中之重。

那就尽量去做一个智慧、幽默、友善、可靠的人，运用临近、长相、互惠、相似、障碍的原则。

对了，我对表白的建议还真有点心理学小窍门：

第一，增加你的可及性。让对方知道你是有概率和他在一起的。为什么有时候你觉得某人一点儿都不美，但是她异性缘很好？是的，美不美重要，可不可及更重要。

第二，增加你的不确定性。我是有概率和你在一起，但是得不到的才是好的。对方不知道我是不是喜欢他，那么他（她）就会更喜欢我，不确定性会增加人际吸引。

第三，增加你的矜持。说话的方式再矜持点儿。在最开始的时候，你会喜欢什么样的人？“我们早上一起看月亮吧？”A：“好！”B：

"……不要……算了还是去吧。"明显是B，对不对？

第四，增加你对他的独特性。什么是爱的样子？就是"我可以反对全世界，但是我不怎么反对你"。学到了吗？你很优秀，但是你对他来说很独特。

第五，增加他的情绪唤起。我们都知道吊桥实验，吊桥上的人会因为分不清楚是害怕还是喜欢对面的女孩而起一身鸡皮疙瘩，也许那就是爱，人就这么不可理喻。所以请人看电影不要看文艺片，没什么用，要看恐怖片。好不容易去了公园，就坐他10遍过山车。你看看他是不是更喜欢你了？

第六，增加你的情绪唤起是不对的。喝了酒去表白？摆一圈花在楼下唱歌？那叫增加你的情绪唤起，谁唤起谁喜欢。给别人那么大压力，对方答应还是不答应？

第七，增加表白的时间。没人喜欢认识三天就表白的人，自然给人不靠谱的感觉。看个新闻标题："Men are the first to say 'I love you' after 97 days, but women don't trust them"（相处97天后，男性先说"我爱你"，但女性不相信他们）。

第八，增加你们的相似性。什么相似都有可能增加人际吸引。再说一遍，通常不是互补。实在不相似，你把微信头像和用户名改成和他类似（我说的是一类，不是一模一样）的总可以吧？

第九，增加你的勇气。谁都可能被拒绝，但是谁都知道坚持下去可以在某种程度上提高被接受的概率。增加你的自尊。被拒绝时你哭泣离开的画面会在三个月之后给他留下最真切的影响，再去试试。

第十，增加你的香味。嗅觉传导通过情绪加工的脑区，味道是第一印象的可靠来源。

第十一，增加你身上的红色。男性穿红色衣服可以增加对异性的吸引力，这是进化论的解释，不一定正确，可以试一试。不过我的研究发现，女性领导穿红色会让人觉得不道德。

第十二，增加你的环境因素。喝热饮不喝冰咖啡，坐右边不坐左边，找个橘子味的房间，吃点甜食。了解更多，请看我在《中国社会科学》上的论文《道德的心理物理学》。

第十三，增加独处。不要找一堆人才能约他出来，这样是你谈恋爱还是你闺密和他谈恋爱？单独在一起是心理上的一种仪式。

第十四，增加物理接触。爱是个心理的事情，不过在街上拍他一下要电话比直接要电话，成功率会提高一倍，那何不增加一些物理接触呢？按理说，人有裸露的皮肤，是用来摸的，但千万别瞎摸，轻轻接触上臂 1~2 秒就行了。

第十五，增加他的投入。成功学说不要找别人借钱，那是扯淡，借得越多越爱你。让他去花费沉没成本，他没时间你就耗他的时间，他在乎钱你就花他的钱，他爱学习你就让他不学习看着你。然后他就开始想，为什么我把时间花在她身上了？要么是我白痴，要么是我爱她，谁会承认自己白痴？

当然，没有人因为你表白就必须答应你，我爱你也并不意味着你就应该爱我。记住：爱是个过程，不需要结果。

12 故事里全是你和他的关系

我总是认为，人生的成就是达不到可能达到的最高限度的，所以还不如去体会酸甜苦辣。熟悉我的朋友都知道我的经历，当然确切了解的不过三两人。这些经历很精彩，色彩斑斓，但是你一定不会想成为剧中的主角，因为这是每个人不同的人生故事，如果我能写好我的人生故事，那会是我最大的成就。

把自己的故事讲出来叫作人生叙事，我们的心理有讲述自己生活故事的能力。讲述自己的生活故事，发展自己复杂的叙事能帮助我们减轻压力。亚里士多德说，在戏剧和梦境中，我们所讲的故事就是宣泄。多么痛的领悟！有些事你可能不想直接面对，就用故事，或者用弗洛伊德的话来说，还能用潜意识的方式来表达。弗洛伊德就是一个故事讲述者，他觉得我们有关于自己生活的多重叙事，其中一些是意识的，我们知道；另一些是无意识的，只会在不可思议的梦境中出现，我们只有解释这些梦境，才能将其浮上意识水面。心理学家杰罗姆·布鲁纳认为，心理会以两种方式来运作，第一是理性科学，其中包含理论、逻辑、证据、标准、论证、统计和测量等；第二种运作方式没那么有逻辑，没那么在意证据，这种方式就是叙事，是在告诉我们生活和经验的故事。我们会通过储存的记忆和故事加工出丰富的信息。例如，我们参加同学聚会前，脑中就已经有了在聚会上如何表现的脚本。我们储存的信息和我们的叙事是相符的，文化告诉我们，要将信息储存在叙事中。很多时候，我们是按照故事的脚本来看待和认识这个世界的。我们的故事脚本里，最重要的是自己。密歇根大学的心理学家赫兹尔·马库斯早就告诉我们，人有“可能自我”，也就是你对自己可能是什么样子的期望，那就是一种叙事。可能自我不仅仅依赖于我们是谁，它更多地依赖于一些我们对未来的憧憬。你的可能自我越丰富，你的焦虑、抑郁体验就越少，你也就能更好地处理压力。美国西北大学的丹·麦克亚当斯是叙事研究的权威，他研究人的一生，发现有着丰富叙事自我的人更健康、更幸福。所谓自我，其实指代了很多东西，如对自己的感觉、对“我是谁”的信念、自我形象和图景、自己的生物性气质等等。但是对叙事研究者来说，自我还是叙事，自我就是我们自己讲述的一个起伏跌宕的小说或者电影。自我即我们觉得自己是谁，其中包含了一部伟大小说的所有要素。叙事中有各种设定，如在清华读书；叙事中有重要的角色，例如父母或者对手；叙事并不是直线式的，其中有很多曲折离奇的情节，这些戏剧性的变化也会产生压力；叙事中鲜明的主旨和突出的时间也很重要，如亲人去世、孩子出生等等。我们讲述自己的故事来整合生活中的冲突与需求。我们总是试图理解自己的冲突：应该更多为家庭着想还是花更多时间来工作？我想成为一个什么样的人？应该遵从自己的个人偏好还是融入集体？麦克亚当斯让人们在各个不同的生活阶段写下他们的生活，发现叙事中的一大主题就是补偿那些我们过去所犯的错误和苦难遭遇，如孩子生病、父母失智等。我们所做的事情就是把故事讲出来，然后使自己的叙事变得有意义。

文化是我们叙事的来源之一。西方人会将幸福和美好生活看作寻求刺激和唤起，以及做一些有点危险的事情，而中国人更喜欢平静。美国人更喜欢那些刺激的事情，比如吵闹的音乐、刺激的娱乐等。他们对那些能带来兴奋的药物成瘾，例如可卡因。美国文化下，很多时候幸福就等于兴奋。但是我们不是，中国人知足常乐，说实话，只有各种事情让你应接不暇时，你才会想起平静地生活多么不容易，那会有多幸福。不过我们似乎也在变化，寻求的刺激越来越多，比如蹦极或者走长空玻璃栈道。

家庭生活也是我们叙事的另一种来源，那是父母对我们形成的期望和信念。即使父母不想把价值观传递给孩子，他们也会不自觉地说一些话来体现。父母会将道德叙事传递给他们的孩子，好父母就是在家庭冲突发生的时候，让孩子自己去讲故事。父母不是故事的作者，故事是孩子讲出来的，这点很重要。这样孩子们就能知道什么能激发情绪，什么能吸引他们以及他们想要的是什么。纵向研究发现，那些被父母要求自己讲故事的孩子移情能力更强，其道德水平也发展得更好。

生活中的仪式也是一种叙事。我们从生活经验中给予这些仪式意义，它们也能帮助我们减轻压力。婚礼、葬礼、毕业典礼都是仪式，中国的丧葬仪式甚至可能比其他地方更复杂，从中我们除了寄托哀思，更可能收获属于自己的意义。仪式能帮助我们应对那些困苦的经历，如孩子出生或者是爱人亡故。在家庭中，孩子总会有很多功课要做，他们经常在去上音乐课或者足球课的路上草草吃完一餐。其实吃饭是个不错的活动，在饭桌上我们有机会分享自己的叙事，共享食物，讲述一天的故事，这样可以发展出家庭叙事。吃饭时间就是一个家庭或者组织讲故事的时间。那些全家共进晚餐的家庭中的孩子适应能力更好，成绩更好，药物成瘾和肥胖症都更少。这一点中国人比谁都清楚，我们的吃饭并不是简单在吃饭，那就是在叙事。有时候甚至不是叙事，是在敲定事情。

在叙事中，我们倾向于用语言来表达我们的经验和故事。除了语言，音乐、绘画、舞蹈其实都可以。配上不同的音乐，你读文字时的语调都会不同，这些会通过不同的音色、旋律、节奏等特征从音乐中体现出来。因此，愤怒时你就该摒弃乡间小调，转向朋克摇滚，通过大声嘶吼来释放你的愤怒与怨念。我们表达情绪时，听音乐与自己唱出来是一样的。我们哭泣时，音乐中的声调、我们的肌肉形状与声音状态、自己的情绪体验都在改变。音乐抓住了生活中的主旋律，如损失、公正、关怀、困难等，我们选择的音乐形式其实也抓住了我们生活中的重要主题。当然，人们喜爱的音乐种类会因他们的人格而异。外向的人喜欢那些爽朗的、充满活力和非常积极的音乐。经验开放性高、喜欢新奇之物的人会选择爵士乐或者另类音乐。高阶层的人要表达个体自由，喜欢另类摇滚；而低阶层的人喜欢那些能表达斗争、抵抗和遭遇权力的情绪的音乐。舞蹈也可以，那些训练有素的职业舞者能通过特殊的动作来表达情绪，而且观看的人也能体会到舞蹈中所蕴含的情绪。小说也能反映我们的许多个人体验。我们会选择阅读那些符合我们叙事的小说，并深深移情，把自己当作其中的主角。

生活布满荆棘，充满压力，也许我们会承受爱人逝去、冲突纷扰、生活乏味、缺少意义的侵扰。当我们将这种困苦用故事、绘画、舞蹈、音乐等形式表现出来时，它就能使我们受益。语言社会心理学家詹姆斯·彭尼贝克发现西方人喜欢忏悔，而且有忏悔后探究事情原因的强迫倾向。忏悔真的能帮助我们从所犯之罪的糟糕感觉中解脱出来吗？他研究了那些经历创伤、准备离婚、罹患疾病、亲友亡故的人以及大屠杀幸存者和“9·11”事件遇难者的亲属。他研究了各种创伤体验，之后把这些人置于两种条件下：一种条件下，他让人们写下他们对创伤的情绪最为强烈的体验，而且必须记述当时的情绪细节；另一种条件下，他让人们陈述事实并对创伤进行客观描述。也就是说，这些被试要么处于创伤情绪的效应中，要么只是客观地描述发生了什么。结果发现，那些记叙了他们创伤情绪体验的人有更好的免疫系统，如果他们患有疾病，他们也好得更快且幸福感更强。叙事降低了压力、焦虑和抑郁。

为什么叙事能使我们获益？为什么我们拖着一天的疲惫回家后，打开音乐就能高兴起来？这是因为，首先你必须花费心理、生理资源来压抑消极情绪。如果你感到内疚、挫败或焦虑时就压抑这些消极情绪，就需要付出血压上升、心跳加速的代价；但如果你能让情绪以叙事的方式发泄出来，就不会有什么消极结果。其次，叙事写作能直刺创伤发生的原因，它能给生活中的困苦体验以解构和领悟。就像人们在写作中用的领悟性的词一样，“我懂了”或者“我了解”，这样的人做得更好。“多么痛的领悟”唱完就会对我们有益，叙事是一种良好的宣泄，是一种压力、损失和伤悲得以抒发的形式。再次，仅仅给消极体验贴上语言标签就能好很多。许多创伤体验都有失去控制、混沌不堪之感。你看见爱人亡故，并对此事的不可预测性以及之后将发生什么深感焦虑。简单地将感觉贴上标签就能带走许多由这些经历所产生的焦虑。如果登台演讲前感到焦虑，那么就简单地将这种感觉贴上焦虑的标签，告诉自己这是焦虑，反而会更好。最后，在一段困难时期之后，将我们的经验通过绘画、小说、音乐等形式用叙事的方式重塑出来，能够让我们在一个不同的视角下用一种更远的方式来看待苦难。对经验进行因果解释就会带来特定的欢愉，这就是美之一种。

玩耍是一种特殊的叙事形式，这应当是孩子们的天性和最爱的活动。每个小孩子每天平均会笑 400 次，而成人平均每 3 周才会笑一次。我说的玩耍是游戏，不是打电子游戏。小时候我们没有电脑，撒尿和泥那也是交情，这种玩耍更为有益。玩耍不是那些成年人的休闲活动，也不是你的业余爱好，它没什么目的性，是一种自愿的行为。玩耍对人类来说有着内在的吸引力，它强化了一起玩耍的人之间的友爱和感情。玩耍有很多即兴的成分，也使人有一种想要继续的欲望。它没有目的，但是如果你在玩耍中强加了胜负的观念，就会损害你玩耍的主观质量。为什么人类会玩耍？第一，玩耍教给我们不同的经验及其区别的边界。常见的粗暴身体游戏能教会我们哪种身体活动是有害的，哪种不是。玩耍中你会知道，如果戳某人的眼睛，就会伤害到他。狼也是这样学习的，如果一匹狼玩得太过，不知道收放的界限，那么它就会被群体驱逐。因此玩耍教会我们界限。第二，我们会玩耍性地挑逗，来寻找哪些人能被自己吸引而哪些人不行。你会随时用玩耍的方式说出一些稍微过分的话，来试探你和他人之间的边界，求偶行为中这表现得非常明显。我甚至在百度问答中看见有人回答谈恋爱最好的活动是滑冰，因为这样你能触碰对方而不被打。第三，玩耍教会了我们一些特定的技能。小时候，大家都玩过家家的游戏，有男有女，他们选择不同种类的玩耍，女孩做更多的照料工作，而男孩做更多的游猎性质的玩耍。第四，我们在玩耍时带入了认同。扮演新的身份对我们来说很复杂，也很有挑战。当我们带入认同的时候，有时会尴尬，所以用玩耍来尝试认同并进行实践。第五，我们的玩耍是为了学习。孩子要通过玩耍学习这个世界的基本物理属性，他们玩沙子、玩水，想知道会发生些什么。他们会在其中学到大小、数字和数量等知识。第六，玩耍是获得同情、理解他人的途径。角色扮演的玩耍在3~4岁时会产生移情，多做语言游戏有帮助。2岁左右，孩子学习词汇开始变得非常快，学会了用语言来表征客观世界中的物体，也学会了故意违反语言法则，用自己的方式打破语言常规，用独特的视角来看待世界。他们还会用并不存在的语言来描述某事。这些都能让孩子以多重视角自由地去看物体，每一个物体对他们来说也都有多重含义。用不同的视角来看问题是通往移情的一扇大门，这能帮助孩子自由地去理解其他人的视角。

其他更加重要的叙事其实都是在讲述自己的关系。中国人最讲关系，我把它描述为道德差序圈。我俩相知不移，我帮你天经地义，但你却跟我说“谢谢”，我不高兴。这是个简单但我们又时常会遇到的问题，这是中国式关系。西方人并不如此，“谢谢”可以说给亲朋好友，可以挂在嘴边，也应挂在嘴边。对关系有差别的人进行有差别的对待，这是中国人自古之礼。从西方文化之始，儿童便被教育训练成为良好的社区成员，他们必须融入群体，这意味着压抑自己的兴趣，同时也关注家人、他人的兴趣。对亚里士多德来说，智力美德可以通过学习新知识来获得，但道德美德只能通过道德行为缓慢塑造，若无德行之实践，道德美德便无法获得。这种实践要求个体必须放弃自己的兴趣而关注他人，使自己的道德圈扩大。西方基督教传统更加重视道德圈的扩大与一视同仁。基督教对于道德圈的大范围与无差序追求容易理解，它要求人们爱人如己，甚至“全部法律都包含在爱人如己这一句话之内了”。而所谓人，则包括全部之人，无论是亲仇远近，应一以贯之。中国文化在差序上严格强调，与西方文化截然相反。我们的道德是“君君臣臣父父子子”，自己处于何种地位，便一定要保持那种地位的规范的样子，是所谓“礼”。在我们这样一个“讲礼”的文化中，对于靠近自己的圈层，我们需要表现出更多的道德考量的兴趣，也应该给予更多的道德关注。而对于远离自己的圈层，我们却不必如此。对于敌人，我们甚至可以将其去人性化并排除出自己的道德圈之外，所以“壮志饥餐胡虏肉，笑谈渴饮匈奴血”的岳飞虽然将敌人去人性化，且完全以一种非道德的方式对待之，也不妨碍他成为英雄，而且正是因为以这种差序道德的方式对待敌我，其英雄形象才得以凸显。正如费孝通所说：“我们传统道德系统中没有一个像基督教里那种爱的观念——不分差序的兼爱；而且我们也很不容易找到个人对于团体的道德要素。”如果将所有不同关系的人“兼爱”之，那么必然会导致社会的混乱，是所谓“夫物之不齐，物之情也，……子比而同之，是乱天下也”。实际生活中亦如是，如果你以对待外圈的标准来对待内圈（如非常客气地对待熟人），反而会引起内圈的不适。这就是我们的文化，我们的关系概括起来主要是朋友、伴侣、同胞。

我研究过友伴关系。友谊是人类普遍拥有的，它在每一种文化中都是非常重要的关系。人们通常只有5~6个好朋友，现在还会更少一些。这在进化心理学上是一个复杂的问题。为什么我们甚至会在危及自己生命的时候捐赠出资源，并对他人十分慷慨，而这个人不是我们的亲族，和我们也没有共享基因？这在进化观中是个悖论。进化只能勉强解释这是一种交易性的互惠，即我和他人共享资源，他人也与我分享他们的资源。我们是一个高度社会化的物种，需要依靠其他的非亲族来繁殖、获取资源、抚养孩子、打击天敌等，我们需要和他人保有交易以及合作的关系。动物学家说，灵长类动物间的友谊发展是为了对抗位高者的权力。友谊帮助我们去削弱主要领导者的统治，我们与非亲族结成联盟来削弱等级制度中位高者过度的权力。友谊是对抗那些控制着资源和繁殖机会的高地位雄性或者雌性权力的方式。也有一些性选择理论说，形成友谊网络能使你发现潜在的繁殖机会。在大学里，你可能会有一个能够出去约会的友谊网络，这也许就是繁殖的机会。人类会花时间与同伴用一种安全的方式来合作并寻找伴侣，从青春期开始我们便这样做，这与其他寻找伴侣的交流形式相比要更为成功和保险。当然我觉得这些解释都太亵渎友谊了，但是进化心理学就是这样。研究确实发现，拥有很发达的友谊网络的人会活得更长，面对压力的生理反应也更低，友谊为面对压力的生理反应提供了强有力的缓冲，它也能增加寿命。我们是非常社会化的生物，也有着能用催产素和迷走神经抚慰自己和他人的强大能力，社会联系和友谊在这方面十分强大。顺便说一下，测量友谊的量表一般有这类题目：你能半夜两点打电话给他，或者你能在他家凑合一晚，或者当你感觉糟糕时找他倾诉等等。你可以对号入座地看看。

同胞关系是我们这一代中国人难以体会的，我们大多数都是独生子女。其实同胞也重要，因为孩子能在和兄弟姐妹的争吵中了解到冲突和和解的过程，能够在有限的母爱中学会分享与和谐，能够在遇到困难时得到帮助，可以在人生低谷时获得社会支持。朴素理论总会说长子和次子的区别，比如认为长子年纪大，有更多的知识，在现实中有更大的权力，因为这会使他们受益，所以他们会更传统，更希望守住现状。而次子们是革命者，他们待人会更温暖、更随和，对革新的观点更感兴趣。他们挑战现状，并试图用他们的方式反抗长子，他们对新颖事物更感兴趣，对新经验更加开放等。确切地说，我并没有这种生活体验，也不敢评论。

其实还要强调的一种关系是母婴关系。约翰·鲍尔贝用依恋来形容母婴关系，母婴关系的模式就是以后你与他人关系的模式。回避型依恋的人很难相信他人，且很难与他人形成持久而亲密的关系，他们的伴侣通常会想要更多的亲密。焦虑型依恋的人想要他人尽可能地和自己保持亲密，他们通常会担心对方是否不爱自己了，需要从他人那里获取很多，但结果通常是会把对方赶走。焦虑型依恋的人害怕被抛弃，建立和维持关系也更加困难，他们会体验到更多的焦虑和抑郁，有更多的饮食障碍和药物成瘾等问题。焦虑型依恋是生活问题的主要预测源之一。安全型依恋是最好的模式，安全依恋的人生会更好、更幸福，与他人保持良好关系的可能性也是不安全依恋的两倍。他们更能宽恕，有更好的心情，更加乐观，更能帮助他人，更慷慨。

伴侣关系是最为复杂的关系。旧时的包办婚姻都是先结婚后谈恋爱的，这种模式运行得相当成功。在今天，哪怕不结婚，你也有 90% 到 95% 的可能性与他人建立起某种浪漫的关系。现在不像原来，婚姻更多是真的相爱，而非经济政治原因。各种感情理论层出不穷，伴侣关系中不得不说的两个主要因素，其一是性欲望，这在关系初期非常之高；其二是爱和奉献，这是你希望与你相伴永远的东西。性唤起时，人们会舔嘴唇、眉头皱起；而爱则是热情洋溢的微笑、张开的双手和倾斜的头。民间流传一种未经检验的传说，即大家都在笑时，看向你的人是爱你的。大部分人都会结婚，我们还可以预计今后的婚姻形式会变得多种多样。浪漫关系包括了一些隐喻性的言辞，即我们用动物或者食物来指代所爱的人，比如叫对方小甜心，这真的会让关系更甜密。浪漫的爱情包括了大量激情、许多催产素，会把人变傻。但是感情的维持却并不容易。父母与孩子之间的爱在孩子与养育者联系形成的初期非常强烈，当孩子在十几岁发展出独立意识时，爱就开始下降到谷底，不过之后又开始上升。与弗洛伊德的想法不同，儿童早期的性驱力非常低，但是之后就开始在青春期喷薄而出，并在婚前一两个月达到顶峰，接着性驱力会在生命全程中持续下降。有了爱情之后，你便会有强烈的整合感，联系和融合感在你结婚之时便开始上升，之后还会一直保持；当你有了孩子后，整合感下降，而当孩子离开去过自己的生活时，婚姻幸福感又会上升。老人在婚姻中比年轻人做得好。高社会经济地位者的婚姻经营得更好，因为他们有更多的经济资源可以用来解决生活中的问题，而金钱本身就是婚姻中争吵的最大原因之一。焦虑且容易失去控制的人并不擅长经营婚姻，有过度惊讶反应和高神经质的人并非良好的婚姻对象，他们更容易离婚。约翰·古特曼提出过预测婚姻质量的末日四因素：第一，轻蔑。它包括眼睛转动、嘲笑、用傲慢的姿态轻视对方，这是最大的问题。第二，批评。有很多对对方发表意见的方式，你可以开玩笑、嘲笑自己的想法或者逗趣对方，但不快乐的夫妇会使用逻辑的辩论技巧来攻击对方。第三，阻抗。这是指拒绝谈论某事。第四，防御。这就是说，当被攻击时，你会用更狠的程度来报复。如果有人批评你经济方面的失败，你会马上嘲笑他的体态，这就代表着关系会走向陌路。婚姻研究者说只有 15% 的婚姻是幸福的。50% 的婚姻以离婚收场，剩下的 50% 中，一半人还在挣扎，因此这是个惯常的危机。幽默、欢笑、游戏和逗趣是应对压力和冲突的良药。擅开玩笑的夫妇在婚姻长跑中更加幸福。所以你给对方起个有趣的外号，就会更快乐。当争吵的伴侣间压力的生理活动上升时，如果你讲个笑话他们笑了，那么压力的生理活动便会骤降。感恩也对婚姻有帮助，宽恕也一样。能够宽恕对方缺点的人在之后几个月里会更快乐，他们双方也会相互给予更多的社会支持。同时，伴侣间的自由交谈中，若能感到自我展露是安全的，那么也能增加他们关系中的亲密程度。

怎么看待你的伴侣最好呢？你应该诚实地看待他们的缺陷，还是应该将他们浪漫化或者理想化？研究发现，当两个人都有点理想化对方时，他们的婚姻会更好。长期关系中的快乐伴侣会过度强调伴侣的美德和积极品质，也不会重视他们的恶习和过错。快乐的伴侣忽视坏品质，能看见他人的闪光点，忘掉缺点，这是个重要的能力。

13 韧性也是一种智慧

回忆十几年前我参加高考时的情形，恍如昨日。当时考得一塌糊涂，理科综合甚至没有及格，对于平时成绩还不错的我来说，心里的无助感和对未来的挫败感让自己抬不起头，很长时间我都不愿意提及自己的高考往事，直到后来和自己和解，能够拿高考自嘲。其实人生很长，一次考试确实可以定终身，但也确实并不绝对。我拿自己来鼓励他人，始终是忘记了心理学是平均数学科的道理。但是于我而言，高考哪怕失利，其实也真的依靠努力弥补了一些，学心理学也是拜高考失利所赐。所以，有时候“祸兮，福之所倚；福兮，祸之所伏”。

他们跟我说，这叫韧性。我觉得这是一种中国文化的传统智慧。

后来我才知道，人很难顺风顺水，谁都会有逆境。我到了西安工作，一位师兄跟我说，你知道人生三大悲吗？我说我还真不知道，他说少年得志就是第一大悲。想来此言颇有道理，这么辩证的想法正是中国人的智慧。

遇到逆境，如果你悲观、内敛、无助，只向自己倾诉，那么等待你的可能不会是太好的结果。当然如果你能不退不缩，不畏不惧，对希望保持乐观，对乐观绝不盲目，对资源有所把握，向他人寻求支持，那么也许逆境也只是过客。有时候你会看见很多人含着金钥匙出生，不用努力就能顺风顺水，平步青云。与其抱怨你没有，不如想想，真的伟人必然经历挫折，所以孟子说："舜发于畎亩之中，傅说举于版筑之间，胶鬲举于鱼盐之中，管夷吾举于士，孙叔敖举于海，百里奚举于市。"谁没有一段令人唏嘘的往事？而这段往事并不如烟，是它改变了人。孟子的后半段更有名："故天将降大任于是人也，必先苦其心志，劳其筋骨，饿其体肤，空乏其身，行拂乱其所为，所以动心忍性，曾益其所不能。"与其抱怨逆境，还不如卧薪尝胆，受尽苦楚，最终蜕变化蝶，关键在于你如何看待与应对。这也是中国文化的智慧。最近看到不少美国心理学家谈教育的书，还特别提倡中国式的挫折教育，以前认为他们提倡快乐就好，现在看，他们也终于懂得，即使有个好出身，也不应让孩子太过顺利，逆境带来的不可控制和无力感会让一个人有所领悟。

关于韧性的研究和实践很多，总体来说，有韧性的孩子要比韧性差的孩子在教育、生活方面表现得好，有韧性的领导、员工、创业者或者组织都会取得更好的组织结果。

韧性有多好，我们不用赘述，问题是，哪些东西会促进韧性呢？当然，洞见、独立、自律、积极、幽默、魅力、道德、能动、关系、创造、稳定，这些都能为韧性提供良好的个体性支撑。真的能在生活中给人们切实帮助的方式，经亲身试验，我觉得有以下几点：

第一，重构情境。我受到的教育都告诉我不要游戏人生，我知道这个游戏不是我理解的游戏，但是人生确实也是一场没有读档存档的游戏，这个游戏还有始有终，你能做的就是倾尽所有看遍风景。如果以游戏的方式去看待逆境，你就能从空间中跳脱出来，以上帝视角看待自己和自己的生活；你也能从时间中跳脱出来，以几十年后的眼光来看待现在的自己。以上帝视角来看待自己现在的逆境时，虽然苦涩，但也能会心一笑；以老年视角来看待自己时，可能就真的觉得这都不算什么。逆境还可以是一场考验，弹簧被压得越低，弹得就越高，所以逆境还给人带来了学习的机会。所有的知识，知道是一回事，但只有经历，你才会明白“绝知此事要躬行”。当你将逆境当作考验，它能让你学习。

第二，安于不安。拍脑袋一想，谁不想舒舒服服过日子？但人生不如意事常八九，不可能常常舒适，积极也不是让人整天沉溺于温柔乡里醉生梦死。“生于忧患，死于安乐”，为什么有那么多鸡汤要你跳出舒适区？确实，人在舒适区待久了，再去思考都变得困难，想学点新东西，就连开始都要做足心理建设。但其实我们心里都知道，不舒服才是人生常态，达不成你远大的目标才是人生常态，失败也是人生常态。习惯这些，至少知道这些，韧性就能增加很多。我心里早就知道：“起床要早，目标要小。”但是太低的目标又会让我们陷入防御性悲观主义的泥潭，变成低自尊者维持自尊的温床。所以借用列夫·维果茨基的“最近发展区”理论，定个“伸伸手够得着”的目标。这不舒适，但是要习惯不舒适。人生就是不安，要习惯安于不安。

第三，找到朋友。真朋友不多，在逆境中还能帮助你的就更少。我记得刘道玉说过："不以胜败论英雄，不以好恶判是非，不以得失分亲疏。"以得失分亲疏者太多了，你自己想想在逆境中是不是朋友少了，以后还能看看是不是朋友圈点赞都少了。很多时候逆境并非你一人能应对，寻求帮助，当然是向为数不多的真朋友寻求帮助，至少寻求一份社会支持，尤为重要。不过千万别将别人的帮助视作理所应当，没有谁应该帮助你，只有自己应该感恩。同时，如果朋友遭遇逆境，也要慷慨以赴，这个时候哪怕一句话、几个人，就能温暖人心；这个时候的断然拒绝，也别期望他人以后会理解。其实有时候别把自己想得太重要，我曾听两个朋友吵架，说我那天浪费了一下午的时间帮你如何，你现在却如何。其实浪费了一下午根本不值一提，那有什么？这样想的人也许会浪费一生，也浪费了友谊啊。

第四，坚持担当。没什么事情抵得过坚持。柯立芝有句名言：世上没有什么东西可以取代坚持。天赋无法取代它，有天赋但不成功的人比比皆是；教育无法取代它，世上充满了受过教育的失业者。坚持和决心决定了一切。解决人类所面对的问题，以前靠的是坚持，以后靠的还是坚持。坚持是在最没有希望时的稻草，在没有星星之火时的信念。担当就更为可贵，遇事不躲，责任不推，"真的猛士，敢于直面惨淡的人生"。所有逆境都可以是纸老虎，有志者事竟成。某种程度上，我害怕执着的人，我自己脸皮薄，求人困难，开口困难，表达感情困难，但是在我面前执着者，我从来都能满足其要求（当然不执着者，我基本也能满足）。

我们的文化不曾断裂，从诞生之初就处于巅峰，尤其是其中蕴藏的辩证精神，韧性十足。"曲则全，枉则直，洼则盈，敝则新，少则得，多则惑。"由此看来，逆境也非逆境。

14 怎么做只“快乐的猪”

曾几何时，据说养猪也得让猪快乐，快乐的猪肉更好吃。听说植物也会快乐，天天对着水果说好话，它也会更甜更多汁。其实稍有常识，你就会知道，植物哪会有积极情绪？水果又怎会受情绪影响？水根本就不知道答案。谁不想吃喝玩乐，不劳而获，每天沉浸在快乐之中？其实被激活了疯狂快乐脑区的老鼠也活不了几天，癌细胞爽不死，老鼠是真会爽死。快乐的猪不好当，也有技巧。

这是个谈情绪的年代。工业革命带给人们的是严苛、机械化、整齐划一和同质化，信息和科技发展给人带来的却是便捷、舒适、服务、娱乐和个性化。按照我的理解，这个时代理应将人们从繁复的普通劳动中解放出来，进行真正有意义的思考和理性判断，但是方便快捷却让我们变成了更为慵懒、更为自私、更想满足个性化需求的享乐者，我们的思考（think）更多地被感受（feel）取代了。

当然，人之所以为人是因为我们会思考，也有人说是因为我们有感情。如果是因为有感情，其实动物也有感情。这一点达尔文在《人类和动物的表情》一书中已经给了我们答案，达尔文记载了动物做出表情的种种生理反应和外在表现，与人无异。一种非人化理论把动物和人的区别定义于情绪上，认为人有所谓的次级情绪，即高级情绪，比如人会尴尬；而动物只有初级情绪，即那些最基本的情绪——喜怒哀乐。

基本情绪有哪些？保罗·艾克曼提出了基本情绪理论，包括愤怒、厌恶、恐惧、悲伤、惊讶和快乐 6 种，比我国古代所谓的七情六欲还少。艾克曼挺用心的，除了把表情编码拍了个电视剧《Lie to me》之外，他还找了些美国人、日本人、巴西人、巴布亚新几内亚人，分别用表演、诱发、识别等方式，确证了这几种情绪就是基本情绪。当然，发展研究也发现，这些基本情绪分化和出现的顺序也大体表现出规律性。

好了，那就是说，基本情绪就是这 6 种。现在仔细看看，5/6 都是消极情绪，仅有一个快乐是积极情绪，而且快乐还是个非常泛化的积极情绪说法。为什么基本情绪里会有这么多消极情绪？我想，至少我们需要了解以下这些基本观点：

第一，消极情绪关乎生存。从进化的角度来说，人类最重要的事情无非生存与繁衍，消极情绪具有良好的预警作用。吃到有毒的东西我们会厌恶，看到威胁你生存的人你会愤怒，这些消极情绪都与我们的生存息息相关，它警示我们可能的危险，让我们的基因能够存活并很好地传递下去。一句话，积极情绪的作用是让你活得更好，而消极情绪则先让你活下来。

第二，消极情绪关乎动力。谁都不想遭受挫折，但是面对逆境产生的消极情绪却会实实在在地影响人的行为。你可以因此消沉，但同时可以坦然面对，许多心理问题无非源于对消极情绪的恐惧和逃避。“天将降大任”的“苦其心志，劳其筋骨，饿其体肤，空乏其身，行拂乱其所为”，确实可以“动心忍性，曾益其所不能”。消极情绪带来的应对是最好的人生动力，这倒不是鸡汤，而是机会。中国式的挫折教育在此并没有错。舒适会让人上瘾，死于安乐。

第三，消极情绪关乎专注。消极情绪会让人反思（rumination），这样翻译不太确切，其实就是反复咀嚼这种情绪或者刺激源，陷入其中无法自拔，导致抑郁。但是其实反思会给你带来好处，如果能够控制反思时的不当归因，我们可能因此保持专注，保持注意力集中不分散。说白了，你处于消极情绪中的时候，对外界的感知和反应都会更加警惕，对环境会更加警觉，对切身之事更加敏感。这种专注的状态也许还会让你更有创造力。

第四，消极情绪关乎深刻。太过积极的人会让人感觉不够稳重，或者说，没有沉淀。研究发现，过于快乐的人在谈判中缺乏说服力，而愤怒的人通常会占据谈判的优势。快乐的人容易以为世界美丽而轻信他人，容易倾向于懒得思考，容易想当然地依赖过往经验，当然也容易因对未来抱有过高的期待而失望，失望了就开始紧张。消极情绪不一样，它让你觉得人生深沉，话语深刻，经验丰富，确有故事。

好了，消极情绪虽然不可或缺，但是它只能适量。过多的消极情绪至少会影响你的寿命，当你心情糟糕的时候，天空都是灰暗没有色彩的，“黯然失色”不是说说而已。积极情绪会让你觉得天空真是“心飞扬，透心亮”。

芭芭拉·弗雷德里克森将积极情绪的作用叫作扩大建构，这值得一说。

第一，扩大。这种含义我们可以体会——快乐的人视野更大，能够看到更为广阔的东西。当然，这样的人思维视野也更大，平常我们觉得毫无关联之物，在积极情绪之下也许就有了关系，这也增加了创造力。你看，积极情绪和消极情绪都会增加创造力，对吧？如果你把创造力看作一个圆锥，那么圆锥有个底，也有个高。消极情绪影响创造力的深度，就是高，而积极情绪影响创造力的广度，就是底。你也可以想象，积极情绪中的人更加开放，更加容易尝试新鲜事物，也会更加愿意结识陌生人。当然他也更愿意帮助他人，甚至维护环境，联系自然。

第二，建构，这层意义就比较抽象。弗雷德里克森发现，消极情绪甚至能导致细胞衰退，而积极情绪会让细胞生长。积极情绪会让你建构出健康的身体，积极的人也容易有更好的认知习惯，它会让你建构起正面思考，正确归因。当然，积极情绪会让你主动去建构社会联系而不畏缩，不焦虑。积极情绪中的人是不会思考“我发了短信人家会不会不回”这样的问题的，真的不回时还表现出忐忑不安。积极情绪会建构出对于他人的心理优势，你想想“春风得意马蹄疾”的状态，那是“一日看尽长安花”啊！

不得不说，积极情绪持续的时间不长。正因为扩大建构，积极情绪会对你的人生繁盛与成功产生良好影响，而人生幸福的人又会有更多的积极情绪，这是一个循环，叫作向上螺旋。消极情绪呢？当然会产生一个向下的螺旋。你想想，杀人不若诛心，整人者都是打击对方的情绪，让他产生向下的螺旋，导致人生消沉。那么在愤怒时还要保持微笑吗？大可不必，你试试在愤怒时虚假微笑，是不是特别难以缓解？虽然我们宣扬“泰山崩于前而色不变”，但是“胸有惊雷而面如平湖”者，虽拜上将军，也可能做不了几天就病死。好的办法是抽身于外，再去看消极情绪和刺激源，改变认知地对待。

好了，那么有哪些积极情绪呢？大概有这几种：

第一，敬畏。以前年少轻狂的时候，我总觉得我的问题在于缺乏敬畏心，进庙不拜还拿神开玩笑，同行者皆双手合十，默念与他们无关。我一向认为这是控制感高，我命不由天。不过慢慢我发现，敬畏也是好事，站在山巅云海，你无可避免地知觉到自己的渺小和人生的短暂。

第二，感恩。这就是更加值得提及的事情了。大恩绝不应该不言谢，感恩也绝不是说声谢谢而已，它不是礼貌或者还个人情，它是真心为之。感恩的人会更幸福，更有精神，对未来充满希望，心态积极，乐于助人，有同情心和精神依托，信仰虔诚，容易原谅别人，对金钱态度更平淡，不容易沮丧、焦虑、孤独、嫉妒和过于敏感。每周写 5 件感恩之事者对生活的态度更加乐观，身体健康好于从前，头疼、咳嗽、恶心、痤疮减少，慢性疾病改善，更愿意助人，更容易与他人亲密，睡眠质量提高。

第三，兴趣。抑郁有一条症状便是兴趣减退，觉得人生没有意思。我们有时候烦起来，连玩个游戏都能玩出神情呆滞。但是真实的兴趣是可以缓解你的消极情绪的。我最开心的事情无非是构思实验和写作。凡此二事，都是开心的，我会沉浸其中，体验福流。每当我构思完实验的时候，虽然还没做，但是我觉得似乎已经做完，整件事情就变得无聊。

实施是无聊的过程，但是拿回数据再去写文章的创作过程又能使我产生兴趣，乐此不疲也许是我人生最快乐的状态。

第四，宁静。我也许并不是个十分宁静的人，日常的心跳都不慢，有点儿热血沸腾的样子。但是我有宁静的朋友，我羡慕这样宁静的状态。岁月静好有时候是奢望，但是人却可以静好，理性平和，虽然不“采菊东篱下”，但也可“悠然见南山”。

其他类似爱、喜悦、骄傲、希望等情绪我们就不一一说了，大家都能理解。回到最初的问题：到底积极情绪有多少才行？弗雷德里克森提出一个比例，积极情绪与消极情绪的比例大致为 3∶1 为好。当然这个比例在各个领域也不同，婚姻家庭亲密关系里，你们俩之间发生的 1 件坏事带来的伤痛可能需要 5~8 件好事才能弥补，而工作中的比例大致是 6∶1。当然，我们也必须要提醒，这个比例不能超过 11∶1，你想想，一个太积极的人，整天都在笑，那也令人恐惧，是吧？

15 笑着生活能多活几年

幸福对于个体、团体和社会健康的重要性是显而易见的。大量当代研究表明，越幸福的人，身体越健康。

心理学家大卫·斯诺登以修女的日记作为研究对象，从修女们踏入修道院开始，追踪她们的生命全程，结果发现，20多岁时最快乐的修女活得更长。这项研究开始于20世纪30年代，当时修道院的每个修女都写了一篇日记，这篇日记包括自己的一些基本情况以及对自己生活的简短描述。有些修女的日记平铺直叙，有些修女的日记却满怀希望与热情。研究者们对这些日记进行了编码，对其中体现出的积极情绪的程度进行评分，将它们按得分由高到低分成4组，4个组是以两个四分位数和一个中位数三个点来划分的。60年后再来调查这些修女，随着年龄的增长，高积极情绪的两组明显比低积极情绪的两组存活率高。研究结果显示：积极情绪程度最差的第一组修女，其死亡年龄的中位数为 86.6 岁，积极情绪程度较差的第二组修女为 86.8 岁，积极情绪程度较高的第三组修女为 90.0 岁，积极情绪程度最高的第四组修女为 93.5 岁。在 60 年前的日记中表现出高积极情绪的那些修女比表现出低积极情绪的修女平均寿命长了 6.9 岁。而如果以修女们日记中反映的不同种类的积极情绪数量来做自变量进行计算的话，最高组和最低组的寿命差异可以达到 10.7 岁。同时，研究发现，那些 20 多岁时不快乐的修女在八九十岁时，死亡的可能性是那些快乐的修女的 2.5 倍。

在另一项研究中，丹尼尔·卡尼曼抽取了 660 名美国俄亥俄州社区居民多年前的资料进行了一项纵向研究，结果发现，50 岁以上的人如果对老龄化有积极的自我知觉，他们将比那些有消极自我知觉的人平均多活 7.5 岁。这一数字是在研究者们控制了年龄、性别、社会经济地位、孤独感、当时的健康水平等因素后计算得出的。实际上，对老龄化的积极知觉也是我们幸福的来源之一。这项研究显示的也是幸福的老年人和不幸福的老年人在接受调查后的存活率情况。幸福的老年人达到中等存活率的时间为调查后的 22.6 年，而那些不幸福的老年人达到中等存活率的时间仅为 15 年，两组的差异为 7 岁半。

我们也许不知道 7.5 岁意味着什么，先来看看别的例子。什么有害健康？我猜你也许会不假思索地在心里回答道：吸烟。正是这样，被我们广为宣传、深恶痛绝的香烟对寿命有多大影响呢？统计发现，抽 1 支烟会平均少活 11 分钟，要是每天抽 20 支烟会平均少活 3 小时 40 分钟，要是一个烟民从 17 岁开始吸烟，直到 71 岁死亡，那么他就会少活 6.5 岁。吸烟的危害即使孩童都能知晓，但是幸福的好处却不是人人都能了解。幸福地生活甚至比吸烟对健康和寿命的影响更大。

有了对20多岁青年修女的追踪、对50多岁中年社会居民的调查，显而易见，幸福对于我们的健康来说是那么地重要。对65岁以上的老年人的研究也得出了同样的结果。简单来说，这项研究发现，对老化的满意度和对收入的满意度能分别增加一个70岁的老年人20个月的寿命。也就是说，对一个古稀之年的老人来说，对生活的满意和体验的幸福能使他比那些对生活不满意、不幸福的人多活将近两年。对于老年人来说，要想延年益寿，就要快快乐乐地享受时光。

为什么幸福的人会长寿？一个可能的原因也许是幸福的人有更少的健康问题。比如他们更少得溃疡，更少有过敏反应，更少中风，更少患心血管疾病，更少患其他致命性的疾病。幸福的人也会是健康的人。一项荷兰的研究发现：控制健康状况、饮食方式和活动水平后，在65~80岁的男性中，乐观程度高的人（前30%）中得冠心病的人数只有乐观程度低的人（后30%）的一半。一项为期10年的追踪研究发现，焦虑水平较高的男性，比焦虑水平低的男性得糖尿病的概率要高2.2倍。对622名25~45岁的女性进行调查发现，乐观的妇女得癌症的比例要低25%，而两个或以上的恶性事件会将得癌症的风险提高62%。当然这不是说那些身患疾病的人不幸福，身患疾病的人更应该以积极的心态对抗病魔。无论是纵向研究还是横断调查，由于没有对人进行随机分派，也没有设置控制组进行比较，我们难以得到因果结论，还不能说幸福就一定是健康或者长寿的原因，但是我们至少可以说，幸福与健康密切相关。每一项已经进行了的实证研究都能证明，变得快乐就能更健康，而不快乐则不利于身体健康。对我们来说，幸福并不是奢侈品，它甚至都和我们身体的结构和功能有关系，幸福就是日常生活中的必需品。让我们谨记：延年益寿没有灵丹妙药，也不必修炉炼丹，让自己快乐起来，变得幸福，这就是长寿的奥秘。

幸福还能使我们在工作中创造更好的效益并产生更高的生产力。我们通常都会有一种文化的直觉，认为那些高产的劳动者或者那些贡献卓越的天才都是背负着巨大的压力，生活在焦虑并且神经高度紧张的状态之中。文学作品为我们描述了大量舍生忘死、废寝忘食的天才人物，他们为了创造更大的效益或者取得更好的工作或科研成就，通常是高速度、快节奏并且紧张地生活着。是不是要产生更高的生产力就必须压抑、焦虑并紧张地活着呢？实际上这种直觉是完全错误的，大量研究可以佐证，变得快乐有益于应对工作压力。

艾德·迪纳对刚进校的大学生进行了研究，让他们评定自己特质性的快乐程度。19年后这些大学生都已经在职场工作，迪纳发现，那些自我评价快乐程度高的人19年后的收入和工作满意度都比不快乐的人要高，其失业的可能性也要比不快乐的人低。很有趣的是，在快乐程度很低的时候，一点点快乐程度的增加就能带来很高的收入增加额，而随着快乐程度的增高，收入增加额的增高会变得越来越小。平均来说，快乐的大学生比不快乐的大学生在19年后每年能多赚2.5万美元。当然这是基于美国大学生的研究，不过它确实告诉我们，快乐地工作是如此重要，快乐的劳动者就是高产的劳动者。同时，这项研究也告诉我们，劳动者越是快乐，他们在生产力上改善的可能性也就越大。为什么快乐的劳动者就能高产？首先，快乐的劳动者有更强的动机，他们对成功的渴望更强，克服困难、应对挑战的意志也更胜一筹，他们更懂得坚持不懈的道理，面对挫折也不会否定自己。其次，快乐的劳动者有更好的社会技能，他们在工作场所这种人际情境中显得更能适应，同时他们乐观向上、充满魅力的人格也能为他们获得更多来自他人的援助。最后，快乐的劳动者更惹人喜欢，他们得到的工作评定会更好，这会让他们带上“一好百好”的光环，使得同样做一件事情，他们实际得到的回报比别人更多。总之，快乐的劳动者更加高产，其工作表现也会更好。

很多研究都发现，处于快乐状态下的人更富创造性，也能更加有效地进行思考。特蕾莎·阿玛拜尔认为：有创造力的人比一般人要快乐，而且在重大的创造性突破的前一天往往都至少有一件令他们愉快的事情。她同时发现，压力、失业和竞争都会降低人的创造力。快乐的心情是创造力的必要条件。快乐能使相互协商的人更容易地达成一致。让44名内科大夫对一个复杂病例进行诊断，这些大夫分为三组：第一组大夫先得了一包糖，第二组大夫先阅读有关医疗行业的正面报道，第三组大夫是正常的控制组。结果发现，第二组大夫的临床诊断最为准确。这说明，快乐的医生甚至能做出更为正确的诊断。同样，情绪智力高的领导者会组建一支更加令人满意的团队。实际上，在工作方面，任何一种形式的幸福都能增强我们的创造力、协作沟通的能力、生产力甚至是思维能力，以及我们与其他同事间的友谊。幸福在工作中十分重要。

当然有时候我们会暗自嗟呀，自己就是生而不幸福的那类人，而有的人却是天生的乐观派。是这样的吗？确实如此，幸福有高低程度的区别，从低到高，是一个连续体。这就像我们衡量一天的温度，我们不仅可以说今天冷，昨天热，还能说今天 2 摄氏度，昨天 10 摄氏度，昨天比今天高 8 摄氏度。摄氏度这个单位是人为编制的，同样我们还可以用华氏度来标定温度。幸福也是一样，你可以将自己的幸福程度放在一个10点量表上来衡量，也可以将自己的幸福程度放在一个7点量表上来衡量。我们每个人在这个量表上都有一个位置，有的人高，有的人低。在很长一段时间的探寻中，心理学家发现，每个人在幸福量表上的位置是与生俱来的，我们会生而幸福或者不那么幸福。而且人是极具适应能力的，无论是中了500万的大奖或者是遭遇了不幸，带来的幸福变化都是短暂的，人们始终在自己的那个幸福定点附近徘徊。

这种近乎宿命论的观点让人绝望，如果人生而不幸福，那他一辈子都不会幸福。这无疑是对人类的打击，是对人类能动地追求幸福的历史的打击。还好，真相不仅仅是这样。柳博米尔斯基综述了大量研究后，发现幸福的定点只占人类幸福决定因素的50%，我们无法改变这一半，它是生而具有、基因决定的。环境因素对人类幸福的贡献也只为10%，也就是说我们是否富有、是否住别墅、是否天天吃珍馐佳肴、是否天天戴名贵珠宝，对我们的幸福感贡献甚微，只占1/10。而剩下的那40%取决于我们自己。这一点告诉我们，幸福不是不可追求的，即使我们生而不幸福，我们也能依靠自己的努力来提高幸福水平。

每一种文化、每一个国家都意识到了追寻幸福的重要性。幸福研究的领军人物之一戴维·迈尔斯在《美国悖论》一书中提到，虽然美国在过去的30年间经济持续增长，但是美国人却不应该过早地欢呼，因为他们的幸福感并未随之增长，美国文化已经完全在人类幸福的方向上掉队了。2004年，联合国儿童基金会采用随机取样的方法对约20个国家的儿童进行了幸福感调查。他们使用了与幸福和健康相关的6种测量工具，结果发现：荷兰孩子最幸福，美国孩子在幸福方面排名倒数第二，而英国孩子最不幸福。这个研究给美国敲响了警钟。

我们的文化对幸福有何影响呢？在一项对世界各国民众信任程度的调查中，研究者询问各国民众，觉得其他人是可以信赖的还是需小心谨慎与其交往的，结果发现中国人的信任程度仅次于挪威人和瑞典人，排名极为靠前。加州大学伯克利分校的社会心理学家达契尔·克特纳认为，中国儒家思想所谓的“仁”就是一门科学，而生活中的善事与恶事的比率即为仁率（jen ratio），它可以用于生活的各个方面，如表征我们的幸福、体验生活的意义、体现时代的精神。高仁率是国家健康的标准，而信任程度正是仁率的表征之一，因此传统东方文化也许在幸福上表现得不错。

另有一些证据表明，一种文化越平等，身处此文化中的人就越幸福。经济等级对人们的幸福和健康也有影响。说得更抽象、更哲学一些，我们有不可阻挡的追求幸福的权利，这样的主张让我们能够对政治、经济和伦理系统进行权衡和比较。如果我们想知道一个社会系统是否运行良好，可以通过看它给了我们多大的追求幸福的权利来判断。幸福可以被用来衡量不同的社会系统，无论它是何种意识形态，我们都能用它给人民带来了多少幸福来衡量。

16

爽是一种什么感受

大概是9年前，我刚去清华，才第一次知道有flow这种东西。有一天中午，我的导师彭凯平教授突然给我打了个电话，跟我说，他终于想出了这个词的翻译，应该叫“福流”。我顿时觉得这个翻译甚为美妙，音绝而不失其意。中文有很多其他的翻译，比如“沉浸体验”，这失于直白，也丧失了英文flow那种看破不说破的韵味；比如“神驰状态”，这有点野马脱缰而未表达flow的情意合一；比如“心流”，这略嫌生硬，总让我想起溏心蛋的蛋黄。我始终会想起彭老师第一次跟我说这个状态使用的词：“爽”。他说，flow就是水的流动，表达出来当然最接近中文的“爽”。可不是爽吗！现在想起当时的情形，都甚为福流。

如果你第一次接触这个词，你可能会意识到这就是马斯洛说的高峰体验，只是米哈里·奇格森特米哈伊把高峰体验这件事情世俗化了。在马斯洛那里，高峰体验是一生也难体会几次的自我实现状态。自我实现何其难，人生巅峰就那么寥寥数次。马斯洛的自我实现在于他的爱情，高峰体验是年轻时他的表妹给他的初吻，以至于我觉得他后来对其他诸多名流的访谈也无非是在为自己年轻时的初吻感觉找佐证，他自己宣称的高智商可能早就丧失在了恋爱中。他在书中对自我实现者的描述，不折不扣就是对自己当年恋爱状态的描摹，他对高峰体验的描述都可以在那一吻中找到端倪。比如他表示高峰体验是短暂的、神圣的、真诚的，是对自己内在冲动呼唤的倾听，是主动而勇敢的选择。如果你有过一生难忘的爱情，你必然能够不祛魅地理解马斯洛表妹的这一吻。是的，这就意味着“充分地、活跃地、无我地体验生活，全神贯注，忘记一切”。

忘记一切、全情投入的体验，就是福流。只是罗杰斯的学生奇格森特米哈伊把它世俗化了。对比高峰体验，福流更加能够在生活中普遍存在，这种状态每天都能体会，可以主动寻找甚至创造。它不再是高峰体验般刻骨铭心的一刻，它可以保持长久，可以沉浸接续。奇格森特米哈伊给了它一个比高峰体验更加玄妙的名字，福流这个词甚至从学术界走向了生活。与马斯洛一样，奇格森特米哈伊采用的研究方法之一也是对名流和成功人士的访谈，以确定他们在生活和工作中经常体验到福流的状态，且这种状态切实地影响了他们的成就。心理学是个还原论严重的学科，单独地研究知情意行倒是可以，但是研究一种混杂的体验其实很少。奇格森特米哈伊有他的想法：知道了幸福的原因是否就真能幸福呢？心理学家与其那么麻烦地去讲影响幸福的因素，还不如直接去做点什么，这种状态不就是实实在在的幸福吗？不得不说，这种想法非常正确，比如就算发现了结婚比不结婚幸福，你能迅速找个人结婚吗？更大的问题是，这能马上幸福吗？就算发现了留守儿童不那么幸福，你能迅速让他不留守吗？每年数以万计的文章重复这些各种各样的直觉结论，但这都还不是直接解决实际生活问题的方式。不如让他们做点喜欢的事情，沉浸在福流状态里，当下便能体会到幸福。

人的心理时刻紧张，为了缓解紧张，我们会做出某些行为。欲望与现实时刻不能相容，理性与情感每每难以执中，弗洛伊德赞同这样的看法。想要做点什么的时候，人心里会有两种声音，在你左肩上站个白衣带光圈的天使教你为善，在你右肩上站个红衣拿叉子的恶魔让你"从心"，这是小孩子都知道的道理。这些冲突折磨着每一个人，使我们无所适从，失去意义。唯有福流状态能让人心的欲求与现实和谐，在福流状态里，你没有心理冲突和紧张，只有平静而流畅的感觉。这种感觉其实一点也不玄妙，每个人都能时常体验到，只是这个奇怪的术语让它看似玄妙。我甚至认为这是心理学最好理解的理论，都没有之一，因为每个人均有体验。彭老师用庄子的庖丁解牛来类比这个状态："庖丁为文惠君解牛，手之所触，肩之所倚，足之所履，膝之所踦，砉然向然，奏刀騞然，莫不中音。"屠夫宰牛，刮骨剔肉，游刃有余，深谙规律。

奇格森特米哈伊给了它细微的特征。虽然福流状态甚为完整流畅，但是说清楚福流状态还是需要把它元素化，依靠这些细致的特征，科学地还原。

福流的第一个特征是游刃有余。这是在说福流状态里，你的能力要和所做的事情相匹配。比如你踢球会体验到福流，如果你踢得不好，你就会在场上无所适从，感受到焦虑、苦恼，那就是你的能力不匹配你所要进行的活动。如果你和一群五岁的孩子一起踢，那么你可能会相当放松，能像梅西一样掌控全场，但不会沉浸其中。只有你踢得不错，队友不错，对手也不错时，你才会踢得忘乎所以，体验到福流。当然，这个任务的难度和你的能力都不能太低，否则就会感到无聊。

福流的第二个特征是全神贯注。这是在说你做这件事情的时候注意力全部都在活动中，没有一丝分散，而实际上也没有什么能分散你的注意力。所以那些分散你注意力的活动都不容易让你产生福流。看电影和看电视哪个更容易产生福流呢？这两个看起来差不多，但其实看电影是更容易产生福流的活动，看电视却是不容易产生福流的事情。这是因为看电影的时候很少有分心刺激，甚至环境都是安静、黑暗的，你可以沉浸在故事情节之中；但是看电视的环境通常是嘈杂的，还有广告随时打断你对所看内容的注意力。

福流的第三个特征是物我两忘。这是在说我们处于福流状态的时候，会感受到自我的消失，不知道自己身处何处，更准确地说，完全不会想到自己。在这种状态下，你只是沉浸在自己所进行的任务里。比如你喜欢练字，你会沉浸在一笔一画的勾勒之中，完全不会意识到你自己的存在，你的状态中只有你所写的字，你会品味字的好坏，但是不会对自己喜悦与否进行退一步的元认知。品味在做的事情，但是意识不到自己在做。

福流的第四个特征是转瞬即逝。这是在说福流状态会让我们难以意识到时间的流逝，错误地知觉时间。通常情况下，做一件很爽的事情，你会感受到时间过得很快。比如看电影，如果电影特别吸引人，那么结束的时候你肯定会觉得怎么两个小时这么快就过去了。正是因为你沉浸其中，所以几乎很难分心去丈量时间，因此会觉得转瞬即逝。你觉得

“这会怎么开了这么长时间，居然还没结束”的时候，必然不是福流的时候。

福流的第五个特征是驾轻就熟。这是在说福流状态会让你有很好的控制感。我们不是每时每刻都有控制感的，但我们都希望能对事情有所掌控。买彩票的时候多数人会买自己选的数字而不是随机数字，其实它们中奖概率是一样的，这就是我们的控制幻觉。没有控制感的时候你会焦虑，想找补回来，福流状态就不用找补，因为在其中你肯定能掌控，不能掌控就说明你的能力不及任务，福流是任务和能力匹配的状态，掌控便在其中。

福流的第六个特征是情意合一。这是在说福流状态会让你的活动高度自动化。在福流过程中，你根本不会仔细思考，会更多使用直觉和下意识来行事。因为你沉浸其中，不会真的抽身思考；也因为你技艺相对高超，所以很多时候做的都是下意识的正确行为。比如我们说有些球员是“用脑踢球”，这就是完备训练培养出的肌肉记忆和思维习惯，这就体现出教练和战术的作用。

福流的第七个特征是了如指掌。这是在说体验福流者对自己所进行活动的目标是清楚的，知道这件事情应该进行到何种程度。如果你给自己定的目标非常低，那么你只会感到无聊和空虚，如果目标非常高，那肯定也达不到。维果茨基有个概念是“最近发展区”，把目标定在“跳一跳够得着”的地方最为适合，这是能力与任务相适应的目标。这一切都来自你自己对整个活动的判断与把控。

福流的第八个特征是点滴入心。这是在说福流的体验者能感受到活动的精确回馈。你定了目标，能否达到自己的目标，在活动进行的过程中会不断地给你反馈。事情如果没有反馈，通常情况下我们会觉得白做，虽然做好人不应该图好报，但是没有好报，人们便会产生不公平感。捐钱只会给人少量的幸福感提升，捐钱后给予那些被捐助者生活改善的反馈，才会让捐助者真的感受到幸福。这种回馈的感觉在福流中经常能够体现。我有个学生说他打麻将能体验福流，那他一定记得某一把自摸摸到最后那张牌时，牌与他手指接触的触感，这种精确回馈都很难忘记。

福流的第九个特征是酣畅淋漓。这是在说福流是一种让人发自内心地、积极主动参与活动的感觉。也就是说，产生福流的事情一定是内部驱动的，是那些不拿钱你也愿意去做的事情，而不是有人拿枪指着你或者用钱收买你做的事情。那是自觉的事情，是你的兴趣。通常情况下，人们愿意去做爱好的事情，我们在清华的研究也发现，最幸福的事情中，排名第一的就是去享受个人爱好。锻炼身体也容易让人体验到福流，当然那只是在你把锻炼身体当作爱好的情况下。人生有太多无奈，我们很少能真的去做爱好的事情。好多人跟我说，因为喜欢心理学，所以想读个研究生。我觉得如果读了，你就不大可能喜欢了，因为有太多你需要做的事情违背你的内部动机。这就好像经常有人跟我说："真羡慕你，能做自己喜欢的工作。"其实很多事情你再喜欢，也不应该把它当成工作，毁掉爱好最好的办法就是将它变成工作，一如毁掉你最喜欢的歌曲的办法就是把它变成早起的闹铃。但是生活无奈，"成年人的世界没有容易二字"，生命的尊严都经不起生活压力的挑衅，所以我们并不是总能悠闲地做自己爱好的事，那怎么体验福流？其实很简单，生活中要体验福流，只有改变。

首先，改变观念。我们都在生活，却没有问为何要如此生活。迫于俗务缠身，很多人即使想过，也没有真的去追求他想要的生活，最多在看别人朋友圈时发出一句感叹：“啊，那就是我想要的！”但我们其实可以改变观念，把生活变得主动，至少可以主动去休闲。要主动了解可以使自己沉浸于福流的事情，多去进行这样的事情，让自己能够享受时光飞逝、酣畅淋漓的感觉。做一些有意义、有创造性、要动脑筋、要花心思的事情岂不美哉？

其次，改变过程。我们都知道，工作大多数情况下不会让你体验福流，因为很多工作是重复性劳动。我所从事的学术工作还好，经常需要有创造性活动，更容易体验福流。如果工作非常枯燥，只能使工作心态趋于枯竭，很难产生福流。你可以试着把工作拆解成细小的目标，并给这些小的目标附上意义。比如写了 20 行代码就停一下，给自己一个奖励，让自己吃颗糖；或者在代码里藏一个想对喜欢的女孩表白的藏头，等着有一天有人能够发现，这都是给自己附上意义的方法。阿尔伯特·班杜拉把它叫作自我强化，无须任何外力，自己就能强化自己的行为，这是人之为人的好处。

再次，改变视角。我们可以把枯燥的工作和生活都当作游戏或者自我挑战。如果你不把工作当工作，工作就会突然有一种新的乐趣。比如昨天搬了 20 块砖，今天你把搬 30 块当作挑战，那么搬砖是不是也变成了一种集邮活动？如果觉得生活无趣，是不是可以把生活过得有趣一些，来一次说走就走的旅行？这肯定都会增加人的幸福感。当然旅行更重要的是别一个人，友伴同行更能让你产生福流的感觉。如果社会关系也变得冷淡了呢？你是不是能够用不一样的视角来看待你们之间的关系？朋友总是一起学习，那就一起去玩；夫妻日渐习惯，那就换种发型和语言。

最后，改变体验。工作无趣，关系渐稳，你是不是还能改变一下体验这些经历的方式？任何事情都会情感适应，我们都能依靠改变来抵御这种适应。比如枕头是用来睡觉的，但是如果用它来打架，它是不是在你眼中就不一样了？这还能增进打枕头仗双方的感情。品味工作和生活的当下和最初，也会增加幸福的感觉，体验到更多福流。想想刚刚开始这份工作时的感觉，便能很好地抵抗现在的职业枯竭；想想你和伴侣一起经历过的事情，便能有效抵抗现在的平淡。品味现在更能让你进入福流的体验之中。我们都生活得太快，很少能跳脱现实，体味当下的感受和情绪。这和品茶一样，不能饮牛饮马，越细微，越缓慢，你越能体会，它虽然很淡，但是很香。

当然，我猜每个人都有福流过后无所适从、什么都不想干的空虚体验。24 小时都处于福流中也不行，有些许枯燥的对比，才能体会福流的美满。鉴于这个词已经被用于体育、设计、商业、生活的各个方面，我也想说一句，其实，福流是个自然而然的事情，刻意为之就体验不到了。

17 爱国是一种自发的情感联结

没事的时候我几乎从来不早起，国庆节的早上，天刚亮我就自己醒了。我笑了笑，跟自己说，果然爱国是一种自发的情感联结，甚至不用教，不用学。我们对群体的归属和依恋尚且天然存在，何况国家？人的群体归属是非常有趣的事情，从心理学角度看：你在异国他乡，孤独的时候，爱国会成为你的支持；当你感受到威胁，甚至感受到人生无常终归尘土时，你会不自觉地站在国旗下用文化世界观来防御。我在美国的时候，有时候甚至觉得留学生才是最爱国的人——在短暂分离的时候，更能体会到对祖国的热爱。

出生于何处，我们无法选择，但一般来说我们不会去挑剔此事，因为国家给了我们自发的群体认同。我们很容易形成群体，并产生群体认同，这是欧洲社会心理学的普遍观点。我想起几年前我在清华入职时，学校组织的野外拓展训练。去怀柔的车上，大家高谈阔论，科学、艺术、人文、工程，无所不包，相谈甚欢。下车之后，我们按照组织者的安排坐好，依次从1到9报数，数一样的便是一组。组分好，就开始竞选组长，分发组服，设计组标，斟酌口号。接下来每组组长展示、打分，竞选班长。这个时候组与组之间就开始产生分歧，强调自己组更好和贬低别人组不好成了常态。心理学家的工作永远是观察，我无意投入任何群体活动，但是我发现本来并不认识的同学，分出了群体，而且异常忠诚，很多人慷慨激昂地发表演讲，面红耳赤地争执不休。这就是群体心理学。在人以群分的条件下，只有“我们”和“他们”的区别。“我们”不是说一说，这话有力量。对国家的爱比这样随机的分组要深刻得多，可想而知，情感也要自发和浓烈得多。

爱国的人是幸福的，这是研究结论。看完国庆70周年阅兵，我能感受到举国欢庆的喜悦。我是群体的一员，一荣俱荣的反身荣耀照射在我身上，与有荣焉。整齐划一的流畅节奏、宏大而令人敬畏的场面配上慷慨激昂的音乐，很难不让人泪流满面。群体氛围和随处可见的国旗把人带入爱国的情绪中，这都是我们自发的反应，不需要过多思考。爱国就是这样一种情绪，它无须命令，也无须问为什么。

自发不代表我们真的不去思考。人从一两岁开始就有了自我意识，知道我是我，不是别人，这代表着我们都会以不同的方式对待自己和他人。这很正常，因为“我”和“他人”有区别。“严于律己，宽以待人”之所以是种美德，是因为它甚至翻转了我们对待自己和他人的方式。平等相待不是一件容易的事情。群体也一样，我们会产生“内群体偏好”，同时可能会产生“外群体贬损”。无论如何，这是两种不同的方式，即觉得自己好和觉得他人差。不要将它们画等号，因为如果你仔细思考，这可以是不同的过程。在爱国上，有没有可能我赞颂我的祖国的同时不去贬低其他国家？当然可以，在心理学上这叫爱国主义。那么有没有可能我不赞颂我的祖国，同时还贬低别国？研究发现，这种情况几乎不存在。还有一种情况是，我赞颂我的祖国的同时还贬损他国，我们姑且将其称为极端民族主义。对两者的研究大量存在，爱国主义和极端民族主义在人格描摹、对外政策等方面都大相径庭。爱国的人就是真的对国家产生一种强烈的依恋，但并不贬低别人，这是自信。就像我们展示出的洲际导弹，它再先进，其实你也希望它主要不是用来真打的。

我自己的研究领域是道德，其实和爱国有些相关。我觉得爱国是自发的道德情感，就如我笃信道德是直觉驱动一样。如果要去呵护和养育这种自发情感，我之前在文章里提出过一些道德教育原则，也许可供参考：

第一，强调联结和直觉。从理论上来说，自发的直觉思维更多是在人类的进化过程中构建起来的，很难改变。审慎思维则更多是在教化和培养中建立的，更多受后天的社会和文化因素影响。这就是为什么受过良好和长期道德教育、从事道德相关的研究、探讨道德问题的伦理学家，并不比普通人更有道德，他们有时候甚至会显得更加不道德。伦理学教授也没有像人们的直觉那样履行更多的道德责任，他们在美国选举时的投票率并不比其他专业的教授高。伦理学家也并不会表现出更高的道德水准。在美国伦理学年会时，伦理学家不会比其他哲学教授更多地在别人演讲时保持安静而不窃窃私语，不会更多地在别人演讲时悄悄出门而不是摔门而出，不会更多地保持座位清洁而不遗弃垃圾，他们也不比其他哲学家更少地逃避交会费。虽然绝大多数伦理学家认为不回复他人邮件是不道德的，但是当真的收到邮件时，他们这样的信念却并不能预测他们的行为，其不回复邮件的行为也与其他领域的教授无异。伦理学家的信念也无法很好预测其慈善行为。每个熟悉道德规则的人，不一定在每种情况下都会按照道德规则去行事。这就是维护道德困境。由于形成过程的困难，通过教育培养道德并不容易。但是虽然困难，直觉思维也并非不可改变。这种直觉、快速、无意识和无须努力的行为，很多时候是习惯性的。直觉思维与审慎思维的训练是基于不同的学习模型的。学习理论大致可以分为两类，即强调行为和联结的理论，以及强调认知和建构的理论。行为联结论者，如爱德华·桑代克、伯尔赫斯·弗雷德里克·斯金纳等，强调两个概念或者两种事物（即刺激与反应）之间的直接联结，这种联结一旦建立，在刺激出现的时候，反应自然发生。这种刺激与反应之间的联结是快速的、无须仔细思考就会出现的。因此，这适合直觉思维。而认知建构学习论者，如阿尔伯特·班杜拉、爱德华·托尔曼等，莫不强调刺激与反应之间的心理过程，或者说认知。即刺激不直接导致反应，刺激导致心理认知这一刺激，而认知再产生对应于认知的反应。这个中间的认知过程，实际上即人们的心理加工过程，它可能是无意识的，但通常情况下是有意识的，如建构理论所说的将新学到的事物有意识地和原有知识结构联系在一起，找到所谓上位或者下位知识。这种找寻的过程本身就是一种逻辑的、理智的加工过程。我想道德的培养在于联结，爱国也一样。

第二，强调情境和情绪。情境的作用我们就不赘述了，当人身处某种环境或者被赋予某些角色时，会不自觉地受到情境和角色的影响。其实我们的爱国主义教育在这方面做得特别好，我去过中央党校学习，去井冈山实地受过声情并茂的感染，这比单纯说教和简单阅读有更大的作用——故事有强大的力量，这都是情境和情绪的作用。道德教育是否也应当教育人们如何创设良好的情境？创设情境是一个完全可以实践的内容，比如我们如何营造适合人做出道德行为的良好氛围？如何让城市变得更加明亮、干净、整洁？公务人员的日常办公环境需要如何布置，他们的着装又应以什么颜色为主？这些实践是相对容易的。但是问题在于，情境并不系统，甚至经常是琐碎的，如何教导人们系统地学习情境的创设，是个严肃的问题。

第三，强调认同和价值。审慎思维的实质很大程度上在于自我验证。自我验证的动机是一种强大的人类动机，它强大到当一个人面对提高自尊的机会时，如果这个人是低自尊，依然会首先选择自我验证以验证自己的低自尊，而不是去寻求自尊的提高。自我验证究竟验证的是自我的什么？很多情况下是认同。强化道德认同的程序很简单，让学生在9周的课程时间内，每周花1分钟思考自己与某种美德的关系，然后花至少5分钟写一篇关于自己如何体现这种美德的文章，9周写9种美德，就能强化学生的道德认同。这个道理就好像镜子前的人会比不照镜子的人更加道德——即使看到一双假的眼睛看着自己，我们也会更加道德。道德认同的教育就像让人不断照镜子一样。实际上，认同甚至是最有效的人格改变途径。当然，是否认同越多越好？可能也不是，认同也存在一个度的问题。当一个人做了道德的事情，有了“我是一个好人”的认同之后，通常情况下他会放宽一些对自己的要求，觉得自己做一些坏事也无妨，这叫作道德许可。也就是说，每个人心中有一杆道德之秤，做了好事的人会允许自己做坏事，而做了坏事的人需要做好事来弥补，使秤达到平衡。这可以解释为什么有些道貌岸然的人满口仁义道德，而私下里却能干出“吃人”的事情——因为满口仁义道德使他们获得了道德许可，让他们能够心安理得地干坏事。所以，在教育的时候，力求少给他们道德许可，但是多提醒他们道德认同。即要让他们有道德认同的意识，但是认为自己还没有达到可以进行道德认同的程度，让他们时刻与自己的理想化道德自我进行比较；同时又不对他们进行道德上的奖励，少给予他们道德许可，比如不应告诉他们“你是个道德的人”这样的话。

上面的原则是我之前进行道德研究时提出的，我想它也一样适合爱国主义教育。多说一句，其实心理学家也区分建设性的爱国主义和盲目的爱国主义，这二者的区别在于是不是容忍对国家的批评。盲目爱国主义认为无论何时、何种情境，我们都不可能犯错；而建设性爱国主义则可以容忍批评，初心是让国家能够不断进步，越来越好。我们很幸运，可以建设性地爱国，不断深化改革就是为了不断进步。我想起我读书时华中科技大学校长李培根对母校感情的阐述：“母校是你一天说八遍但不许别人说的地方。”我们赞颂祖国，更当理性思考如何让它变得更好。

我想，我们都可以体会艾青的句子：“为什么我的眼里常含泪水？因为我对这土地爱得深沉。”

18 拜年、祝愿、感恩与希望

除夕那天，我收到了几百条拜年信息，如果算上群信息，大概有几千条。我想起刚有手机那会儿自己战战兢兢给别人发送祝福短信时字斟句酌的样子，发完后又时刻焦虑地等着回复，从回复语气和间隔时间里体味人与人的关系。给老师发是这样，给喜欢的女孩发也是这样。你谈过恋爱就知道那样惴惴不安的猜来猜去和自我验证的百转千回都是爱情最美的时候，彼时那是痛苦，此时却是一笑会心，笑当时年轻，也笑现在不再年轻。

现在不会。因为我终于想通，也许真诚才最可贵，毕竟当拜年成为一种维系社会关系的纽带时，它就失去了想要真诚表达祝愿的初心。应景的词汇和表达永远没有表达的人多，精心雕琢的语言因为十几亿人的复制粘贴变得滥俗。这种时候，再多的修辞也会显得刻意，还不如简简单单的表达。本质上我很害羞，也害怕社交，很少主动去表达。但凡表达问候，那确是真心。

亲戚很焦虑，因为不知道从收到的信息里挑哪一条来改个名字群发好；朋友也很焦虑，因为想要作诗体现才情却一年一年地江郎才尽。大家问我，我说没有必要焦虑，发你真的想问候的人，说你真的想祝愿的话，表达你真的想表达的情感，不就好了？重要的是让人感受到真诚，不是内容，也非形式。他们问我发多少人，我说屈指可数，因为朋友间其实不必，嘻嘻哈哈惯了，仪式反而显得生疏，我只发给真诚感恩的师长，或群里或私聊或朋友圈留言皆无妨。

以我的背景知识，心理学很少有拜年的研究，其实这是个好的研究对象，它反映了个体、群体、媒体、社会和文化，甚至还有变迁。对新年许愿“种草”下决心（resolutions）的研究不少，基本结论也都指向失败，比如九成人无法坚持完成、咬牙下的决心半数都过不了一个月等等。想想我们有多少虎头蛇尾的笔记本，又办了多少张预先充值却很少用的卡，你就会明白。

拜年其实还不是下决心，而更类似祝愿（wishes）和问候（greetings）。单纯研究愿望的文章真是不多。我印象中劳拉·金做过，找来这篇 20 年前的文章，看了原文后发现其实还挺有趣。不过文章主要是讲自己许愿而不是给人祝愿，主要方式是许下 3 个愿望，像阿拉丁神灯一样。文章发现，人的愿望大致就这么几类：成就（例如成为奥运水准的运动员）、归属（例如成为万人迷）、幸福、亲密（例如家庭和谐）、权力（例如留下历史印记）、金钱、利他（例如世界不再有饥饿）、健康、宗教（例如人人信主）、自尊（例如成为乐观而打不垮的人）、安全（例如有充足庇护）、容颜（例如再高几厘米）、复旧（例如子欲养亲还在）、食品（例如永远都能吃到中国菜）、性。

以上顺序是这类愿望出现的频率，男性的愿望中会有更多的权力和性，而女性的愿望中会有更多的容颜、幸福和健康。更有趣的是，不同的人许不同的愿：外向的人更希望与人联系、保持高兴，神经质的人更希望他们情绪稳定等等。总之，一种人格特质的人许下的愿望会反映其性格。之后有些大型语料库研究也发现了类似的祝愿分类，所许之愿无非爱、性、钱、权、幸福、健康、和平等等。

如果愿望实现了，就得感恩，许了愿就得还愿。顺便说一下感恩。之前某一时间，我加入了各种“夸夸群”，因为是老师，各种群里和我打招呼的人很多，我很快便习得了夸夸群的精髓，那便是夸出高度、夸出角度、夸出自由度、夸出新奇度。我是个喜欢开玩笑的人，这种以有趣的方式展现自己创造力的活动我非常擅长。刚进群的第一天就被本地报纸采访，我说它也许不是坏事，这需要更多观察，人们的情绪也许可以多一个出口，这些夸赞也许可以减轻一点点压力。当然，夸赞是向陌生人求来的，你可以判断它的动机并非主动的，因此实际上效力有限。人们感到更多的也许是趣味，而非收获真诚夸赞时的喜悦与自尊提升。因此，当时我判断夸夸群的走向可能是，随着新鲜感的下降，参与者变少而沉默者变多，少数参与者产生绝大多数内容；同时，夸的内容从单纯的夸变为抖机灵的段子。据我观察，随着时间推移，确实有这样的现象发生，我加入了十几个夸夸群，其中不少现在一天产生的内容已经少于 10 条了，对每条内容的反应也变差了，简言之，参与者情感适应并习惯了。同一时间，我也加入了“喷喷群”，因为是老师，进入喷喷群的时候，同学们对我有所防范，纷纷表示上面的话不是他们说的，各种推诿。其实文明地“喷”也没什么，我只是进来看看。为了成功地置身其中，我也得偶尔“喷”一“喷”，展现自己的求生欲。当然没有人真的敢把我踢出群，我每天都观看其中的内容，其实发展应该与夸夸群相似。我直觉地认为这是非常好的研究对象，但是经过思考，我放弃了拿这些群做研究的想法。其实没有必要，因为不知道它是否能长久，是否会变成稳固的组织形态。我猜想，不会，当然我很希望自己被驳倒。而夸夸群的实际效果——因为没有去做研究，我只能说自己和身边同学朋友的反馈——就是积极的效用相当有限。

直觉便知，我们关心更多的不可能是陌生人的夸赞，而是重要他人的夸赞；我们关心更多的也不可能是被动求来的夸赞，而是主动有意图的夸赞。作为教积极心理学的老师，我想哪怕不做研究，我也有责任让学生更加幸福，或者平时感受好一点，也算我为社会做贡献了。想了想，我就在当天提出了建一个感恩群的计划。但是我猜想这不会容易，因为相比于夸，感恩首先可能会很私密，不知道大家是否能够分享；其次，感恩是一种主动行为，是表达自己，相比于夸，感恩的互动性比较差，互动性差则很难维系交流。作为受中国文化熏陶的人，我们真的不大在口头上感恩。中国人挺羞涩的，我自己就很难说出感恩，哪怕心里真的暖暖的，也说不出来。我们从来是大恩不言谢：“我心里知道，我会知恩图报，你就等我涌泉相报的时候吧。”说出来好像就假了，就功利了。西方人有感恩节，我们也没有。我们活得挺抽象的，似乎很少去体会生活中那些细微的美好。

我在我课程的群里问了问同学，没有得到多少积极反馈，但是好几位同学私下跟我说他们会分享自己的感恩故事。我试着建了一个感恩群，课上的同学大约有 1/3 加入其中，然后大家也拉了一些其他同学加入，一天之内有了近 200 位成员。积极心理学的有序组织会有类似的感恩群，但是我觉得它们过于正式，感恩变成了任务，可能还不如我这样的形式。这样形式的感恩应该也是首创的。

结合积极心理学的研究，我写下了一段群公告："致各位群友：本群的初心就是想让大家生活幸福一点。根据积极心理学的研究，表达就能让人更幸福。但盲目的夸赞其实对人影响不大，表达还是要诚恳，不然就是抖机灵。我想我们可以表达这些内容：（1）感恩的事情：表达你想感恩的人和事，越具体越好。也许它很私密，也许它是针对某个人的，而对象并不在群里，但是没关系，私密的人和事可以用符号代替，表达你想表达、能表达的就好。（2）快乐的事情：表达生活中快乐的点滴。仔细体会生活中让你感到快乐的时刻，告诉大家。（3）宽恕别人的事情，或是你对伤痛的品味，当然也可以隐去细节。（4）你对未来脚踏实地的希望。（5）想充满感情地对你爱的人说的话。（6）任何可能积极的事情。我想，我们避免这些内容：（1）不诚恳地抖机灵。（2）不切实际的"鸡汤"。（3）任何不尊重别人的行为。这只是一个想试试表达的积极效果的心理学科学实践群，特别希望大家真的试试，也特别希望大家自发生产的内容能引起互动。"起初我以为不会有很多人在群里说话，但是接近一周后，我发现我错了，群里还是很活跃的，虽然互动性确实不如夸夸群，但大部分人确实是在认真体会生活中的美好，并表达和记录下来。我询问了一些表达感恩的同学，大家普遍觉得有用。本来我打算做一些研究，发点问卷，不过似乎这样就不纯粹了。我想，就让它自然地发展下去，让感恩的大家都能把自己的生活变得幸福一点吧！

再说说希望。希望（hope）和愿望其实又不一样，因为“愿望”更加飘渺，而“希望”则需要脚踏实地。新年的时候，对别人似乎适合送上祝愿，而对自己则更应该是希望。我很少鼓吹希望，因为这听起来很像“鸡汤”，不过没有希望确实不行。我们首先活在心理世界中，这是第一性的质，我们对外在物理世界的加工首先反映在心理世界上。所以，你如何看待这个世界和未来，其实也就决定着你现在会怎么做。很多相关研究发现，有希望的孩子学习好、体育好、身体好、品德好、适应好，德智体美劳全面发展。施耐德有个希望理论，他认为希望有三个部分：目标（goal）、手段（pathway）和动力（agency）。

目标很简单，我们都知道这是何意，很少有人没有目标，但是很少有人真的能说清楚目标。我很希望自己“没目标”地活着，只为多了解些知识，但是这听起来也就是目标。有好几次同事让我帮他介绍对象，我问他有什么要求，他说没要求，随缘。类似这样目标不清晰的希望，自己都没法实现。所以目标必须清晰。

手段也简单，就是达成目标的方法。早几年，有人告诉我，有同事做出了能得诺贝尔奖的成果，至少也是国家科技进步一等奖。我想同事因此被强行套上了一个最高目标和一个最低目标，这种“理想自我”一旦没有达成，他难道不会焦虑吗？你们这样宣传真的好吗？给自己定一个“蹦一蹦能够得到”的目标，是维果茨基教育孩子时提出的“最近发展区”的理念，我觉得这能很好地让人选择自我实现的可行手段。所以手段必须切实。

动力，我觉得最重要，也最容易被忽视，这其实就是能动性。人之所以为人，很大程度上是因为我们有自由意志，或者认为自己有意志，能按照自己的意志去行动。我在这里说“行动（action）”而不是“行为（behavior）”就是因为前者更加主动、有意志，而心理学常用的“行为”更加被动，有决定论色彩。我想挣钱买个50万的房子，这个目标很清晰；我知道去工地搬砖一年能净挣5万，不考虑其他因素，10年我就能买到房——这个手段也很可行；但是我就是不想动啊，我就是没有活力。一想搬砖我是挺兴奋的，但是第二天早上我就是起不来，就是没活力。估计开心、做选择，都能增加我们的动力。但要想有希望，至少动力必须充盈。

无论是希望还是祝愿，都是为了面朝未来春暖花开，无论弗洛伊德还是华生，都是在讲过去、早期经验或者先前刺激反应联结对现在的影响。其实未来也重要，尤其是它还实用。仔细想想可以实现的未来，把它写下来，5周内重复3次，能有效增进幸福感。注意，是可以实现的未来，不是白日梦，白日梦有坏处。要是你现在不开心，那就试着用未来的自己来看看现在，时间拉远更加抽象，你多半会觉得“风雨中这点痛算什么”。

从拜年说开去，聊了许多。几年前的初一，我在老家写自然科学基金申报材料，看着外面土地庙前插着的红旗，写了首诗：

杆拉着旗子
笔笔直直，一丝不苟
我问它为何
不知道，却不忧愁
旗子说自己爱自由

如痴如醉，不眠不休
风起的时候
它想随风而走
我问它的颜色
它摇摇头
羡慕杆的简单
爱恋它的娇羞
它朴素，它敬畏
它幸福，它无忧
明年风来
我问旗子
走还是留

还有一年的初一，看完春晚，我填了首词：

雪霁风息冷无声，梦醒榻边书尚温。不知清晨近黄昏。
蒙启三生谁人信，浅浮却知戏倾城。可怜饿死尽书生。

我知道你们看出来了，我大抵不是个容易在新年掀起高潮的人。用我给另一个心理服务机构题的打油诗来结尾吧：

理尽穷通能几人，心知善恶皆一身。
霜鬓何妨思犹在，待与诸公学作文。

19 三天不写手生

我很喜欢非学术性的写作，这不是因为我作文满分就爱炫耀，只是因为表达性写作可以切实地带来乐趣，也可以缓解压力。笔和文字才是人思想最好的表达，人总会死去，但文字永存。于我而言，最无法被夺去的就是我的想法和笔。我总是在盘算着，当人生经历足够丰富时，我会去写小说，那是比做个研究者更加吸引我的工作。我趁着假期把公众号里上学期本该写完的积极心理学内容给补完，给自己心里的一件事情画上一个句号。别小看这种心理过程，有时候仅仅心理模拟一下，就有实际效用。比如积极心理学家发现，如果你心里有伤痛，不妨把它写出来，同时找个信封“把往事尘封”。注意，请真的把信封的口用胶水封住，当你按压封口让它粘紧时，心里更可能放下那些不快的往事，这种仪式让你心理上更可能终结一件事。我的终结需求很强，一件事情没有做完便会导致其他事情的拖延，这让人很苦恼。

写作写什么？当然什么都能写，不过我更加建议把情绪写出来，无论积极的还是消极的。心理学家柳博米尔斯基对此有很系统的研究，我觉得这几项研究非常有趣：第一项，两组被试，一组把最痛苦的经历说一遍，然后就此和研究者长谈；另一组把最痛苦的经历说一遍，然后说别的。研究发现，那些对痛苦经历有思考的人更加幸福。第二项，三组被试，第一组每周写 5 件感恩的事情，第二组每周写 5 件恼火的事情，第三组每周写 5 件随便什么事，几个月后发现，感恩的人更加幸福。第三项，三组被试，第一组写出对未来美好的幻想，第二组写出创伤，第三组写出当日计划，几个月后发现，写出幻想的人更加幸福。第四项，两组被试，第一组让他们想想所爱的人，然后花 20 分钟写为什么她对你如此重要；第二组就平静地写出你和爱人之间的事情。5 周内重复 3 次，会发现第一组更快乐，压力更小，胆固醇水平还降低了。还有很多类似的研究，我只是举个例子，实际上，你能写出来的都是你的情绪。

我想由此谈一谈几种在写作中需要注意的重要积极情绪。

第一种情绪是感恩。对人类幸福和健康来说，最重要的两种情绪便是感恩和宽恕。我们不愿意说感恩，都在心里，这是文化差异。在美国和欧洲，越来越多的医护人员和教育工作者将感恩和宽恕用于学校和医院中的社会实践，使人们健康快乐，这是一个心理学能实实在在做出贡献的领域。其实感恩之情是你自己无法控制的，它是对发生在自己身上的事情感到惊喜和感激。达尔文早就描述过感恩，他在旅行后便对自然界的鬼斧神工无限感恩。亚当·斯密也将感恩形容为将经济与社会黏合在一起的胶水，这会降低自己对他人的剥削。感恩的感觉强化了互惠和信任他人的欲望，也解释了我们与非亲族成员、和我们没有共享基因的成员是怎么建立起信任关系的。罗伯特·埃蒙斯和迈克尔·麦卡夫的经典研究就是就此展开的。他们想知道感恩心态是否能促进人的健康与快乐。他们从大学生的日记开始研究。在一种条件下，他们让学生写下今天需要感谢的事情。第二种条件下，他们让学生写下自己抱怨的事情。第三种条件是一个控制组。他们测量了这些学生 3~6 周后的健康水平，如头痛、消化问题、背痛等，还测量了主观幸福感。结果发现，只有感恩组的健康和幸福得到了很大的提升。

感恩也是一种道德情绪，它使你对那些帮助过你的人产生感激的情绪。埃蒙斯和麦卡夫觉得感恩作为道德情绪有三个特征：第一，感恩是我们掌握良好互惠关系的晴雨表。当我们对他人感恩的时候，它告诉我们这是一种互惠与信任的关系，这可能发展成长期的关系。第二，感恩是利他行为的动机之一，尤其是慷慨和互惠。研究者询问人们是否愿意帮助他签署一个请愿书，如果他在交谈的时候说了“谢谢你”，那么别人就更可能会帮助他。另一位研究者让人们玩经济游戏，在游戏中可以竞争也可以合作。如果实验者趁你不注意在你背上拍拍的话，你就更可能合作。第三，感恩是合作行为所带来的奖赏。你总会发现服务生在账单上写“谢谢”，他们这是先发制人，以求你的慷慨。当他们在账单上写下类似的话时，人们会将他们的小费涨高 11%——他谢谢我，那我也要谢谢他。在一项研究中，儿童被要求去拜访和帮助老人，他们再次去帮助老人的平均回访率为 43%；如果老人给他们一张“谢谢你”的字条，就会有 80% 的人再次提供帮助。这张感谢字条居然导致回访率的 2 倍增加，正是感恩驱动了合作行为。

那么，是不是我们培养自己越多的感恩越好呢？柳博米尔斯基想知道如果你尽可能多地对别人表达感恩之情会怎么样，幸福感会不会飙升。她的实验有两种条件，在一种条件下，她让人们一周写下5件他们需要感恩的事情；第二种条件下，她让人们每天都写感恩日记。她发现，每周写一次的人健康和幸福感能得到提升，而每天做此事的人对思考感恩之事感到了厌倦，第4天开始，他们就不想再看到或者听到有关感恩的任何东西了。因此适度的感恩才对我们有益。练习感恩还能降低血压。如果你让孩子时常心怀感恩，这会改善他的同伴关系，提高他的学习成绩。因为这减少了孩子的学习压力，孩子就会更加平静，学习更加刻苦，考试更有想法。研究发现，对对方心怀感恩的情侣能从另一半那里得到感恩。在控制了爱和其他一些因素之后，可以发现那些给予和接受感恩的人是最快乐的。最有趣之处在于，其实那些对他人心存感恩的人比那些被感谢的人要快乐。对员工的研究也发现，如果你给他们加薪，那么你的生产力会提高23%；如果员工们心怀感恩，那么生产力也会提高20%。因此作为领导，让下属对你心存感恩其实与金钱诱惑同样有效。

第二种情绪是宽恕。宽恕必然有益。没有谁的一生不会遭遇不愿遭遇的事情，谁都会有很多宽恕或者不宽恕的机会。你也许会宽恕欺骗了你的下属，或者给你穿小鞋的上司，或者恶意诽谤你的同事，或者对你不忠的伴侣，或者袭击了你的罪犯等，当然也许你不会宽恕。宽恕有4个成分：首先，你能接受别人犯错，认为这是人性的一部分。其次，在你的心中，你并不想复仇或者惩罚，你拂去了这些反击的感觉。再次，当有人伤害了你时，你会有种排斥他的倾向。为了宽恕，你就必须愿意再次见到这个人，这很重要。最后，你必须对冒犯者表示同情。这很复杂，包含着从那个伤害你的人的角度来看问题，并且深深反思。你还需要共情，体会这个人就像你自己一样，了解他与你有着同样的欲望，并去知觉当他伤害你的时候也与你有着同样的感受。这不容易，其实也不一定应该。所以，冒犯都应该和解吗？如果你处于一种恶劣的关系中，有人深深地伤害了你或者你的孩子，并且你判断他还会做出更多伤人行为，那么你就必须离开而不去宽恕。研究发现，大约有 3%~5% 的冒犯不应该再和解，因为这很危险。这个概率不高，但是一旦发生，就非常令人生厌。

其他情况下，为了宽恕，你就必须改变你对冒犯者的态度，改变你对这个人的知觉。研究者会试着让你想一个你仇恨的人，将注意力集中在他身上，然后控制你对他的负性情绪，用同情的眼光来看他。如果你满怀愤恨，那么你的心率和血压就会上升，当它们维持在很高的水平时，就会很危险。如果你有体会，那么你会气得发抖，是真的抖。同情地看待这个人，宽恕他，反而能使身体平静下来。研究者在研究家庭和伴侣中的宽恕时，考察了他们每周所犯的错误以及对错误的宽恕，在控制了关系中的许多特征，例如性背叛、欺骗的发生后发现，如果伴侣之间能互相宽恕，就会增强伴侣的幸福感并增加亲密程度。冲突在浪漫关系中不可避免，尤其是当孩子很小的时候，父母间的冲突最为严重。父母在孩子面前应该如何处理冲突呢？孩子应不应该看到他们的冲突？现在的父母总是倾向于不让孩子看到他们的冲突，在孩子面前装出一切都好的假象。其实这就是个错误，如果你让孩子看到了冲突，但没让他们看到和解，孩子就会变得更加有攻击性。如果你既让他们看到了冲突，又让他们看到了和解，他们在学校中就会表现得更好，也会更加淡定从容。

对政客的研究还发现，当政客们花了很长的时间不断地道歉时，他们就更容易被宽恕。如果你犯了错，马上就说对不起，人们反而会更加喜欢你，然后宽恕你。政治家容易和解，因为他们眼里没有永远的敌人，只有永远的利益。西方有些国家对犯罪有一套和解与宽恕程序。通常犯罪行为的受害者会对发生的事情做一个陈述，但与罪犯并无交流，罪犯被判了刑之后就去坐牢了，两人就再也不会见面了，这其实并不利于和解。美国和欧洲有很多这样的项目，让受害者面对面地和罪犯坐在一起，然后罪犯开始承认自己的罪过，并承担责任，再试着减轻受害者的伤痛。同时，许多社区成员也来见证这一过程，罪犯会承认自己的罪恶并道歉。当然你可能会说“如果道歉有用还要警察干什么”，但这对于社会治理有更好的作用。受害者因为受害，会倾向于认为系统并不公正，他们在参与项目之后有多次可以表达自己复仇冲动的机会，然后他们就更可能宽恕施害者，并更加感到司法程序是公正的。同样，罪犯在经历道歉之后，在今后的生活中重复犯罪的可能性也会变小。不要高估这件事情的难度，人类其实有着极强的宽恕能力。我在中国很少看到这样标准化的司法流程，其实我们应该这样做。

第三种情绪是尴尬。宽恕是因为有冲突。冲突无处不在，动物的同胞之间甚至互相猎杀，人类也好不到哪儿去。研究发现，有 2 个到 4 个子女的家庭，子女间每小时就会有 6~10 次冲突，平均每 8 分钟就会有一个子女与母亲发生冲突。算起来，大概每隔 4~5 分钟就会有一次冲突。冲突也是婚姻的一部分，因为夫妻双方的朋友、交流方式等都不相同。十几年前，大约就只剩 50% 的婚姻可能美满幸福，半数婚姻破裂了，那些不开心的伴侣每天发生直接冲突的时间总计长达一个半小时。工作中、浪漫关系中、同胞之间以及其他很多关系中都充满冲突。当夫妇们有了孩子的时候，每晚平均就会有 5~6 次冲突，冲突早就是生活的一部分。用进化的观点来看，在需要竞争、抢夺资源、讲究关怀的复杂文化中，我们人类并不能用自身的退却来解决冲突。缓和的宽恕是一种方式，尴尬是另一种方式，这都是为和解做准备。弗朗斯·德瓦尔对猩猩的研究告诉我们，猩猩在冲突中为了和解，会有计划地花更多的时间和其他同类在一起，摆出它们开放性的姿势，鞠躬，低声下气，露出它们颈部致命的部位，展示它们的屁股。展示自己易受伤害的部位的猩猩，会被其他猩猩所安抚。猩猩会在战斗高潮时表现出屈服，展示出它们身体最薄弱的环节来示弱，等待双方平静下来，然后再去试图找到双方的联系。这是因为灵长类动物通常强健有力，能够在争斗中杀死对方，因此它们需要用最小的暴力来解决问题。它们会去不同的地方，平静下来，然后再重归集体。你想想你和伴侣吵架是不是一样？让自己先静静，然后再来和解。露出软肋便是尴尬。

加州大学伯克利分校的心理学家达契尔·克特纳给学生听一个 110 分贝的噪声，让他们产生焦虑感。学生慢慢才能从焦虑中平静下来，他们会口齿不清，往天上扔铅笔，或者意识到自己把自己弄湿了，所有这些都被研究者拍摄下来。60% 的人会感到尴尬，然后给出一个持续 5 秒或更久的尴尬表情。尴尬有其独有的模式，他们会低下头，看下面，露出羞怯的笑容。当我们打趣别人时，尴尬就表现出来了。约有 1/4 的人会摸摸自己的脸，通常还会耸耸肩。狼和灵长类动物在冲突时都会暴露出自己的软肋，它们露出自己的脖子，而其他动物便开始接近它们。动物和人一样会盯着自己讨厌的人看，这是一种表示你将离开这一情境的方法。尴尬之笑一如灵长类动物摸摸自己的脸。为什么我们要摸自己的脸？这可能是因为尴尬让我们强烈地感觉不到自己存在了，想找个地缝钻进去，所以我们会摸摸自己的脸来提醒自己仍然存在，这是一种防御性姿势。当人们尴尬时，还喜欢咳嗽。为什么我们这样做呢？这和动物一样，不就是露出破绽吗？我们还会表现得像自己的肩膀受伤或者走路踉跄，这会引发同情和宽恕。我们在生病或者虚弱的时候更加不堪一击。人们更喜欢那些犯错之后还表现出尴尬的人，更能原谅他们。如果我们表现出了尴尬的表情，脸红或者坦承错误，便能博得宽恕。对方更可能会说：这没什么大不了的。

前额叶受损或者不善社交的人在做错事之后少有尴尬之意。眼眶前额叶皮层受损的人做了不合适的事情也丝毫不会尴尬，让他们去调戏一个陌生人，这对大多数人来说都是一件尴尬的事情，但是哪怕他们的所作所为十分不合时宜，他们也毫不尴尬。尴尬的信号可以让别人觉得你是值得信赖的，而且觉得你们还有合作的余地。你表现出尴尬，别人就会更喜欢你。文学作品中，总有这样一个时刻，男与女在宴会上偶然邂逅，她的脸马上羞赧而红，于是他们坠入爱河，缔结婚姻。那个脸红的尴尬就提示了之后会发生的事情。为了让别人喜欢我们，我们经常讲违心的言论，这是一种自我欺骗，如果被戳穿，让我们在他人面前感到尴尬，其实是一种积极反应。无论在世界上的哪个地方和陌生人打交道，都有发生冲突的可能，因此会产生很多尴尬的情形，但这不是坏事，表现出尴尬就能帮你缓解冲突，所以尴尬是个积极情绪。我最尴尬的时候莫过于别人称赞我的时候，我会不知所措，仓皇地说“没有没有”。我也不知道为什么我在面临称赞时不能大方说句“谢谢”，也许拒绝称赞的尴尬也是一种示弱，是为拉近人际距离所做的努力。

第四种情绪是同情。同情是给需要帮助的人一些关心，它不是共情，共情是指理解他人并将他人的情绪投射到自己身上。同情是不是一件好事其实说不清楚，我对于他人的同情非常谨慎，因为同情有一种预设的优势心态在其中，有时候值得同情的对象却不愿意被同情，因为这似乎在暗示他们是弱者，他们还会错误知觉到你的轻蔑，这损伤自尊。很多竞争性的书教导人不要去同情，说那是“妇人之仁”，会减少成功的可能性。但是同情确实发生在我们的社会生活之中。同情与迷走神经相联系，释放催产素，让你的资源能被他人公开使用并使你由之获益。在进化中存活下来的人一定能识别出他人的同情，并由此得知谁是值得信赖的、与谁能建立合作的关系。同情是能够使我们获益的，是一种能将我们做善事所带来的损失转化为收益的方式。同情能获得奖赏，因为同情情绪产生时，大脑的奖赏区域伏隔核会被激活，这和吃巧克力、看到美景或者想象获得金钱的时候大脑的激活差别不大。同情他人的时候，自我和他人的边界就被消弭了，这会导致我们道德圈的扩大，它能改变我们对自己和他人的定义，能将关爱他人带进一个有益的循环。于是我们开始关心他人，也做出利他行为，同情使你感到和他人更相似，感到与群体中的人联系更紧密。同情和自豪不同，同情让你觉得和弱势群体更加相似，而自豪让你觉得和强势群体更加相似。更具同情心的父母能教出更健康的孩子，更多的肌肤接触、眼神交流、同情和爱的感觉能使后代有更高的幸福感。人类的“八卦”活动通常也都是在谈论那些不善良、不体贴、不具有同情心的人，而富有同情心的人有着更好的社会关系。同情带来的最重要收益并不是你会赚很多钱，而是你会活得更长，有更好的人际关系，更幸福。

如果你想多赚钱，那同情可能并不适合你，因为同情意味着你要让他人共享你的资源，这有一定的风险。我们都知道农夫与蛇的故事，很多人也经历过被自己同情之人伤害的事件，恩将仇报并不是戏曲小说里才有，它就是生活的一部分。但同情能通过进化保留下来，说明前面说的益处还是大于风险。同情很奇怪，它能进化成一种强有力的社会情感，使我们在对待非亲族时一如对待我们自己的亲族。这可能是因为同情更多地是为了集体生存，如果有人同情你，那么你们就有可能共享资源，做出承诺并精诚合作。作为一种他人导向的情绪，同情只有在有他人和群体的情境下才会有意义，因此这种情绪的识别、传染、扩散和本身的积极性尤为重要，它必须在群体中才能得到广泛传播。也许同情能帮助人们在充满各种群体的社会层级中进退有序，作为一种策略，它还能让你融入群体。同情的表情类似困惑而难以识别，声音还好一点，但识别率也不是很高。有趣的是，同情能够通过触摸识别。如果让你到实验室里蒙着眼睛接受他人手指简短的触摸，猜测他们想传达的是什么情绪，同情能被识别。人们能通过两秒钟的触摸区分出爱、感恩和同情。同情的传递是一种安慰性的触摸，而感恩则是抓住或者握住，表达谢意。当然中国文化是个低接触文化，就算安慰他人，我们也不大好意思将手放在他人身上，如果你们关系不很亲密，那就相当冒犯。有趣的是，研究发现，触摸交流中有两种很大的性别差异。当女性向男性表达愤怒时，事实上没有任何男性在当时能正确理解；而当男性向女性表达同情时，女性也几乎不知道他们想表达的是什么。所以同情会被当作“妇人之仁”，愤怒会被当成“匹夫之勇”，是有原因的。除了触摸，同情也能依靠其他方式传染，比如听到一个婴儿哭泣，那么另一个婴儿也会哭泣，但是如果婴儿们只是听到自己的声音，他们就不会哭泣。两个随机选择的大学生室友共同生活一段时间之后，会有体验相同情绪的倾向，他们也会对同样一件事情表示同情。

这几种积极情绪都值得回味，我的意思是，它们都值得你好好记下来。那么写作要注意些什么呢？我觉得至少要知道这些基本的原则：

第一，任何写作都得由心出发，即它是你想写才写的。这可以培养。就如我写文章无法中断，一旦中断必然烂尾，我很少能再接着写下去。这种由心出发、有想写的欲望才进行的写作能让你不至于无事可写，也不至于写出来的文字都是假大空的废话。文字一旦假而空洞，便失去了能够打动人心之处。写你自己的情感，无所谓文笔、工具、载体，尤其写下你对这些情感和引发情感的事件的感悟，无须怕你自己的感悟不够深刻，这不是思想汇报，这只是你对生活的想法。

第二，任何写作都是为“我”而写，即这些写作是为了自己而非他人而写的。如果你想给别人写封感谢信，或道歉信、宽恕信、安慰信，那么你写完就行，甚至不用寄出去。写这些并不是为了增加社会性作用，如果有，那也只是副产品。你想把这些信发给写信的对象也行，不发给他们也行。总而言之，这是为了自己的心理幸福，这个时候和他人关系不大，他人只是载体，写你自己的信就好，哪怕是写给别人的信也无须一定要送达别人。

第三，任何写作都可极尽私密，即如果你不想任何人看到你的写作，那就藏起来。没必要觉得“我没有写坏事，却不敢给他人看”，自己还要责备自己。藏日记的方式我猜你从小就习得了，除了给本子装个锁之外，你还可以在电脑不起眼的地方建个名字莫名其妙的隐藏文件夹。当然，你可以分享，也可以不分享，我猜只要你写下来了，这个过程便可以使你快乐一些。

第四，任何写作都需适可而止，即写作一定要审慎思考，但也一定要防止情绪的泛滥。审慎思考就是一定要写出思考，否则对幸福感的提升没有那么大，尤其是痛苦的事情，只有写出自己的思考和理解，才能减缓负面事件给你带来的心理伤痛。防止情绪泛滥是指，负面情绪当然不能过量，因为负面情绪本身就容易反刍，所以写作必须跳脱于外来思考；积极情绪也不能过量，极端积极也是非常可怕的，打多了“鸡血”也是会死人的。我们肯定都见过过于积极的人，哪天他要是遇到了事情垮掉，那可就真的垮了。

第五，任何写作都怕“去做”二字。说很容易，但是真的去做却很难。其实记录是件重要的事情，那是你自己的历史和你私人的“大数据”。对别人不重要，但是对你来说就是一生，你也只能活这一生，人年纪大了，怀旧总得有点依托，万一你万古流芳了，也得有点个人史料去记载。历史遗忘人是很快的，没有记录，遗忘就在眨眼之间。每次我上完课问听课者是不是回去写了，大部分都回答：“我倒是没写，但是我让孩子写了，我每周检查。”每每听到这话，我都感觉课白上了。

写出自己的情绪并不是图个乐而已，想要幸福一些，也可以真的动手试试看。比如我推荐你找个日记本，这样来写日记：

周一：憧憬一下美好的未来，尽可能符合实际，然后把它写下来；周二：想一个重要的人，充满热情地给他写封信，可以不寄出去；周三：如果这周有痛苦或者困惑的事情，把它写下来，尤其是自己对这些事情的感悟；周四：写下5件这周值得你感恩的事情或者你所做的好事；周五：这周若有人引起了你的不快，给他写封宽恕信，可以不寄出去；周六：回忆一下这周快乐的事情，无论大事小事，都可以随意地记下来；周日：今天就别写了，好好去玩吧。

20 快醒醒，该吃安眠药了

前两天，我连上了几天课，学生的反应很好，好多都贴在朋友圈里，普遍反应就是我是个段子手，给我做视频。这几年我习惯了这样的评价，好像自己很幽默，以至于下课的时候，好几位同学问我（因为他们都是要给人上课的老师），我的授课风格是怎么变成这样的。我都反问："你说呢？"他们几乎都说："我觉得你就是这样的人。"可不是么，我就是很随意，从第一次给清华经管专业的学生上心理学概论开始就是这样。我听见过有人说我其实是剧本写得好，我都笑笑。你要这样想那真是外行，哪里有什么特别的剧本？我从来没有一字一句备过课，谈笑风生其实不容易，接得住话题、来得了"现挂"、把握得好节奏，这都不是容易的事情，除了抖抖机灵，还需要很好的知识储备和反应，这些都更重要。

也就是前两天，我同一个老师吃饭，她告诉我她教育自己孩子以后做点高层次的事业，她几岁的孩子回答说长大以后要去说脱口秀。我不经常看娱乐节目，不过我知道脱口秀演员最近很火，但是听着他们的段子我却几乎笑不出来。有位演员在讲的时候，弹幕飘满了“他说得有深度”，我听来听去都是卖情怀、卖惨，所谓的哲理也就是小学生都能明白的道理，如果这也可以算有深度，那大学的人文社科高等教育都没有用了。还有演员全程讨论脱口秀该取悦自己还是取悦观众的问题，这也不涉及任何深度，也不好笑。如另一位演员所说：“先笑吧，干这行不好笑那就太好笑了。”当然，我没笑出来也可能是我自己情绪、心态、当下情境、先前知识等等的原因。如果大部分人能笑，说明他们是成功的。

笑不容易，我觉得心理学最好的研究就是证明面部肌肉反馈假说的研究，让人笑了之后更加开心。这个研究证明了心理学的作用——如果我们笑对痛的人生，你就会觉得它报之以歌。所以我们是开心而笑，也是笑而开心。这个研究被证实、证伪都有，我相信它有作用，但是作用不会很大，因为我有体会，不开心的时候我都会自己笑一下。如果不是刻意去做，那么笑也真的不容易。虽然孩子有时候也表现出社会性微笑，但是他们笑的时候比我们要真诚得多，比如他们会更喜欢朝着美丽的面孔微笑。所以孩子的反应才是对成年人脸最可怕的检验。我观察过我儿子，他就是这样，总有特定的人让他看着就哭，当然也有看着就笑的情况。但是成年人就麻烦了，居然有 94% 的人认为自己比一般人幽默，我就想问问大家：“一般人”在哪里？

人为什么会感到好笑呢？大致有这样几种心理学理论：

第一种是优越理论。这个理论说起来就长了，据说亚里士多德和托马斯·霍布斯就已经表达过了，笑就是高地位的人嘲笑低地位的人，获得一种心理上比你优越的感觉。两位不愧是政治学家，地位、政治、权势、比较、尔虞我诈的感觉在这个理论里跃然纸上。会不会是这样呢？确实会。有时候笑就完全是在嘲笑别人愚蠢，比如你去看马戏、小丑，甚至去看残疾人用残疾的部分无可奈何地表演，我通常情况下笑不出来，但看的人要是能笑出来，说明他真的感觉到了优越。对揶揄的研究也发现，大体上高地位的人才会揶揄低地位的人，而低地位的人很少揶揄高地位的人。你不太敢开老板玩笑吧？如果开玩笑也得想半天，看老板是不是能接受。但是要知道，揶揄其实也是有好处的，如果你突然加入了一个新团队，那么老成员如果愿意揶揄你，那还不错，至少你就有可能融入。而且他越揶揄你，你表现得越尴尬，那么你们的关系会拉得越近。请注意，我说的是揶揄，不是言语攻击，别想错了。当你们关系近了，你们俩就可以一起说第三个人的“八卦”来拉近你们的关系了。成年人的笑容非常可怕，因为他们独处时笑的次数只有人际情境下的1/30，而即使在人际交往时他笑了，那也不过只有1/5的情况是他真的觉得有趣。所以你觉得别人朝你笑是为什么？

第二种理论是宽慰理论。有人认为是康德说的，我猜康德对它也没太大兴趣，还是弗洛伊德吧。我对弗洛伊德的口误研究非常感兴趣，有时候口误非常好笑。学心理学的学生就是非常敏锐，有一次我一不小心把自己说成了女性，下面除了哄堂大笑便是对我性别认同的怀疑。我是故意的，我猜他们会这样解释。弗洛伊德就是想说言由心生，潜意识总是不经意间就从各种地方冒出来，力比多压不住的，通过幽默也能释放。这些力比多要么是攻击，要么是性，也就是说，我们开的那些玩笑，要么是故意要伤害别人但想以社会允许的方式进行，要么是想要表达出意淫的性冲动或者意图。说完了你也就减轻了焦虑。不要以为男女性在幽默上差异很大，研究发现，男性和女性在对包含性的笑话的喜爱上没有区别，当然前提是笑话里别含性别歧视。我经常喜欢和一个同事开他曾经喜欢过的女孩的玩笑，因为我知道他还有遗憾，如果以玩笑的方式表达出来，可能会更加和谐。有时候我会揶揄，我猜他心里会是舒服的，虽然他可能用“哎呀，怎么可能”这样的话来回答我。当然，还有些话，不说是创伤，说出来又接受不了，那就用幽默的方式说吧。这就是我猜喜剧演员总是很抑郁，有些还会自杀的原因。其实研究都说了，喜剧演员没有更加悲苦的童年，他们也完全不像你看到的那么神经质，只是比普通人稍微内向和不随和一些。我猜有时候他们没有办法，为了取悦观众，只能直面自己身上的冲突，婚姻、家庭、童年、工作、一切。普通人不会加工这些血淋淋的东西，睁一只眼闭一只眼才是幸福生活的法宝。水至清则无鱼，人太通透是没法快乐的。我猜想这是他们通常不那么快乐还很抑郁的原因。

第三种理论是失调理论。这个解释就很常见了。幽默是什么呢？幽默就是那种前面半截你觉得他会走上楼，结果后面半截他居然下了电梯，你想了想，发现下电梯还非常合逻辑的事情。什么意思？即那些颠覆你前半段预期，但是又合情合理的事情。我发现失调理论大量出现在相声里。相声讲究铺平垫稳，就是先制造一个很强的预期结局，后来结局不一样了，它还能说得通。所以“三分逗七分捧”，捧哏的作用就是说出这个合理的转折。在我看过的为数不多的脱口秀里，抛开浮夸的表演，我发现这种结构的段子也是最多的。只是脱口秀的节奏相对比较快，不铺不垫就马上转折。我怀疑节目里那些熬夜写稿的人可能就是套用这种期待和合理转折的理论，所以有时候显得非常生硬。我现场接过一个玩笑，有次上其他老师的课，她在讲“电视节目不靠谱”这个话题时突然将话筒给我，因为我说过《挑战不可能》节目找过我，她让我讲讲这个故事。没有什么准备的我想着就用失调理论开个玩笑，那一瞬间容不得思考，我就说《挑战不可能》找我，想让我做一个任务，识别观众里谁发了某条朋友圈，我回答这不可能。前面这些都是真事，没什么值得笑的地方。接下来，我编了一句：“导演说：‘我们这个节目就是挑战不可能！’”下面的同学都笑了。这就是你即兴抖个机灵的方法。

第四种理论叫良性冒犯理论。这个理论一看就是个“搅局者”，因为其他理论都是发表在幽默专门的杂志上，这个理论发在社会心理学和营销的顶级期刊上，但是我很喜欢这个理论。它说，幽默就是一种冒犯，但是冒犯得是良性的。什么都可能是冒犯，别人可以冒犯你的身体、你的价值观、你的人格、你的言语、你的认知，这都是冒犯。重要的是，这个冒犯得是良性的，也就是说造成不了什么实质上的、心理上的伤害。比如我经常会说，我调查发现，中国人和谁在一起最不幸福呢？总会有人接茬说配偶。我很感激他们说出了真的研究结论，但是我一般会回一句：“一看你就深有体验呀！”然后大家就会哄堂大笑。是的，我好像冒犯了这位回答问题的好学生，但是我的冒犯是良性的，因为婚姻的玩笑在一般人可接受的范围内。什么不是良性的呢？比如，接着这句话我还会问，中国人和谁在一起最幸福呢？有时候会有女性回答是老板。我通常情况下只是自己笑笑，不做评论。如果我回一句“一看你就深有体验呀”，我预期大家还是会笑，但是这个女性有可能就笑不出来了，因为这个意蕴相当冒犯。当然有的人开放性高，能够容忍，那么普通冒犯就只是冒犯，那也无妨，一样会笑。还有时候这种冒犯的心理距离远，比如上面的例子里可能这个女性受到了冒犯，其他人心理距离远，他们会笑，而这个女性和她的好朋友就不见得了。我们可以拿自己过去了很久的糗事开玩笑，也可以笑别人被冒犯，当然，当这种冒犯能够被良性地解释时，我们也能够会心地尴尬一笑。简单来说，良性冒犯理论也就是违反了道德，但是想想也没什么的感觉，心理学把这种感觉叫“酷”。违反道德规范，但是还在可以接受的范围内，这就是酷。所以“要酷”也是有底线的，既要违背普通的规范，又要能被接受，这是个技术活儿。

这些都是理论，我自己怎么认为呢？我觉得：第一，幽默看得出来，测不出来。我还真做过幽默的研究，虽然都没有发表，也没有什么确定的结论，我只是凭自己的直觉——接触一下你就能知道谁是个幽默的人。幽默给人的感觉之强烈远远大于其他特质。这就是幽默在各种择偶条件排行榜上高居榜首的原因，它远胜“情投意合”“志同道合”，也总是高于“善良”“高富帅”“对我好”，幽默甚至都是两个人长期稳定婚姻关系的有效预测源。的确，幽默里有智慧，能理解对方的幽默也说明你们俩相似啊！不过有趣的是，幽默的人在恋爱阶段更容易分手，我百思不得其解，后来研究者是这样解释的：因为幽默的人会吸引更多的人去追求他，非常抢手，所以挖你墙脚的人很多，也很努力。好了，那判断谁是幽默的人是不是只能靠接触、交流和感觉呢？我觉得是的，因为虽然有很多幽默问卷，但是叫人填问卷比较不靠谱，我上面已经说了，基本所有的人都觉得自己幽默，这种“高于平均”效应就像问你比普通人谁更可能捡到五百万一样。我自己也修订过一份幽默问卷，叫被笑恐惧、被笑愉悦和笑他愉悦（十年前的研究，欢迎使用）。凭良心说，我不觉得这些幽默问卷真的好用。是不是幽默，其实一接触就知道。

第二，幽默练得出来，演不出来。我见过不少训练幽默的培训班，有的还是心理咨询方法。研究发现，幽默确实可以提高人的幸福感。有些宣传还说幽默能促进身体健康，比如增强免疫系统什么的，反正我是不信的，我推测还得有类似积极情绪这样的调节变量。幽默的训练肯定是可以的，比如培训相声演员，他们肯定有一套如何逗人笑的流程，涉及他们能够想到（包括以往经验）的方方面面。脱口秀据说也有培训班，我猜也是套用心理学理论写笑点。有些东西是可以练习的，比如说话的气口或者笑点之间停留的时间。我们都知道，笑点有时候需要一段时间反应，得把这个反应的时间留给观众。比如你说：为什么美国富强？因为我们睡觉的时候，美国人都在努力工作。这里必然需要停留一下，让观众反应一下时差的概念。那是不是所有笑点都需要这种留白呢？研究发现，其实也不一定，这可能和听众的先前知识经验有关系，如果他在你的语境里，一口气说下去反而更好笑。营造气氛也能训练，我上课比其他人和学生的互动多了很多倍，因为我始终相信最好的幽默永远在一种高潮的气氛之中，在气氛中的笑点不好笑也能笑倒一片，就和在风口上猪都会飞一样。激励观众情绪永远是困难的事情，我始终相信，好的朴素心理学家会是成功的政客，因为他可以调动一国民众的情绪。还有些简单的东西能够训练，比如重复，你能够记住一个笑话里反复出现的词语，它第一次不好笑，第二次不好笑，第三次第四次，你就能跟着演员喊出来、唱出来，变成一个刻意的笑点，比如孟鹤堂的“盘它”、张鹤伦的“别走待会儿嘛去”甚至岳云鹏的“五环之歌”。有时候，不是必须转折才会好笑，很多转折中满足一点儿期待也能幽默。虽然这些可以训练，但是我觉得幽默的感觉是演不出来的。什么是幽默演不出来呢？我始终相信，真的幽默的人是非常聪明的。你会发现聪明人能利用幽默动摇你对于某些事情的态度，或者降低你对于某些事物重要性的认知。比如你总是戏谑地调侃你和公司的感情，那么这真的能降低你对公司的归属感。作为一种冒犯，过于聪明的人还会用幽默的糖衣炮弹来攻击他想攻击的人和事，这就是美国那么多政治笑话的由来。聪明装不出来。研究发现，看幽默视频的人能更快地解决问卷，喜剧演员有时候比设计师有更好的新产品设计方案。幽默与创造力、智慧必然高相关。高级的幽默永远需要会心一笑，这是在智力上的致命一击。我觉得这种幽默更多使用了人类的类比能力，换了一个领域，但是抽象的内核相同。这种能力是人工智能几乎做不到的，我不知道机器能怎么通过学习去理解“幸福像花儿一样”的感觉。幽默需要把本不相关的东西联系起来，这也是创造力的核心之一。我们永远只能见到大智若愚，很难见到大愚若智。智慧和幽默都难演。

第三，幽默造得出来，装不出来。这似乎和上面有点重复，我的意思是，除了对自身的训练，我们还可以对环境有点要求。你看看相声、脱口秀的线下小剧场，环境是不是昏暗的？当然是。看个芭蕾舞就算了，为什么讲个笑话还要昏暗？有一些社会心理学知识你就会知道，昏暗的环境让人产生匿名的感觉，所以人们对道德冒犯的容忍度也高些，按照良性冒犯理论，这样你的笑话会更好笑一些。现在你知道为什么我上课的第一件事情是关掉前两排的灯了？当然，还有一部分原因是我坚持使用黑底幻灯片，因为这个不合常理，会强行破坏学生加工信息的流畅性，让他们多花精力理解内容。我还特别喜欢狭窄拥挤的环境，我的课大多都人很多，上学期甚至教室挤不下，这样的环境是让人比较不适、特别容易愤怒的情境，换言之，也是容易让人心跳加速、肾上腺素飙升的环境，这种环境给了学生解释笑话好笑的生理依据，虽然这些生理反应不一定真的是笑话引起的，但是情绪上头了，谁还管那么多，是不是？造成这种情境很不容易，场面能这么热烈，在没有垫场的情况下，就只有靠自己的魅力了。我上课从来没有人垫场，不像郭德纲讲个专场，徒弟先上热个场子。我之前在中央电视台录《少年中国强》，发现有现场导演提前很久在做观众的情绪调动和心理建设。每次刚开始上课我都只能很谨慎地给自己热场，这个效果关系到接下来几天或者一个学期的课堂效果。除了互动关系要非常好，还需要讲者和听众之间有特别好的共享知识，也就是说，我说点什么背景，下面的学生都能马上明白，这在语言学上叫“有限句法代码”。朋友之间才共享很多别人听不懂的笑点，所以提前了解听众大概的知识范围非常重要。比如我虽然比学生们大不少，比有些学员小不少，但是我会追踪现在不同年龄的人中流行的新闻和话语，要不然很难共享这些先前知识和语境。要是美国人倒还罢了，中国文化尤其是个高语境文化，没有共享知识，“包袱”是不会响的。这些情境因素哪怕都有了，其实人和人还是不同。有些人讲笑话好笑，同一个笑话换个人讲就不好笑，有时候是人本身那种幽默的感觉。一个背了一堆笑话的人要装成一个幽默的人去相亲，你猜会是什么结果？我想结局你也猜得到。一言以蔽之，酷能装，纯能装，爱能装，笑能装，糊涂能装，幸福能装，有趣不能装。不信你装一个试试？

最后的最后，其实我写这篇文章的时候并不快乐，所以它会有些冒犯，但是我尽量保持有理有据，使这种冒犯是良性的。所以，你觉得好笑吗？

21 喝下这杯思维的毒药

读硕士时，有一次我奉郭永玉老师之命送来学校上课的邓晓芒教授回家。邓老师讲课非常平缓，没有课件，没有太多表情，也没有什么抑扬顿挫，听起来就像在念稿，我记得他拿着的稿子纸张都泛黄，似乎翻一下就会碎掉。之前他的课我好几次都睡着，直到几年后我认真做研究，才真正知道邓老师课程的价值，又要来他当年课程的录音和讲稿，至今看了不下5遍，常读常新，后来他的《文学与文化三论》成了我最喜欢的书。邓老师是我见过的第一位自带“流量”的教授，就我当时的观点看来，他讲课不能说很有说服技巧，但是他的“粉丝”多到我们课上还需要抢座位。那天下课之后，大家涌上来将他围住，我只好毕恭毕敬地站在人群外边等他满足大家的要求。按照辈分，我得叫他师爷，我的导师郭永玉教授是他的学生。最后一批“粉丝”我记不清是某个出版商还是图书馆员，请邓老师给他们题字。我记得邓老师没有思考，提笔缓缓写下 8 个字：有一种力量叫思想。也不知道怎么回事，这句话一下子就震撼到了我，邓老师瘦小的身材和安静的哲学家气质似乎真的透出了力量。从此之后，我几乎没有再在他的课上睡过觉，思维和理性确实有吸引力。

但是随着时代发展，心理学家却发现，人类并不能很好地思考，也几乎并不怎么理性。有时候不理性甚至成了心理学的代名词，比如在有些经济学家看来，经济学就是理性，而心理学就是不理性。行为经济学大半都在研究这种和人相关的决策，而所谓的“人”，其实就被看作不理性的。我不愿意认同这种观点，因为我觉得理性才应该是人作为人最重要的条件，但是我也不得不承认，有时候情绪、直觉和不理性，让人展示出血性。总而言之，我们对理性的运用不算很好。甚至，我们都估计不好自己的幸福。哈佛大学的心理学教授丹尼尔·吉尔伯特写过一本好书，叫《哈佛幸福课》，在这本书里，吉尔伯特就是想讨论重大生活事件对我们幸福感的影响，以及我们对它的预测能力到底如何，这是他的主要研究领域。那到底如何呢？其实非常糟糕。

我们始终会有些执念，比如“我不做某事就不会幸福”，以及“我做了某事就会幸福”。其实我们都会高估负面事件对我们带来的消极影响，也会高估积极事件对我们带来的积极影响。开学的时候，我碰见几个新生，听了听他们的话，他们通常会觉得自己选择的学校和专业是正确的，觉得自己前途一片光明，觉得自己以后的职业道路会相当顺利和幸福。我也和一个在婚姻中纠缠的朋友聊天，虽然在亲密关系中举步维艰，但她却想坚持下去，她觉得坚持会得到自己最终的幸福。事实上，当我们做这种幸福预测时，几乎都很糟糕。年轻老师觉得获得了终身教职就能幸福，评上了教授就能幸福，不会被解聘，有研究自由，没有压力，受人尊重。其实吉尔伯特发现，职称丝毫不能影响教师们的幸福感。我承认我之前就是这样想的，我也承认吉尔伯特真的是对的，评不评得上教授，和幸福没一点儿关系。我经常被别人咨询，说分手了想要死，我其实想说的是，别过嘴瘾啊，先别哭，等三个月再说。这些分手的家伙们其实就是折磨我，觉得自己抑郁到死，没有了对方根本活不成。但实际上，没有亲密关系的人和正在经历亲密关系的人在快乐的程度上是差不多的，分手后的人甚至还会感到更快乐些。人心也有免疫系统，这就是为什么我们有韧性。迪纳的研究发现，其实除了至亲亡故，没有什么事情对我们的影响能超过三个月。断了腿的人和彩票中了大奖的人，三个月之后情绪都会恢复至原来的状态，两者相比，差别不大。失业、分手、降薪，甚至自然灾害对我们的幸福感影响也都比我们想象的小很多。丧偶、性侵或者家人在“9 · 11”事件中罹难，这应该够创伤了吧？但是实际上对超过半数的人来说，这些创伤造成的幸福感影响都很小。我们并不那么理性。

所以，其实创伤也没有那么可怕。经历丧偶在压力事件评级上最高，丧偶会让人重新生活，改变习惯，没有人再陪你看这个世界。但是其实大约一半丧偶者表现出了很好的韧性，虽然悲伤，但他们找到了新的意义，建立了新的关系，也生活得不错。他们的心理机能其实和原先差别不大。也有大约一半曾经被欺凌和受到身体暴力的孩子，会变得和普通孩子没有区别，他们能很好地应对。那些曾经从死亡边缘幸运回来的人恢复会慢一点，大约需要 2 年时间，但是他们也确实能恢复到之前的状态。其实半数人能够借助心理免疫能力将幸福感恢复到原初状态，是因为他们使用了良好的思维方式，也就是他们如何去思考自己的遭遇。乳腺癌患者如果能够积极地看待癌症，觉得自己还年轻，还能应对，她们就能够更好地为健康做出调整。其实经历了什么不那么重要，重要的是如何看待这些经历。觉得自己无助，诉诸无谓的哭泣，觉得不可能有好事发生在自己身上，觉得做什么都不行，控制不了局势，或者觉得自己陷入灾难，无法自拔……这些毒药一般的思维方式很容易让你抑郁，引起各种心理和生理反应，甚至让你觉得心跳都快要停了，这如何能幸福？心理咨询中效果最好的认知行为疗法就是在改变你的思维和看待事件的方式。创伤可怕，但是更可怕的是错误地看待创伤，那无法使你情绪恢复。如果我们能不断审视自己的思想，并用一种十分积极和建设性的方式去思考工作、关系、爱情、伴侣、经济等等，就不会沉浸在消极情绪中，幸福感也会增加。审视自己的思想，这是一种元认知，是更为重要的事情。

那么应该用何种心态，怎样去看待这个世界呢？首先，我们应该尽量使用趋近而非回避的心态来看待世界。我们做任何事情都可以有两种动机：一种是“我想要幸福”，这是趋近；一种是“我不想悲伤”，这是回避。趋近就是获得奖赏，回避就是避免危险、惩罚和风险。我是个非常趋近的人，而我有同事是非常回避的人，所以有时候我就会发现我们在对同一件事情的应对上区别很大。比如有人请我们俩上课，我通常情况下只会问讲什么、给谁讲，而他通常会问有没有风险、能不能做到、是不是盖章、拿不拿报酬等等。我们能为追求奖赏或者避免坏事而做出行为。趋近心态比回避心态更容易让人感到幸福，因为回避心态会导致消极情绪。其次，我们应该尽量使用乐观而非悲观的方式来解释世界。乐观还是悲观，其实不是看半杯水是“还有半杯”还是“只有半杯”那么简单，它关系到我们对事情发生的原因的解释，其实就是归因。如果你熟悉社会心理学，你就知道伯纳德·维纳的归因理论有不同的维度：向内还是向外、稳定还是不稳定、整体还是具体。那么什么是乐观呢？就是发生了好事，你会向内、稳定以及整体归因；发生了坏事，你会向外、不稳定以及具体归因。比如你数学考了全班第一，乐观的人会觉得这是自己有实力，下次还能考第一，语文、英语什么的也不在话下，自己就是聪明；悲观的人会觉得只是运气好，一锤子买卖，下次考试就难说了。如果你数学考了全班倒数第一，乐观的你会觉得这是运气不好，下次不会了，这不会影响你考语文和英语；悲观的你会觉得这就是自己不行，怎么考都不会行，自己就是干啥啥不行，吃啥啥不剩。乐观对幸福有益，追踪研究发现，乐观的人在 35 年后更加健康和快乐。而且更有趣的是，在竞争演讲中更加乐观的人最终会赢得更多的选票。

但是，是不是越乐观越好呢？我们可以简单地想象，过度乐观就变成了自欺欺人。其实我们不太可能完全客观而不带偏见地看待我们的生活、我们自己以及他人。这个世界没有事实，只有解释。每个人都有看待自己和世界的独有方式，但是不出意外的话，这种方式都是对待自己乐观，而对待他人悲观的。当心理学家问人们积极和消极事件发生在自己身上的可能性时就会发现，似乎每个人都觉得好事更可能降临于自己，而坏事更不可能使自己遭殃。人们相信自己能活过 80 岁，也会有聪明的孩子，有套漂亮的房子，但觉得自己不太可能离婚、被解雇或者是酗酒。这叫不现实的乐观主义。哪怕是那些刚刚出车祸的出租车司机，也觉得自己的驾驶技术比平均数要好，你要是指出他都出车祸了，他会造一个故事对车祸进行解释。甚至客观情况已经表明他们不是一个好司机的时候，他们还是会强调自己的积极特质。这种自我强化在西方文化中比中国文化要普遍一些，我们还会自我批评。但这不表明我们不会自我强化，我们通常情况下还是倾向于认为自己比普通人有更多的优点，有更少的缺点，高估自己的积极特质，低估自己的消极特质。有时候我们还有控制幻觉，如果你仔细观察赌徒，你就会发现，当他们想要骰子开小时，他们的动作就会非常轻柔细致；如果他们想要大数，他们就会动作很大而且掷骰子时手舞足蹈，他们相信可以用身体语言来控制随机掷出的骰子。很明显，这种控制幻觉就是迷信行为的基础。如果让被试买彩票，一种条件下，被试可以自选一种彩票；另一种条件下，他们是被派发一张彩票。然后研究者想把这张彩票买回来，让被试开个价。当被试的彩票是派发的时候，他们开价是 1.96 美元；而当被试的彩票是自己选的时候，他们的要价是 9 美元。选择一张彩票，中奖的概率并不会变大，但是选择组的人比派发组的人的要价高出了 3 倍多。

这都是我们思想上的错误。但是这些错误是不是有益的呢？至少对于幸福来说，它似乎是。通常情况下，我们被教育要真实和精确地看待自己的缺点和优点，这能让我们良好适应、健康生活。苏格拉底让我们审视生活，而马斯洛让我们了解我们的全部人格，知道我们的弱点和道德过失。很多心理问题都是因为我们无法去正视我们的消极方面，这种看法并不准确，至少被积极心理学家反驳，研究发现，以错觉方式看待自己的人在生活中过得更好——快乐和健康的人倾向于虚假，是错觉产生了他们的幸福感。不现实的乐观主义、控制幻觉和自我强化使人们感觉良好，使人们感到积极性高，精力充沛，对周围的事物感到愉快，使人们的幸福感提升。所以其实自欺欺人的人要更加幸福一些。真实看待自己控制感的人很现实，但是他们不幸福。相反，控制幻觉越多，越相信自己能控制不可控之事，你就越快乐。这些控制幻觉、自我强化和不现实的乐观主义提供了我们追求目标的动机。比如现实中你会看见很多这样的人，他们说即使没有人帮助他们，他们也会继续做现在做的事情，因为他们相信自己，也坚信自己所为非常正确。这些自欺欺人的幻觉会强化积极情绪，使人们对外界感到愉悦并增强幸福感。符合这些特征的人会更快乐，甚至比那些不克己的人活得更长。

当然，我并不是提倡自欺欺人，其实很多心理活动——无论是认知失调、自我合理化（给自己找理由）还是换个方式去看待自己和世界——都有自欺欺人的成分。我倡导理性审视，哪怕不那么幸福，但是你也能用理性的、自由的选择去过更加适合自己的人生。任何事情过犹不及。太过乐观、幻觉太多必然无法很好生活。比如患精神分裂症的人有深度幻觉，在生活中的表现很糟糕。思维紊乱会导致夸张和认为自己能控制一切的感觉，这就是适应不良。双相障碍患者有强烈的心境动荡，并在躁狂阶段体验了过多的乐观，他们觉得自己能做其实做不到的事情，并会因此受到伤害。自恋会倾向于控制错觉，他们对自己有非常积极的看法，他们觉得如果由自己来掌管世界，世界将更美好。自恋在最初是很吸引人的，自恋者有魅力，但是支撑不了多久，因为之后人们会发现自恋者只会谈论自己，然后就不再喜欢他们了，他们的生活也不会太好。这一点在学术界最为突出，那些高看自己才能的研究者其实比其他人还要差一些，因为他们不会像他们所应该的那样努力。还好我对自己与对他人的评价方式都相当一致，就是同样苛刻。在中国文化里，我们的自我强化、不现实的乐观主义等比西方文化都要更加隐蔽一些，也许我们这样想，但很多时候我们嘴上不会如此表达，因为这会被认为骄傲，但是同样一个单词，你把它翻译成“自豪”，在西方便是美德。总而言之，尽管我们的思维上会犯错，会乐观看待自己，行为经济学家也发现我们会受到各种各样非理性的影响，比如锚定、可及性、概括性这些启发式的影响，但是比这些直觉更加可怕的是，有些东西更可能成为思维的毒药，极大地遏制我们追求幸福。良好的思维方式，使我们能健康地交流，使我们能更幸福，但是下面这些有害思维会破坏幸福，我们需要提高警惕，时刻留意：

第一是完美主义。完美主义的人会要求自己工作中的每一个细节都要正确，并让工作进展顺利。现代社会的竞争让我们这一代人的完美主义倾向加剧了。卡罗尔·德韦克的著名结论“表扬孩子努力而不表扬能力”，家长们应该经常看到。如果我们对孩子说：你是个天才，这很完美！我们就传递给孩子他必须表现完美的信息，但是孩子真正需要被鼓励的却是勤奋努力。如果我们鼓励孩子的勤奋，他就会加倍努力；如果我们鼓励他变得完美，他就不会认同这项活动，然后逃避，并说：这不好玩，我需要完美。对于那些心中有着完美主义理想，或者从母亲那里习得了完美自我图像以及有完美主义态度的孩子来说，如果你给他们看和他们的完美主义自我相关的词汇，他们就会表现出所有和焦虑有关的生理表现，并感到羞愧。他们会因为自己无法变得完美而表现出焦虑。

第二是满意极化。这和完美主义有关。心理学有最大化者和满足者的区别。最大化者想要每天的每时每刻都有完美的体验。比如吃饭，他们想要伴随着完美音乐的完美晚餐，有完美的开胃小菜，有完美的服务生，有完美的食物。其实这并不好玩，还是个负担，因为一不小心就很难满意。满足者就不一样，无论他经历什么，他都泰然处之。如果他是素食主义者，但是餐馆里只有肉，那他也会吃点肉并尽情享受当下并不十分令人满意的环境。你一看测量他们的题目就能理解这两者的区别，比如：租影碟时，我总是要费很大劲挑选我认为最好的那个。这明显是最大化者干的事情。很多人在挑选影碟时感到十分痛苦，因为他们想平衡所有的选择，并试图使家里的每个成员都喜欢看。再看一个项目：在用车载收音机听音乐时，我会换台去看看有没有更好的节目，即使我对现在这个节目很满意。看吧，这会让你永远无法轻松下来欣赏一首歌。我在家看电视就是这样，非得全都看一圈才能决定看哪个台，因为我确信我进行了全域比较。这相当累，有时候随便换个台看着不错，其实看下去就好了。让希望听最完美的歌、看最完美的电影、用最完美的晚餐的最大化者在实验中买点东西，他们会对自己买的东西有更多的遗憾。如果你得了 97 分，还来找我说“为什么才 97？这并不是课程中的最高分啊”，你必然是个最大化者。最大化者会对其成功满意度更低，更加抑郁。

第三是社会比较。这最容易理解了，我们总是在和别人比。我觉得现在的孩子很有压力，因为从两三岁开始，父母、祖父母就拿他们和同龄人进行比较。我孩子一岁多就能很好说话，于是我总会在家听见别人家孩子两三岁还不会说话的例子。是的，比较带来了自尊，但是没有人在任何方面都比别人好，总有不如他人之处，那个时候的比较便是我们痛苦的来源。有人说和比自己强的人进行上行比较带来痛苦，和比自己弱的人进行下行比较带来快乐。其实比较就不是个很好的事情，如果你和爱因斯坦比学术，肯定是不如，但是你会痛苦吗？似乎不会。如果你和讨饭的乞丐比思想，确实你深邃，但是你会快乐吗？当然也不会。机制很复杂，但是比较总归不是一件好事。柳博米尔斯基进行了很多关于人们与他人比较自己的行为、表现、成就、才能的研究，她发现无论年龄如何，快乐的人都不愿意与他人相比较，不管是上行比较还是下行比较。快乐的人对自己的表现很满意，他们对自己的生活条件也很满意，无意与他人比较。

第四是信任匮乏。信任他人是件困难的事情，新闻报道往往让你对他人不信任，对食物不信任，对幼儿园不信任，对奶粉不信任。但是有趣的是，多数研究都发现中国人之间的信任度还不错。比如催产素的研究者保罗·扎克，他进行了大量世界性的信任研究，发现信任度最高的是挪威，随后是中国、德国、印度、美国、加纳、南非、菲律宾和巴西。我们觉得信任度似乎很好的美国，其实不那么好。扎克在全世界的市民中随机抽样，问他们是否信任社会中的其他人，美国只有 36% 的人信任他人。信任和催产素有关，它使你信任他人，理解他人的情绪，给他人钱，感到你和他人之间的共性，并与他人紧紧联系起来，这也是共情和同情的基础。扎克认为，文化的同质性越高，信任就越多；文化越具有多样性，信任就越少。集体主义文化有更多的信任。越信任的文化，暴力就越少，经济不平等也越少。而且经济发展和信任直接相关，任何一次信任的下降都伴随着 GDP 的增加——越富庶却越不信任。

第五是无端害怕。实际上社会中的大部分人经常会有高度的警觉和害怕，而这些害怕是非理性的。在健康领域，很多非理性的害怕使人们忽略了真正的问题。有很多使我们分心且不当的害怕是由媒体引起的。一次杀人事件就会让我们担心孩子是不是安全，而不是担心孩子的健康出问题，但其实前者的概率比后者小很多。一次地震的发生就会让我们不敢出门，让民众变得害怕，实际上不然。美国是个允许持枪的地方，如果你问美国人暴力事件的数量是在上升还是在下降，大部分人都会说是在上升。但是 30 年间，它其实下降了很多。我在美国时经常听见华人学生被抢劫的故事，所以半夜我走在路上，会害怕拦路抢劫，我担心我走在路上如果不小心轻轻碰到一个流浪汉，他就会掏出一把枪向我射击。但是其实拦路抢劫的事情很少发生。酒驾导致的死亡比前者多得多，但是美国人似乎非理性地更加关注前者。估计这些事情的概率，对普通人来说很困难，我们只会将注意力集中在那些显著发生的事情上，并将它的概率放大。

第六是物质主义。物质主义说白了就是花钱去购买物质的幸福。在这个发展的时代，中国的物质主义在上升。且不说中国，就连富裕得早应该追求精神生活的美国也在上升。据统计，10 年前 10 岁左右的孩子每天会看 300 条广告，而今天由于网络的影响，儿童每天能看 2000 条广告。美国人平均有 1 万美元的信用卡债务。我们有了一套住房还会想要第二套住房，有了一辆车还会想要第二辆车，我们变着法儿地改善生活，洗碗机、电视机买了一台又一台。我们对物质生活不可思议地有更多的要求。欧洲人花更多的时间来买冰激凌，而不是资助那些不发达国家，去帮助他们获得水资源或者改善公共卫生。美国人花在饮酒上的钱 10 倍于整个世界花在女性生殖健康上的钱，要知道后者对贫困才有很大的影响。其实物质主义不能带来幸福，没有研究发现获取物质和幸福之间的强相关。只有 1%~10% 的幸福感是与财产相关的。纵向研究发现，物质主义价值观的人会显示出幸福感的倒退。这很讽刺，当你想最大化自己的物质享受时，你却更少地体验到生活的乐趣。为了住个大房子，你在郊区投资而不是在市内简单租个筒子楼，这导致你每天花 2 个小时在路上，这会让人快乐吗？显然不会。

第七是认为别人怀有敌意、竞争和攻击性，而且别人皆自私。在经济人假设中，我们就是这样的自我中心，而他人都是贪婪的，我们也会更多产生阴谋论倾向。许多研究都发现，那些用愤世嫉俗的眼光看人，或者觉得他人会在背后捣鬼的人，在生活中其实过得并不好，而且还会导致寿命降低。大约 5%~10% 的孩子在学校会遇到困难，他们会卷入斗殴和散布流言的活动中。愤世嫉俗的儿童会有更多的问题，他们会敌意归因，会假设其他孩子的行为是被敌意而不是意外或者亲社会动机所驱动。如果给孩子们看两个孩子玩耍的视频，突然一个孩子撞了另一个孩子，愤世嫉俗的孩子会将其看作一个有敌意的活动，还说他们最后肯定会打架。这样的孩子的核心观点就是别人是有敌意的，他们看不到别人的友善意图。愤世嫉俗还会影响婚姻，愤世嫉俗者会对伴侣更多责难，更少宽恕，最终更容易导致离婚。

第八是过度反刍。消极情绪的一大效果就是让你陷入反刍思维。假如你和你的伴侣分手了，你是不是会不断陷入这种思考之中？不停地想起你们一起经历的场景，哪怕有人想要让你分心，你也很难跳脱出来不去想它。反刍就是对自己问题的过度思考，反刍的人总是陷入一种不断循环的思考中无法自拔。他们孤立自己，不断思考事情变成这样的原因。有时候，我们惩戒孩子的手段是给他们一段时间，让他们去自己房间想自己的问题。但是你有没有想过，如果孩子过于消极，他们可能会因此而陷入抑郁状态。反刍会产生有害的思维方式，如责备、完美主义、担忧或者悲观，这是个恶性循环。女性从青春期开始，生命全程中比男性的抑郁可能性要高出两倍，这就是因为女性更容易反刍。如果将人带到实验室，让他们过度思考二十分钟前发生的事情，就能够预测抑郁体验——反刍将小事变成了大事。当你让人们反刍小问题时，他们集中注意力，但他们的动机、能量和乐观程度都更低，而抑郁水平更高。增加人际交往和社会活动是防止反刍的有效方式，与他人相伴，并时刻观察自己的思维，在自己陷入反刍时将自己打断，这是更好的办法。

思维无小事，因为无论采用何种思维方式，都会影响你的生活。所以确实有一种力量叫思想，去反思自己的思维，即思考自己的思考，这看起来很滑稽，但并不总是能让人笑出声来。

22 我真的不喜欢没有观点还夸夸其谈的孩子

这两天读乔纳森·海特的新书《骄纵的美国精神》(*The Coddling of the American Mind*)，他和合著者认为三种美国教育观是有害的，会毁了一代美国孩子，即：凡不能毁灭你的会使你更弱（What doesn't kill you makes you weaker），总是相信你的感觉（Always trust your feelings），生活是好人与坏人的战斗（Life is a battle between good people and evil people）。他们的教育理念，其实非常像中国传统智慧，说白了，就是要经历苦难，理性思考，和谐共赢。你一听就像是中国人说的，对吧？

我们自己的教育呢？这段时间不断有人找我谈教育或积极教育，我接触了不少中学生，在大学里我也经常接触现在的年轻大学生。今天参加了一个面试，海特说的三点，我们一条都没有做到，特别是理性思考。每次面试完这些学生，我心里都不舒服、痛心：怎么都给教育成这样了？这是不是也会影响一代中国人？我想就聊几句吧，不想争论，我也并不见得对。

经历苦难，这不说了。现在谁还能主动去经历苦难？作为家长，我能做的就是让孩子尽可能地处于最为舒适、安全的环境中，这些问题，教育学家甚至普通人都说了很多次，没人会主动让孩子“苦其心志，劳其筋骨，饿其体肤”，等他真的受到挫折的时候再说吧。人生嘛，谁能那么顺利？人多少都有点韧性，用积极心理学锻炼着吧。

和谐共赢，这一下子说不清楚。至少很重要的一点是别让孩子染上一种受害者心态。长期习惯受害者心态，容易让他们自己在做事时也主动将自己退缩为弱者，这会让他们变得不愿意去担负道德责任，因为弱者无须负责，他只管被同情。

理性思考，多说几句。

第一句，我痛恨没有观点的言谈。我参加过不少学校组织的入学面试，有时候学校会问孩子们一些和现实发生的事情有关系的问题，比如“你怎么看待某个社会问题”（我必须说，我认为这些题出得相当糟糕）。无论何种社会问题，这些孩子站起来的第一句话就是：“我觉得这个问题得从正反两方面来看待。”我心里的第一反应是：你的观点呢？当然，所有事情都有利有弊，且不论马克思主义哲学讲究辩证，认知上我们也更加能够容忍矛盾。但是你不能没有观点，你赞成还是反对？完全没有，几乎所有人都没有观点。两面性是个标准答案，这样的思维模式无法成为好的科学家或是思想家，至少这样思维的学生我觉得扭转起来是很难的。举个例子，从心理学理论的角度来说，你会发现心理学史上的所有宏大理论都是激进而偏执的，任何倾向于折中的理论都不会久负盛名。这当然是理论简约性的需要，我想华生不至于愚蠢到认为个体差异对行为完全没有影响，但他会一口咬定环境影响并证明之。你看到了吗？这是科学理论思维和讲故事的能力，科学家需要这个。碰到具体实验，我的研究生总问我："我们要不要考虑其他因素的影响？我觉得它们都有影响。"我说你还没有入门啊！心理学就考虑自变量、因变量、中间变量，一层一层剥茧抽丝地去做实验，别一次做十几个变量。我看到有些学生，对问题没有自己的观点，言必称两面性，有利有弊，我不认为这是好事，这一定会让他们失去讲故事和圆故事的能力，更让他们失去表达自我、提出理论的勇气。

第二句，我痛恨没有逻辑的言谈。当然这篇文章，也没有什么逻辑，在我痛恨的范围内。我想说，排比不是论证，对仗不是思想，押韵不是高妙，语言有时候就是游戏。语言游戏大家惯会玩，但那只能是玩。人们确实有种倾向，即如果你把逻辑词加进废话里，听众就会更加相信你的话。我不知道现在的孩子都背了些什么，至少在我看来，他们缺乏逻辑论证他们的论点，哪怕论点是有利有弊。我居然从每个面试的孩子口中都听到了"一二三"，每个"一二三"后面都跟上了冠冕堂皇的成语、术语或者漂亮的说辞，说完之后我也不知道他们究竟想表达什么。这些说辞通常情况下都非批判，哪怕问的是负面社会问题，他也能按照自己的揣测歌颂地回答；哪怕问的是描述性科学问题，他也能规范地排比回答。你让他回答如何看待中国登上月球背面，他会告诉你：第一，这是无数先烈舍小家为大家无私奋斗出来的；第二，中国人民有勤劳勇敢敢闯敢干的精神，而这种精神指导和引领着每个人的生活；第三，我有幸来到了这里我一定会发扬精神勇攀科学高峰。这些都没有错，而且非常正确，只是等你再过二十年治理一方的时候再说岂不更好？你能想象我看到一个个十五六岁的孩子少年老成的心情吗？

第三句，我痛恨没有情绪的言谈。理性思考和情绪没什么关系，是的，我同意。但是观点表达也许和情绪有关系。平心而论，我们都知道上面我举的例子中孩子的回答流于表面，为什么？因为真的没有情绪。这是我们常犯的错误。

第四句，我痛恨没有个性的言谈。其实我在听完第一个学生冠冕堂皇的回答后，我觉得还不错，心想这一看就是受过教育的。听到几十个学生清一色这样回答的时候，我才知道所有学生千篇一律，每个答案都类似所谓的标准答案，不思考就可以出口成章。我们培养了些什么样的学生？人不能是机器产品，没有自己的想法、自己的个性、自己的特征的人，最终会落入俗套而一文不值，让他们去创新？怎么可能！所有人都是一个模子刻出来的。有个孩子说，我小时候比较有自己的想法，会和大家不同，不过老师严厉地批评了我，您放心，我现在已经好多了。我真不知该去批评谁，素质教育推行了这么多年，怎么孩子的最强素质就是流利地说出几段名词术语“贯口”？问题是这些还是万能“贯口”。如果这些语句，能由他们用自己的话带着感情由衷地说出，那多好！

第五句，我痛恨没有幼稚的言谈。孩子就是孩子，中国人讲少年老成（我这里的意思是做和说超过年龄阅历的事情与话，不是普通意义上的成熟），我非常反对。谁最终都会老成，这是发展规律，不想老都不行；心理上保持少年可不容易，就更别让孩子去做超过他年龄和阅历的事情，当然也别说超过他年龄的话。转念一想，这可能是因为这样的教育有市场，有人买单就有人这样训练，是不是很多人把少年老成当作好，当作美了啊？前天朋友圈有位朋友引用过一句话，我无比赞同：“一个民族和一个时代的质量往往取决于这个民族和这个时代的审美愿望、审美能力和审美水平。如果因为贫穷，我们就在心理上剔除了美，它的后果无非就是两条：第一，美的麻木；第二，美的误判。美的误判相当可怕，具体的表现就是拿心机当智慧的美，拿野蛮当崇高的美，拿愚昧当坚韧的美，拿奴性当信仰的美，拿流氓当潇洒的美，拿权术当谋略的美，拿背叛当灵动的美，拿贪婪当理想的美。”（引自毕飞宇）同样，当我们欣赏少年所谓“老成”的美时，似乎教育出了问题。

2019 年 9 月，在积极教育发展研讨会上，我即兴做了个演讲，说美德培养有“两不要三要”：不要理性、不要鼓励，要习惯化、要情绪化、要情境化。解释一下；我从没想要否认理性，不要理性是为了强调情绪、习惯和情境这些边缘作用，人最终的智慧当然是理性思考，尤其是能够说服和战胜自己（不是自我合理化和认知失调）的理性思考。对于这些思维上已然被教育得“油腻”的孩子，我们似乎得说点什么才好，因为费孝通说过：“一个被视为书生的人，有责任把合理的方向指出来，至于能不能化为历史，那应当是政治家的事了。”但是即使不是政治家，作为大学教师，我们似乎也得做点儿什么才好。

23 看国足的痛苦与快乐

中国足球又输了，还是熟悉的配方，我又点开，我又看了。

我家没有球迷。20 年前，我爸随手给了我张新华路体育场东主席台的赠票，抱着没去过开开眼的想法，我沐浴更衣，走路搭车去看了一场武汉红桃 K 对辽宁的足协杯比赛。误打误撞坐到了最好的位置上，大家喊我也跟着喊，也不管谁进球，反正看不清楚也不认识。第二天家里订的《楚天都市报》送来，我才知道进球的人叫杨红华，这个后卫说他那天犹如上厕所捡了钱。之后我才知道，那是历史上比较不错的一支武汉队，对手是历史上最辉煌的一支辽宁队。

在那之前，我有了第一件球衣，因为平常实在不知道穿什么，球衣方便，我妈便帮我挑了件她觉得还能看的——一件除了队徽其他部分纯蓝的衣服。我穿着那身意大利队服第一次熬夜看球，看着穿同样衣服的意大利队在欧洲杯被法国队逆转。那几年，中国女足险些冠绝世界，超白金一代惜败阿根廷。纸媒的时代，没有太多选择，体育版总能在吃饭时的浏览中占据最多的时间。

球迷的故事都是一样的，没什么好说，有比赛就看，赢了开心，输了骂人。哪怕在伯克利，我也会每周准时找各种信号源看身在中国次级联赛的武汉队的比赛，同学笑我神经病，我只一笑。在北京这么多年，其实我没怎么出过学校的园子，但是去过几次北京八喜的主场，去看还是次级联赛的武汉队打客场。这个打一枪换一个地方的北京次级球队有时候在石景山冰激凌批发站，有时候是朝阳公园巡游者，感谢它让我在经济拮据的时候还去体验了北京不同的行政区。

仔细想想，足球似乎在我的人生中占据了太多分量，因为有很多时间花在它身上。平日里如若玩游戏，就是《实况足球》《足球经理》，比赛日看中甲、欧洲联赛。年纪渐大不再去踢球了，但查看手机，使用量最高的 App 除了微信就是懂球帝，和朋友聊天也充斥着很多足球内容。我也没想到即使我变成了一个科研人员，除了文献资料，和我共享最多时间的可能还是足球。

最让人欲罢不能的当然是中国国家队——一支在球迷的爱恨边缘来回试探的球队。我自己的微博除了正经内容，居然一半是看球的吐槽。我不得不经常捡起早期实验心理学家批判的内省方法来审视自己看球这种非理性行为。

为什么我要看国足？心理学关于看球可能有下面这些理论解释：

第一，可能是因为我想要提升自尊。那个伪科学爱好者们人手一本的《影响力》一书作者罗伯特·西奥迪尼有个简单理论叫反身荣耀

（reflected glory），意思是，你以某个集体为荣，抢占这个集体的荣誉，提升自尊，塑造形象。这很好解释，朋友圈里每天发自己单位多厉害的人无非都是在抢个反身荣耀，说“我们”单位多牛。如果你们单位出丑了，你就不会发，即使发，也多半会写一句“他们”太差了。好吧，以国足的战绩是没太大可能让你获得这种反身荣耀的（你会说 2002 年世界杯，可惜“赢一场进一球拿一分”的目标也是个笑话），所以这个反身荣耀理论基本上被国足扼杀了。

第二，可能是因为我想要娱乐。传播心理学家多尔夫·齐默曼对于欣赏比赛也有个简单理论叫情感倾向理论（affect disposition theory），他认为其实看剧、看电影、看球都一样，你对人物有个基本的喜欢或者不喜欢的倾向，最终你喜欢的人物获得了好的结果你就快乐，你喜欢的人物遭遇了不好的结果你就不爽。对于中国队来说，这个理论能解释为什么国足输了之后球迷声称自己讨厌国足，因为这样国足就变成了讨厌的人，讨厌的人最终输了，这是令人愉悦的事情。但是这也解释不了为什么还是有很多球迷从来没有讨厌过国足，而国足基本没什么好成绩。所以这个情感倾向理论基本上也被国足扼杀了。

第三，可能是因为我想要达成期望。还是上面的齐默曼，他还有一个更有名的理论叫兴奋迁移（excitation transfer），意思是如果好人有时候没好报也不要紧，只要最后你喜欢的人结局好就行，中间他被整得越惨，你就会被唤起越多情绪，这些生理兴奋是好事儿，会持续到最终结果那儿去。你看，前面情境越跌宕起伏或者越多挫折，最终的兴奋会越强。这就是为什么唱歌优秀的选秀歌手站在台上还要卖情怀、讲故事，让观众情绪唤起。也许，国足现在的失败都是为日后获得世界杯冠军时的喜悦做心理铺垫，只是我都不确定我能活那么长，因此这个兴奋迁移理论几乎也被国足扼杀了。

第四，可能是因为我单纯想要享受。这就看我们享受什么了，有人说他享受现场看球那种氛围，我也喜欢，确实，不去现场看场球都枉为社会心理学研究者，那种群体对人的影响，不身在其中你就感受不到，那种浑身激荡的情绪真的可以令你热血沸腾。这和演唱会是不同的，因为有两支队伍在对抗，你还能在加油声和对骂声中体会到内外群体差异、群体极化等一系列社会心理现象。不过，现在球迷中“键盘侠”多了，他们不怎么享受现场比赛，更多在网上暴怒（moral outrage）、骂人。用积极心理学之父塞利格曼的习得性无助理论来解释，应该没人再看球了才对。你在一个箱子外面放点吃的，箱子里的狗一出去就被电，时间长了，不电它它也不再吃了。但是国足每次电你一下，下次你还是会继续去看。所以这个习得性无助理论又被国足扼杀了。

第五，可能是因为我就想要个英雄。我们十八九岁时的风云人物容易成为我们的偶像，而每个人似乎也需要一个偶像，这不仅因为这个偶像可以给我们信念和自我支持，也因为他能力强大。战争年代出英雄，和平年代没有战争，但球场可有看不见的硝烟，体育本来就有战争替代性功能，所以顶级球星的影响力甚至超过顶级演员。但是看看与生活不怎么相关的畅销书《心理学与生活》的作者菲利普·津巴多的英雄理论你就知道，国足里似乎也难找出我们想要的英雄，倒不是他们的故事不精彩，主要是他们能力不足，难以力挽狂澜。当然你可以把他们包装成平凡英雄（津巴多说的 banality of heroism 也行）、努力的英雄、迟暮的英雄，但是英雄还是要看能力，选英雄时你可不能说“某人很努力了，你们不要黑他”。顺便说一句，其实稍微有点科学知识的人就会知道，国足连泰国都输这其实没什么，亚洲球队实力差距逐渐缩小这也没什么，哪天日本战胜巴西这才值得惊讶。毕竟我们都知道，稍微学一下，你就能轻松从考 5 分变成考 50 分，但是也许你学一辈子，也很难从 99 分变成 100 分。总而言之，国足扼杀这个英雄理论应该也是不在话下了。

第六，可能是因为我就想要点儿意义。看球吧，有点儿意义，又很矛盾，它让你增加社会性也减少社会性。你可以因为足球，多了很多话与他人说，不用见面就说“吃了吗”，离开就说“有空吃饭”。研究发现，一起八卦别人，特别是说他人坏话，会让你和朋友间增进友谊，有时候可能你开不了口，但是你们可以一起批评国足，虽然效果没有骂熟人理想，但多少还有点用。当然它也让你抽离出你自己的社会生活，你可以在这里逃离，尽情去体会另一个世界而暂时摆脱你自己并不美好的现实生活。有时候你说看国足是找虐，可能只是因为这变成了习惯，成了一种仪式性行为（ritual）。但是，仪式是有意义的，它能抚平你的焦虑，让你不抑郁，这种刻板的东西还能恢复你的秩序感和控制感。国足似乎不具有安抚焦虑的特点，别的国家举办世界杯都会使 10 个月后的出生率增长，中国足球不使死亡率增长就不错，毕竟留给中国队的时间不多了，没法不焦虑。弗洛伊德和他女儿安娜以及大徒弟阿德勒都有这种补偿观。还是一样，国足别说补偿，它的成绩不毁掉你的秩序感和控制感就不易。看起来，国足肯定也一样扼杀了这种仪式的理论。

第七，可能是因为我就想欣赏比赛。足球有戏剧性，意外、悬念、以弱胜强，进球、过人、战术安排、组织调度、手术刀传球甚至庆祝动作都有美感。当然这些都出现在国足身上的概率并不大，你如果看欧洲联赛又看中超联赛（不得不说近几年中超越来越好看了），再看国足的话，你会发现这个比赛的场面是非常难看的，精彩的时光也不太多。这个世界上名字最复杂的心理学家奇格森特米哈伊认为，这种时候你得产生一种忘却时间流逝、沉浸其中的福流体验，但是你会发现，西班牙国家德比或者类似近两年的曼城利物浦对决总是让人一分钟都不舍得离开，而国足就不一样了。似乎，国足也扼杀了这个福流理论。

在我的胡搅蛮缠下，好像没什么理论可以解释国足了。看得那叫一个难受，三个后卫一人失误一次（其实整场何止这几次失误），一人送一球。看完我照例看看评论，除了开玩笑，这几种归因模式我们还需要思考：

第一，都在说“如果不失误”。其实不会怎样，因为失误就是能力的一部分。这就像我小时候很聪明但是很粗心，要不少写个零，要不把加看成减，所以分数总是不高。我们都觉得不粗心多好，下次应该不会了，但这总是会发生。初中数学老师在肯定我智商没问题的情况下告诉我爸，粗心就是能力问题。她非常睿智地将这件事情向内归因（internal attribution），而没有归结为外因。国足也一样，失误是能力问题，所以这是稳定的，它不是运气不好，下次不会不可能。

第二，都在安慰努力。我们都知道，赞扬小孩子得赞扬努力而非能力，这样能让他们有一种成长性心态（growth mindset），觉得智力不是固定不变的，鼓励他们继续努力。但是犯了错之后，我们通常情况下有一种归责方式是：他好努力，也不容易。对，他值得同情，也许很多时候我们甚至主动把自己放置于值得同情的惨状下，但是用这种方式来削弱对犯错的责罚，实际上是一种想要免责的诡计。

第三，都在骂足协。是啊，失败了总要有人负责，把责任归给谁好呢？给谁心理上都不忍，球员吧，再差他们都努力了；教练吧，再差也是重金请的世界名帅，再说人家那么大年纪了，那只有足协了。其实单论比赛而言，足协在解释水平（construal level）上是距离很远的，具体比赛和足协有什么关系？赢了也没见大家赞扬它。能够当着十几亿人经常做一些匪夷所思的决策，我还以为足协这个机构早就成功在球迷群体中脱敏了，看来其实也没有。

看完球之后我甚至去看了几篇足球心理学的文献。比如我快速读了一本叫作《强悍足球Ⅱ：适用于球员的高级心理技术》（*Soccer Tough II: Advanced Psychology Techniques for Footballers*）的书，作者从社会心理学角度提出了很多球员可以进行的心理训练（比如它的建议2：为了做到最好，你要清晰描述目标），有的是半鸡汤（比如它的建议3：制订好你的训练计划，然后循序渐进，一步步接近梦想），有的是研究。看完以后，我觉得国足最大的问题是缺乏心理训练。我知道他们有可能说，他们真有，但是积极心理品质和这些心理训练不能靠军训，得靠科学。足协要不让我试试？我是正经研究心理学的科研人员，有经验还不要钱，反正结果也会更坏，万一安慰剂起作用了呢？

当然，这些话其实就是输了，我需要发泄一下。另外，我也不是偶然点开今天的球看，因为亚洲杯中国队每场我基本都看了。

PS：我还是支持中国队。

24 我所理解的社会心理学

我想讲讲我对社会心理学的理解。我从没有想过自己会讲社会心理学，本科时社会心理学课没有引起我的任何兴趣，脑袋里甚至连社会心理学的基本框架都没有，我只记得老师让我们互评了一下自己在班上最喜欢的3个人，这后来变成了同学们谁喜欢谁八卦的来源。之后的课程是真的无趣，我也是真的没有记住。我的心理学基础知识全来自本科时代自己背的教材，由于考研不考社会心理学，我也就没有背过社会心理学的书。阴错阳差，后来成了社会心理学专业的学生和老师，我才领略到这门学科如此有趣。并不是因为我研究人格社会心理学，才说它有趣，只要你问心理学专业的本科生，论有趣，其他的心理学分支可能都比不上社会心理学。这也表现在做研究上，我每年都观察中国心理学会的年会投稿数量，发现社会心理学领域的稿件遥遥领先。当然，这可能也因为这个学科贴近生活，没有太多门槛。其实这个领域的文章发表相对来说并不容易。

从我的角度来说，大多心理学主流理论产生于社会心理学，社会心理学的顶级杂志《人格与社会心理学杂志》（*Journal of Personality and Social Psychology*，JPSP）也一直处于各种心理学杂志互引关系的中心，应用学科如管理、营销、政治、传播等都大量使用社会心理学的理论或者稍加包装作为自己的核心理论。社会心理学是有趣的，它是描述和解释社会生活的，其实它随时都在运作，你可以随时使用其理论解释正在发生的生活事件。我从来不会无聊，因为站在路口观察形形色色的人已足够有趣。

社会心理学究竟是什么呢？这得从“社会”说起。这个“社会”并非平常我们说的“社会人”的“社会”，那个“社会”是贾宝玉讨厌的“人情练达即文章”；这个“社会”也并非社会学理解的“社会”，它可能没有那么宏大。我想，你可以把“社会心理学”的“社会”理解为“他人”。有他人又如何呢？有他人就存在你如何看待（perceive）、联系（related to）和影响（influence）他人的问题，这就是社会心理学。看待、联系和影响他人就是社会行为，这些社会行为如何以及为何发生，就是社会心理学关心的问题。所以最早的社会心理学实验被追溯到1898年，诺尔曼·崔普利特发现让人自己绕鱼线花费的时间和有人在旁边竞争花费的时间完全不同。现在看，这不是废话吗？当然不是。因为当时没人会去思考这个问题，崔普利特也是看球时发现球队在不同情况下发挥不尽相同，才产生这种想法的。这就像对心理学个体差异概念极有影响的“人差方程”，经历了几百年的时间才有人思考：测量星体通过子午线的时间这种客观事情，每个人看都不一样，是因为人有差别啊！看似简单的问题，总要有第一个人思考。不过可惜的是，崔普利特的研究在当时并未产生什么影响，做完似乎也就随风飘散了。

为什么崔普利特的研究没有引起热议？这里必然有很复杂的原因。我不敢下结论，但是我猜美国的文化土壤就不适合社会心理学的发展和成长。

这得从最早说起。冯特艰难地建立了实验心理学，奠定了心理学的学科基础，他是德国人，他的老师都在德国。这位在中学时期并不出色的学生在柏林大学跟随约翰内斯·穆勒学习，随后作为赫尔曼·赫尔姆霍兹的助手在海德堡大学任教。应该说，冯特对人类心理与社会的兴趣使得他与赫尔姆霍兹之间的关系并不密切。在赫尔姆霍兹离开海德堡大学之后，冯特并没能继承他的教授教职。在海德堡大学期间，冯特撰写了《生理心理学原理》一书，希望借此离开海德堡。《生理心理学原理》一书主张用实验方式来研究当时并不属于主流生理学的意识与行为问题。冯特认为这是一门新的学科，他有强烈的使命感，这本书也是一种积极地建构一门新学科的尝试。后来的故事是，莱比锡大学用一个空缺了 10 年的哲学教授教席聘请了冯特。在莱比锡大学，冯特在孔维特楼堆放课上要用到的心理学实验仪器，这些仪器现在看来无非是和反应时有关的速示器、定时器、钟摆等物。1879 年秋，冯特在孔维特楼的东西越积越多，他除了抢占了更多的房间之外，还开始从事并不属于其课程内容范围的心理学研究。心理学史学者通常认为，此时此地，标志着科学心理学作为一门独立学科的真正建立。实际上，1879 年的这个实验室并非莱比锡大学的官方实验室，它在莱比锡大学的官方目录上一直不存在，这个实验室仅仅是冯特自己所声称的。1883年，冯特用接受布雷斯劳大学教职相威胁，莱比锡大学才正式承认了心理学实验室，并允许冯特将它一再扩大。1889年，冯特成了莱比锡大学的校长，此前两年，他创办了心理学杂志《哲学研究》，在其上发表实验心理学论文。冯特的贡献，除了对实验的强调和对心理学成为一门科学的执着，莫过于培养了大量的学生，他们慕名而来，毕业之后各自归国，成了各地心理学学科的开创者和被写进心理学史的人物，这其中当然不乏德国学生，而更为有影响的是那些去往美国的学生。

铁钦纳应该是冯特这些学生里名声最大的那个“衣钵继承者”。之所以打引号，是因为其实他也没继承得很好。我们来看看冯特的思想。在《生理心理学原理》中，冯特还没有放弃“生理”这两个字，这或许跟他当时在海德堡大学的生理学教席有关。但是冯特清晰地指出，心理学应当研究的并不是客观现实，那无非是一种间接经验，心理学应当研究直接经验，即那些或许与客观现实不同，但却是人类感官直接经验到的部分。基于其心身二元论的想法，也正是因为这种直接经验的难以测量，冯特开始思考心理学的直接经验是否与物理学的客观现实不同，是否心理学的研究对象与探知对象的方法其实无法区分开来，他提出内省的方法来探知直接经验。内省有其局限，这是我们现在可以批评的，但是实际上冯特的内省方法并非现在测量学里相对随意的自我报告，他还是规定了一套严格的程序的。内省了之后如何分析？最简单的办法当然是将这些直接经验进行概念上的分类，使它们成为一种可供分析的资料。分类的基础便是确定这些资料的本质如何区分，这无可避免地要求将心理历程切分为元素。切分元素的过程也是一个探究元素如何结合的过程，这种结合过程也是冯特所关注的。叙述冯特的元素与元素结合的繁杂过程是专业心理学史的事情，在此我们仅需要知道，冯特是但也不仅是一个单纯的元素主义者。他通常会被误当作类似心理化学般元素分析的始作俑者，但真实情况是，他还是一个哲学教授，也有其形而上学观，在伦理学、逻辑学方面均有著述，最为重要的是，他在晚年还试图探讨社会心理学。

作为一个勤奋的学者，冯特著述之多是大部分心理学家所无法企及的，铁钦纳翻译其著作的速度甚至都没有冯特大幅修订自己著作的速度来得快，若单以其生命时间与著作数量来看，他也许每时每刻都得写一个字母。铁钦纳没有看到冯特晚年的十卷《民众心理学》，也就再没有了社会心理学思想。当然，如果他看到了，我猜他也不会喜欢。铁钦纳很严苛，他的学生、心理学史家埃德温·波林却写道："多么伟大的一个人！他一直是与我曾经有过密切联系的人中最接近天才的。他总是能提出意想不到的建议。如果你有蘑菇，他会告诉你如何去烹制；如果你买了橡木地板，他会立即说出橡木灰的好处；如果你要结婚，他立刻会给你建议；如果你正度蜜月，该回来的日子他会写信提醒你……"在康奈尔大学任教期间，铁钦纳一直保持着抽雪茄的习惯，且放言不会抽烟的人无法成为好的心理学家，导致不会抽烟的波林只能因为害怕而抽到吐。同时，他一直恪守自己对心理学的严苛定义，不允许其他并不"纯粹"的心理学研究出现在他的视线中。他心里这片纯洁的领域即他所谓的结构主义。把结构主义与功能主义对立起来是铁钦纳的创举，他通过类比生物学来说明心理学的层次。铁钦纳认为生物学包含三个层面，即：解剖学，这是结构；生理学，这是功能；胚胎学，这是发展。虽然这三个子学科并不同于现在的生物学分类，但是在铁钦纳看来，它们涵盖了生物学的全部，心理学也如此。在这个意义上来看，心理学也应分为结构、功能和发展的研究。但在心理学建立之初，若不了解心理学有什么，则无法考虑心理学能做什么，结构的研究在逻辑顺序以及科学方法上都要优先于功能的研究。因此，结构主义的任务是将意识进行解剖，而由于研究对象——意识的特殊，所采取的方法只能是内省。铁钦纳的内省不同于摇椅哲学家的内省，他力求科学客观，力求被试受到训练之后再进行可以重复的、能区分出刺激和自己对刺激的感受的内省。通过大量内省，铁钦纳发现意识的基本元素有感觉、意向与情感，而每种元素又有其基本的属性。铁钦纳通过这种方法居然区分出了超过40000种感觉。当心理学通过元素分析找到了40000多种分析结果后，这些东西是什么、应该如何组合、有何用处，便成了重要问题。铁钦纳无法正视这一问题。

这个问题是心理学特有的问题。为什么物理学、生物学、化学都可以进行元素分析，把世界分成细胞、元素、原子，而心理学却找不到基本的心理单元？这种由大化小的观点确实是现代西方科学的世界观，不这样做无法进行科学研究。这是西方自古以来对待自然的方式，从哲学思考到自然科学探究皆如此。想要代表德国哲学在美国生根发芽的英国人铁钦纳所使用的看待世界的方式，还是这种把大切小的方式。

纯真的美国人可能不这样思考问题，比如威廉·詹姆斯。詹姆斯出身于富庶之家，这使得他能够致力于自己的兴趣并能轻松获得教职。在欧洲，詹姆斯听过赫尔姆霍兹与冯特的课程，但他对他们的理论毫无兴趣。回到美国，他谋得哈佛大学心理系教职，并在1875年先于冯特建造了一个仅仅用于教学的心理学实验室，同时花了整整 12 年时间撰写了文辞优美的《心理学原理》。之后，这位哲学气质浓郁的心理学家便继续自己的哲学思辨。詹姆斯接受达尔文的进化论，认为人之所以进化出意识，一定是因为意识有其功用。他反对低等的元素分析与还原论，他表示人之所以为人，是因为人有意识，而不是因为人有神经，螺蛳也有神经，那又如何？与铁钦纳不同，詹姆斯认为意识是一个整体，是连续不断的流，是无法将其分割为碎片的。这种意识流的状态将人的状态界定为了私人独有，因此去寻求共同元素必然失败，这导致意识是附着于意识拥有者的，脱离主体，意识无法独立研究。当然意识也总是有对象的，无法凭空进行，它的对象还存在人为选择——每个人始终在选择一种意识对象而排除其他意识对象。当然，意识的这种私人状态也是一次性的，你无法体会两次一模一样的心理状态。因为意识有主体也有对象，那么人在知觉自己的时候，一定存在一个主体，也存在一个对象，这个时候的主体与对象都是“我”。詹姆斯把主体称为“主我”，而将对象称为“客我”。詹姆斯重视这种主我，因为它是整个主观生活的中心。功能主义在詹姆斯之后由其学生在芝加哥大学与哥伦比亚大学开枝散叶，其基本思想依然是放弃元素分析的想法，关注意识的功用，关注心理学的应用。

詹姆斯和他的学术后人没再切分元素了，但是功用主义的思想让他们陷入心理的功用，一旦关心功用，极化之后，便会导致研究不再思考心理的本体，而考虑其用途。应用心理学得以发展的同时，也会抑制基础心理学原理的探究兴趣，这种异化，很像现代管理学和心理学的关系。要有用的功利思想，这也是非常美国化的观点。这都和社会心理学的研究方向渐行渐远。

1908 年，有着非常强烈人文气息的心理学家威廉·麦独孤和社会学家爱德华·罗斯分别以“社会心理学”作为书名的一部分，写下了社会心理学的著作。罗斯的书大略没有产生太多的影响，这可能是因为社会心理学始终是心理学的分支，而与社会学没有太大关联，直到现在也如此。麦独孤虽然写社会心理学，但是他更强调的是人类心理个体上动力的成分，而且他明显更是功能主义者。麦独孤自己写道：“对社会科学来说，心理学有一个基础性的重要部门，就是研究人类行动的源泉，即维持身心活动和调节行为的冲动和动机的部门；可是这在心理学的所有部门之中，却是最落后的，因为它是最隐晦、含糊和混乱的。至于有关意识状态的适当分类、元素的分析、这些元素的性质、它们混合的法则等问题的解答，对社会科学是几乎没有多大意义的。”我想他的社会心理学更多是意识到了心理学的社会科学属性，而非强调他人或者群体。

中间类似奥尔波特兄弟等早期社会心理学家的故事我们暂且不表。社会心理学真正能在美国产生，还是应该归结于世界格局的意外变化。美国缺少产生社会心理学的土壤，它只能产生由大切小式的、类似自然科学的元素分析，以及相当功利、只问用途的应用心理学。纳粹迫害导致大量优秀欧洲思想家和科学家逃到美国，心理学家也不例外，逃到美国的犹太心理学家很多，其思想非常多样，给美国这种原初的元素与功用想法带来了新的可能。

心理学家库尔特·勒温出身于德国的格式塔心理学学派，他真正给美国带来了社会心理学的基本思想。格式塔心理学只是一个心理学里并不大的流派，马克斯·维特海默、库尔特·考夫卡和沃尔夫冈·苛勒是其代表人物。三位德国心理学家与美国传统完全不同，但也并非无名之辈。维特海默师从冯特的弟子、二重心理学家奥斯瓦尔德·屈尔佩，而考夫卡和苛勒都师从现象学家胡塞尔的弟子卡尔·斯塔夫。1910年夏天，维特海默在从维也纳前往莱茵兰度假的火车上，忽然发现窗外的行道树在移动。大家都见过火车车窗外的树木会移动，但是这个视错觉现象却给了维特海默以启示。他马上中断休假，在中途的法兰克福下车，前往法兰克福大学进行实验，协助他进行实验的正是当时法兰克福大学的两位年轻教师考夫卡和苛勒。维特海默用速示器呈现先后出现的两条线段，这两条线段是垂直的。他发现，如果两条线段之间的时间差是30毫秒，那么人们倾向于看到一个直角；如果两条线段之间的时间差是200毫秒，那么人们看到的就是一前一后两条线段；如果两条线段之间的时间差是60毫秒，那么人们会看到一条线段向另一条线段运动，即一条线段倒下又立起的现象。这被维特海默称为“似动”。维特海默认为这种物理世界并不存在的现象，在心理现象场中以一种整体的方式存在，而这个整体是不能被元素分析为两条线段的，它就是一个整体，优先于部分且决定部分的性质。据此，格式塔心理学提出了一系列知觉原则。而斯塔夫的另一位博士勒温就用格式塔心理学的基本原理来看待社会，移居美国之后，勒温创立了实验社会心理学。勒温的格式塔习惯，让他知道每个人都不是孤立的个体，人以群分，而群体也并不是个体之和。勒温使用场来限域个人的行为，他著名的行为公式B=f（P, E），即认为行为（behavior）是个人（person）和环境（environment）共同作用的结果。在这个公式里加上一个“环境”是了不起的发现，因为西方社会普通民众的归因模式是将行为均归因于个体，这是李·罗斯所谓的基本归因偏差。至此，美国心理学才发现外部的情境居然如此重要，群体过程如此重要。如果说个体有其心灵，那么勒温等人告诉了当时的美国传统，群体也有心灵（group mind），有情绪，有完全不是个体集合的群体行为。

这个观点在美国人看来就很难。他们并非没有群体意识，只是群体意识是个体意识的外化，以个体意识为先，群体变成了一个第二性的概念。苏格拉底认同自己认同的法律，无论此法律判处是否公正，是否合理，他选择服从，这并不是因为他服从了法律这一集体契约，而是因为他强调了自己的个体意识。他并不是为了集体精神或者民族大义这样的东方传统理由而慷慨赴死，他的死是因为他的个体意识。但是西方文化的个体意识外化产生群体意识的方式容易发生异化。苏格拉底自己认同的法律导致了自己的死亡，他所认可的规则反而成了逼迫他自己的压力。个体意识走向异化是必然的结局。这可能造就了西方制度的弱点，但也同时让个体主义的美国人无法很好地理解群体。德国传统比上个世纪追求科学与功利的美国更加倾向于群体。仅从这个意义上来说，他们甚至更类似中国式想法。可想而知，群体心理在中国人看来不困难，我们天生就在群体中。中国人对群体心理毫不陌生，我们天然就知道他人会影响我们的行为。只是中国历史上并未出现真正的社会心理学，也几乎从未在社会心理学史上留下过痕迹。我们这样讨论中国思维，只是因为我们是中国人，感到可惜。甚至非中国人也感到可惜，例如任教香港的文化心理学家彭麦克就感叹，如果心理学是由中国人创立的，那么它一定是一门强调社会心理学的基础学科。

可惜心理学不是由中国人创立的。社会心理学的出现与发展都在美国，欧洲在战后经济复苏之后开始试图复兴其社会心理学。欧洲复兴社会心理学的方式其实是他们惯常的思维方式，即像格式塔那样强调群体而非个体、更加社会科学化而非自然科学化。与之相比，美国的社会心理学虽然强调情境，但还是着眼于个体，倾向于采用各种操作性定义，以元素分析的方式做社会心理学研究。当你近距离感受两种社会心理学时，你会感受到欧洲社会心理学的理论深度与更加质性的方法，以及美国社会心理学的科学细节和快餐主题。

这和社会心理学的研究方式有关。简要描述之，应该说，心理学的研究方法不应被简单分为观察法、问卷法、实验法等，因为这样混淆了研究的设计与收集数据的方式。按照亨德里克等人对心理学研究方法的分类，心理学的研究至少可以在以下四个维度上进行划分：第一，研究对象：群体还是个体；第二，数据搜集：观察还是自我报告；第三，研究设计：真实验、准实验、相关、描述；第四，研究场所：实验室、现场。在研究对象维度上，心理学研究可分为群体研究或者个体研究。很明显，大量心理学研究的都是平均数结论，即群体规律；但是少量的临床心理学研究却会去探究个体的心理与行为规律。群体研究的优势在于它可以得到普遍规律，但是缺点在于这种普遍规律实际上很难应用到个人身上。个体研究的优势在于它能够精确预测个体心理规律，但却无法推及整体。在数据收集方式上，通常心理学研究有观察与自我报告两种。心理学研究可用多种方式来进行观察，比如，视觉观察：用摄像机、单向玻璃、计时器、核查表、评定量表、计量表等工具记录数据；听觉观察：用录音机等设备；生理计量：脑波、血压、心率、皮电等，用生物反馈仪、事件相关电位、功能性磁共振成像等方式获得。观察法的优点在于较为客观，缺点在于缺乏对个体自身体验数据的获得。自我报告则通常采用问卷调查方式获得。其优点显而易见——这是第一性的心理经验，自己才是最为了解自己的人。但是这种方法的缺点在于，有时候自己不愿意将真实想法诉诸他人，表现出社会赞许性；或者想将内心想法说出来的时候，却发现自己也不甚了解自己，表现为朴素现实主义。在研究场所上，通常可以在实验室，也可以在现场。实验室实验是自然科学家的主要手段，心理学家也最常用此地。心理学诞生的标志就是第一个心理学实验室的建立。其优点在于在实验室中想要什么就能操纵什么，缺点在于无论如何操纵都不真实。现场进行操纵贵在真实，但会导致实验的操控并不严格。心理学的研究对象是人，而情境对人类行为的影响巨大，实验室中被试的反应可能和现实生活中大不相同，因此现场实验可以很好地提高研究的生态效度。心理学的研究设计分为真实验、准实验、相关与描述四种。真实验与准实验的区别不在于是否在现场进行，而在于是否进行了被试的随机分派，也就是每一个被试接受哪一种处理是否随机。而它们与相关的区别在于自变量是否进行了操纵。真实验与准实验都是得出因果关系的方法，而相关研究得出的是相关关系，单纯的描述研究则得不出任何关系。所谓实验，即是操纵自变量、观察因变量、控制无关变量、比较处理与非处理结果的方式，这是社会心理学最为常用也最引以为豪的研究方式。

目前为止，对社会心理学这一学科的发展产生最大影响的还是美国的社会心理学。美国社会心理学有个最显著的特征，即学科的发展完全同步于美国社会的发展，研究取材于当时美国社会的情形。在美国黑人还没有获得平等权益时，研究者研究偏见、歧视、态度等主题；在平等法案通过之后，美国社会心理学研究白人是不是真的不再歧视黑人，做内隐社会认知。战争期间，美国社会心理学研究如何改变美国人的饮食方式以备战，如何说服民众以征兵，如何进行舆论宣传，这些都成了研究态度改变、说服甚至是传播学的奠基工作。“冷战”时，美国社会心理学研究战后心理、经济决策。成为全球霸主时，美国社会心理学研究国民幸福。恐怖主义横行、环境问题恶化时，美国社会心理学研究战争、和平、文化、环境。这种例子可以写一本书，美国社会心理学的每一步发展，都与当时的美国社会问题息息相关。

中国的社会心理学呢？我们都在研究美国社会，本土化心理学的尝试始终没有找到更好的方式，是产生独特的研究主题还是产生独特的研究范式？这始终无法从本质上解决。我们是倾向于集体主义的，但是欧洲社会心理学似乎比我们更强调群体。我们讲究关系，但是无论哪种社会均强调关系，用我和海特所讨论的话来说，这个概念并没有我们想象的那么有文化独特性。用体悟的方式去研究，那么研究便看起来“不科学”，如何在科学至上主义的现代求得生存都显得无法回答。

其实中国文化很适合心理学，尤其是社会心理学的生长。我们普通人早就知道人心不是西方心理学所说的完全客观的自然科学，哪怕心理学的目标是。我们早就知道什么都需要考虑当时的情境，以切身体会思考人生，以非常主观的方式体悟世界。牟宗三曾这样描述中国哲学的特质：“西方历来从亚里士多德起，一讲普遍只有抽象的普遍，没有所谓具体的普遍。什么是具体的普遍呢？这在西方人是很难了解的，但在中国人就很容易了解。比如孔子讲仁，仁是个普遍的原则，但是你不能说仁是个抽象的概念。仁是不能和科学、数学、逻辑里面所谓的抽象概念相提并论的。所以孟子说仁就是恻隐之心，它就是具体的。但虽然它是具体的，它并不是事件。它有普遍性。”这其实也是心理学的特点。心理现象都是具体的普遍，它的规律性体现在每个人身上，但每个人的表现又不同，综合来看，它又有规律可循。

在我看来，其实中国智慧里很多都是心理学，而且是道德心理学。我们无须论述中国是多么地泛道德化，我们的治理方式几千年来很大程度上都是依靠道德维系，靠的是遵守礼法。道德在每个人心里，古人认为它是天道，“天人合一之处是你早有良知之时”，这些道德情绪是天然的，孟子所谓“四端”都是如此：“恻隐之心，仁之端也；羞恶之心，义之端也；辞让之心，礼之端也；是非之心，智之端也。”当然你发乎情也要止于礼，在克己复礼中没有自我，只有每个人不同的角色，“君君臣臣父父子子”里才有自己。这似乎更像我们的社会心理学。当然，我们还没有足够的实证研究、逻辑框架和独特研究方式来支撑这样的社会心理学。

没有自己的体系、方法，至少我们有自己的社会。有个心理感觉我从未见过研究——一种“历史感”。很多时候我看新闻，这个世界上发生的大事小情，都让人有一种难以说明的历史感，你会感受到自身的渺小与世界的广阔而难以企及。我们每天都生活在历史中，身边发生的事情都可以是社会心理学研究的对象，过去几十年的中国社会甚至就是社会心理学最好的贯彻地。有一天我路过一个城中村，四周的高楼掩映下，里面更像一座围住的小城，百米长的街道上可能有几十个小摊和几十个小旅馆，它在告诉我们传统的生活方式，在这一刻残留，在下一刻变化，百年之后，不知道社会生活会变成什么样子，但很可能再也回不到原来的家族生活了。我们身边在不断发生各种事情，中国不断崛起，比肩发达国家，与之不匹配的是，中国的社会科学研究水平还没有到这样的地位。世界不断变化，全球化又逆全球化，竞争、合作还是脱钩？谈判还是惩罚？经济还是政治？意识形态还是文明冲突？它们每天都在我们眼前出现。

我只是想说，社会心理学家有更大的情怀和理想。社会心理学关心柴米油盐，也关心更大的事。别只是想依靠它看穿人心，它看不穿人心，血淋淋的人心也千万别想去看穿。当然也不会像古斯塔夫·勒庞所描绘的那样“心理学统治世界”，哪怕群体都是容易煽动且盲目的。孙中山先生在《建国方略》的自序里就很清楚社会心理学的作用：“夫国者人之积也，人者心之器也，而国事者一人群心理之现象也。是故政治之隆污，系乎人心之振靡。吾心信其可行，则移山填海之难，终有成功之日；吾心信其不可行，则反掌折枝之易，亦无收效之期也。心之为用大矣哉！夫心也者，万事之本源也。满清之颠覆者，此心成之也；民国之建设者，此心败之也……然尚有踌躇审顾者，则恐今日国人社会心理，年前之党人社会心理也，依然有此‘知之非艰，行之惟艰’之大敌横梗于其中，则其以吾之计划为理想空言而见拒也，亦若是而已矣。故先作学说，以破此心理之大敌，而出国人之思想于迷津，庶几吾之建国方略，或不致再被国人视为理想空谈也。”这是最大的智慧，如霍布斯在《利维坦》开始时便写出：“‘智慧’不是从‘读书’得来，而是从了解‘人’得来……因为个人素质和各人所受的教育千差万别，所以被以伪装、欺骗、假造和谬论掩盖并混淆得像现在这样难于被人了解的人心的性质，只有探究人心的人才能了解。”我想，这是每个教授、研究和学习社会心理学的人都不应该忘掉且值得自豪的。

社会心理学试图研究社会行为发生的原因，但难点是做出行为的人往往还不知道原因。这是朴素现实主义（naive realism），即我们往往不认为自己不知道，而认为自己知道。例如，让被试分析自己的态度，对某件事情的好恶，我们往往会现场编制出各种自以为是的理由。在实验中，一模一样的袜子，你拿了右手边的，却不知道这是因为自己是右利手，还说这是因为那双袜子让你想起了你奶奶。那么找不出原因的时候，大略上就只能从内外来分，然后再细致地考察它们分别是如何发挥作用的。内外即个人与情境。

李·罗斯与理查德·尼斯贝特在讨论社会心理学的基础原理时将社会心理学的基本观点定义为三条，即情境主义、社会建构和紧张系统。他们说这是其个人承袭自勒温以降的学术传统的偏见，我却觉得甚为恰当。

情境主义（situationism）当然强调行为的外部情境影响，而非个人。大的环境可以影响人类做出极端行为，米尔格拉姆和他的高中同学津巴多，两人各做了一个发表极差或者根本没有发表的实验，结果成了社会心理学教科书大量描摹的章节。服从实验和斯坦福监狱实验严格意义上讲甚至不能叫作实验，因为没有控制组，没有比较。但这两个实验最好地展示出了社会情境的强大作用。强的情境和角色盖过了个人特质，它甚至描绘了善良之人如何作恶，战场上的士兵如何变成嗜血的屠夫。这好理解，难于理解的是，社会心理学告诉我们，不只这些情境，微小情境的力量远远比你想得要大。比如一角钱效应（the dime effect）。请大学生来参加实验，首先必须在实验室对面的电话亭打电话才能进入实验室，电话费是一角钱，参与者被随机分为两组：一组人进电话亭发现刚好有一角钱在里面，就直接打了电话；另一组人进了电话亭投了一角钱没反应，接着又投了一角钱才打通电话，打完电话后，这两组人出电话亭时都会推门把一个学生手上的一叠问卷打翻。结果发现，得到了一角钱的大学生有近九成的人帮助那个学生整理问卷，而没有得到一角钱的人仅有一人提供了帮助。哪怕只有一角钱的改变，也会极大地影响人类社会行为，这种效应盖过了个人本身的特质。比如按常理推断，神学院学生应该是具有美德的，但是在实验中，让他们准备一个关于良善撒玛利亚人（the good Samaritan）的寓言故事演讲，原本和他们说在某楼里做报告，但后来又告诉他们改到了另一栋楼里。离开原来的楼时，有一个人在路边呻吟，看起来需要帮助，那些被告知时间充足的学生比那些被告知需要快点的学生更可能提供帮助，而且提供帮助的比率甚至高出六倍之多。所以有时候不在于人是好是坏，在于是否有让你做好事的情境。更小的情境改变也一样。光线昏暗的屋子里的人比明亮屋子里的人倾向于更多地虚报他们做对困难题目的个数，而戴着墨镜的人也比戴着普通眼镜的人作弊更多。在一个洒满清洁剂的房间内做任务的人比那些在普通房间内做任务的人更能相信别人，也更愿意施舍他人。毫不夸张地说，整个社会心理学就是一部对外部环境影响人类社会行为的研究史。

情境主义造成的另一影响则是抵触人格的作用。我们日常生活中每天都在给自己和别人下定义并进行预测，比如“他是个懦弱的人，所以他受到欺辱不会反抗”。问题是懦弱的人真的不会反抗吗？社会心理学家认为人格只是一种朴素倾向（lay disposition），即特质的稳定性只是语义相似性而并不是跨时间进行观察研究的结果，而人格的稳定性只存在于旁观者的直觉中，实际并不存在。这是什么意思？就是说本来没有懦弱的人，只有让人懦弱的情境，你以为别人懦弱只是“你以为”，懦弱只是个直觉，不是事实。当然我们不应该把人格绝对化，因为人确实有个体差异。但个体差异不会体现在每个具体的情境下，它只会表现在各种情境的平均数中。也就是说，懦弱的人不见得每次都懦弱，但是你看他一辈子在各种各样情况下的行为，平均起来倾向于懦弱，这就是懦弱。这其实告诉了我们看人不能看印象，因为人类形成印象快速而无道理，需要看这个人在许多情境下的平均倾向。所以路遥才知马力，孔子说“三年无改于父之道”，这需要时间。其实也不仅仅是时间，你会看见很多人说：“我跟他过了几十年，我才看清楚他这个人。”为什么几十年还看不清？因为这几十年的柴米油盐情境太单一，时间并不重要，情境的极端和丰富性更加重要，从极端顺逆的多种情境去考察平均数，才能认识一个人。

除了情境对人造成影响，人也对情境进行建构，人类无时无刻不在建构着自己的社会现实（construct the social reality）。外在的物理世界其实没有那么重要，因为在你的心里，外在物理世界是什么样子很难说。本来你昂首挺胸地走路，如果你哪天听到了关于自己的流言蜚语，虽然都不是真的，但是你也觉得可能会有人在后面戳你脊梁。这个世界，知道与不知道大不相同，这个“知”就是你对社会现实的建构。我们每个人都是通过自己的建构来认识外部世界的，这是盲人摸象，也是管中窥豹。哪怕物理学到了最后也还是理论，理论都是独特的视角和假设。勒温曾说：“没有什么比好理论更加实践。”（There is nothing so practical as a good theory.）后世心理学家安东尼·格林沃德反驳说："没有什么比好方法更加理论。"（There is nothing so theoretical as a good method.）格林沃德的反驳相当无力，因为他没有发现，无论是他还是勒温，都只表达了建构的观点。是的，无论理论还是方法，都只是我们认识世界的方式，经由独特的方式，我们看到独特的世界，而并不了解世界的真相。科学也只是一种了解世界的方式罢了。我们了解不了整体的、所有的社会现实，我们只是通过自己的方式去建构这个世界。如何建构，建构的过程是什么，这都是社会认知的内容。人在认知上是懒惰的，能不动就尽量不动，这就造成了我们的建构相对保守，我们形成的态度往往难以快速改变，即使改变也得是缓慢的、渐进式的。这也造就了我们大部分时候都不会用全力去认真思考事情，大部分社会决策都是拍脑袋用直觉来行事，直觉相当强大，通常基本正确，但也常常不靠谱。这更造成了我们看见什么就用什么，脑袋里冒出什么就用它当作依据，那些最可及而非最优的选择往往成了人们的选择。这就和谈恋爱一样，其实你今天决定和她在一起，并不一定她最合适，因为你不可能也实验不了所有人，只有她最可及，她让你产生心动感觉的一瞬间，你不会考虑其他而直觉地认定：这就是世界上最适合我的人。这种认定其实不太有逻辑。

至于做出行为的原因，细究到个人，可能是因为每个人心里都有一套紧张系统（tension system）。紧张的心理状态我们都不喜欢，都想要摆脱，于是便会做出各种行为来摆脱这种状态。比如你抽烟，但你知道抽烟有害健康，这样你心里便产生了紧张。摆脱这种紧张状态，你要么戒烟，要么无视健康，要么觉得及时行乐比健康重要多了。这就是认知失调，是最为精巧的紧张降低理论。有时候我们一辈子都处于认知失调之中。比如你找了个男朋友，但是他同时还有两个女朋友，你心里便紧张，为了摆脱紧张，你会想“其实也无所谓，他至少对我比对那俩好”。你发现他对别人也不错，你心里便又紧张，为了摆脱紧张，你会想“没事，他至少是个富二代”。他把钱都挥霍完了，过穷日子，你心里便又紧张，为了摆脱紧张，你会想“没事，至少那俩因为他穷都走了，他是我一个人的了”。他就你一个人还对你不好，你心里便又紧张，为了摆脱紧张，你会想“算了，都投入这么多了，我也累了，就这样吧”。这个例子价值观不怎么正确，我只是举个例子而已。生活中这样一步步失调的人太多，每天我们都在摆脱自己的心理紧张状态。不只认知失调，弗洛伊德的力比多也是一种典型的紧张降低的理论——你的欲望如洪水猛兽，决堤意味着紧张降低。“本我”与“超我”的永恒争斗中，“自我”的调节就是紧张降低的源泉，甚至整个心理防御机制就完完全全是紧张降低的方式模板。有趣的是，我一向认为，惯于忍辱负重的中国人比较能够理解紧张状态，因为我们并不把紧张当作紧张，倾向于辩证看问题的我们没那么多失调。心理紧张我们也不能说，心里苦也要笑着说完，我们讲究“泰山崩于前而色不变”这种非常反人性的外部行为表现。美国文化是崇尚个体的，所以势必强调个体的能动、自由、意志。紧张降低的心理学是被动的心理学，与能动的美国文化并不一致。按道理说，类似自主（autonomy）这样的动机理论才会是在美国稳定发展的社会心理学更容易接受的。不过大部分人类行为的原理还是相似的，造成我们紧张的还可能是我们没有掌控感，即我们无法以一种可预测、规律而稳定的方式去看待世界。也可能是我们没有联系，即我们缺少了与他人或者社会的联系。当然也更可能是我们被人贬低，自尊受到损伤。人都是追求自尊的动物，大多数人都以积极的方式去看待自己，每个人在自己心里都是世界的中心，或多或少都会认为缺了自己地球不转。这种看待自己的方式必须是稳定的，哪怕自己是错的，认错也很困难，因为这样会导致自我不一致。做了坏事的人很大程度上还会去做坏事，越陷越深正是因为这种自我一致的感觉，这才会有“一失足成千古恨”啊。

其实这三条原则并不是无懈可击。很多时候情境主义并不绝对，因为人格、人格和情境的交互作用还会有影响；很多时候社会建构也并不那么主观，大家都这样看待一件事情，哪怕是错的，它也变成了对的，这是柏拉图“洞穴”的隐喻，也是执政者重视舆论的原因；很多时候紧张系统也不一定是被动的，因为人的主观能动性、梦想和情怀并不一定只存在于和朋友喝了酒后。但它们是社会心理学的基石，是社会心理学家的信仰。说是信仰，其实用艾略特·阿伦森的话来说，是信仰跃进（leap of faith），即“未知前景也并无把握，但我跳下去选择信仰”。了解人类社会的行为，也找不出更好的办法，何不一试？社会心理学研究的是主观世界的客观规律，类似物理学研究的是客观世界的客观规律。我们常常受到自然科学研究者的内隐歧视，但是其实若有歧视他们便是短视的。主观世界的客观规律远远复杂于客观世界的客观规律，而且前者更加美丽。

我总是以这段话来勉励学生，希望他们能像受过教育般言行体面，发出自己最响亮的声音，永远思考最宏大而最为抽象的问题，永远去做人生中力能所及的小事，永远保持以良知行事，最重要的是，请永远摆脱社会心理学的情境整齐划一的影响，去做一个有趣而特别的人！即：

Looking GOOD

Speaking LOUD

Thinking BIG

Doing SMALL

Feeling RIGHT

Being SPECIAL

25

心理学与心学

我认为有两个观点很有趣，一个叫作具身认知的观点，一个叫作天然道德的观点。什么叫具身认知呢？简单地说，就是知行合一——我们是通过我们的身体和行为来认识这个世界的。所以当你看到他人笑容的时候，你有没有看到他笑得很开心？你觉得他真的笑得很开心吗？什么叫笑得开心呢？心理学发现，有好几种笑得开心的方式，最好的一种笑是脸颊抬高，眼角挤出鱼尾纹来，这才叫真笑。当你看见别人用这样一种方式来笑的时候，那他是真的笑得开心。为什么这样说呢？因为你每天会在大量的商业广告上看到无数职业性的微笑。这些职业性的微笑都没有鱼尾纹，妆都化得非常好。如果我们心理学做实验，有两组人，一组人让他叼一根筷子，叼筷子的同时，脸颊抬高，挤出鱼尾纹，保持这样一种笑，然后让他去看一个《猫和老鼠》的片段，问他有多好看。另一组人就像那个商业模特一样，叼一根筷子，只是那样叼着，这个时候也让他看一个《猫和老鼠》的动画片，问他有多好看。最后发现真笑的时候，他会觉得这个东西更加好看。这就是所谓的知行合一，这就是我们在通过我们的行为来认识这个世界——我做出了笑容，我也真的觉得这个世界就变得更加美好了。

有人认为，任何试图用科学来解释哲学的行为都是非常愚昧无知的。我现在要做一个尝试，用我的科学的思想来解释一下哲学的事情，让大家看一下是不是真的那么愚昧无知。我主要讲三个观点：第一个是“良知”的观点；第二个是“至善”的观点，就是为什么我们觉得能做到“反身而诚”的人是最好的人、最高尚的人、最有道德的人、最伟大的人；第三个是“知行合一”的观点。

首先我要讲良知这件事情。良知是一种天然的道德。什么是天然的道德呢？就是我们经过进化，天生就有的一种道德观念，不需要别人教，从妈妈的肚子里生下来就有，这种道德的观念随着我们的成长而不断地发展。举个例子，如果我当着你的面用针刺或者用火烧自己手臂上的皮肤，你就会有难受的感觉，这种难受的感觉不是别人教给你的，也不是你的日常经验所引起的，即使一个小孩看到这样的事情也会难受，哪怕是魔术师在表演类似的动作，就算你知道他没有在伤害自己，你还是会咬紧牙关，不太想看这样的事情。这就是我们内心早就有的道德的观念——我们不喜欢这样的事情。有很多小品、商业广告用这样的事情来哗众取宠，但是他们不知道这样的事情其实是人类天生所不喜欢的事情。

为什么我们有这样天然的道德？为什么我们有天生的良知？因为我

们的脑袋里面有一种神经元，叫作镜像神经元。什么是镜像神经元呢？就是当我在看别人做一件事情的时候，我脑袋里面会激起和我自己做同样事情时同样的反应。猴子也有这样的反应，当猴子看见一个人在拿东西吃或者拿东西去扔别人的时候，跟这个猴子自己拿东西吃和拿东西扔别人，脑袋里面的反应是一样的。这就是镜像神经元的作用。我们每个人都有这样的镜像神经元，所以造成了我们都会天然地去同情他人的痛苦，造成了我们都能够共情他人的苦难。

我们知道，道德是进化来的。从科学上来说，如果道德是进化来的，那么小孩子也有，比我们低等的生物也有，猴子也有。所以，心理学家做实验，在实验中让两只猴子做一件事情，做什么事情呢？把小石头给实验的研究人员，然后研究人员就会拿一根黄瓜给猴子作为回报。实验中的两只猴子都很正常，因为它们同时拿一个石头给这个研究人员，研究人员都给它们一根黄瓜。但是，如果你改变一个条件呢？当实验人员给左边的猴子黄瓜，给右边的猴子葡萄的时候，左边的猴子就会对这种不公平行为做出抗议。在另一些实验中，右边的猴子为了公正，它会拒绝吃葡萄。猴子都有这样的良知。所以良知是一个什么样的东西？良知是天生的、进化而来的。

再讲一个实验的例子，这是非常有名的一个心理学的实验。假设有一列火车疾驰而来，而你是一个火车道的扳道工，你站在铁轨旁。如果不扳道的话，火车会沿着左边这条铁轨轧死在铁轨上工作的 5 个人。你站在这里，有可能扳一下道，让它轧死右边轨道上的 1 个人。这个时候你选不选择扳道？选择扳道的人，我猜测你们选择的理由是死 1 个人比死 5 个人要划算，是吧？如果这件事情换了一下，改成了你站在天桥上，天桥上有一个很重的胖子，火车从这里疾驰而来，前面有 5 个人。你只有一种方法能救这 5 个人——把这个胖子给推下去（假设你推得动他）。胖子会死，但是他会挡住火车，这 5 个人就能得救。这个时候你会不会选择把这个胖子推下去？这个时候应该没有人选择把这个胖子推下去。从逻辑上来讲，这是一模一样的情境，我们把它抽象出只有数学的观点来看，同样是杀一救五，为什么在一种情况下我们会去杀，而另一种情况下我们选择不杀？两害相权取其轻，这是伦理学上的功利主义的做法，但是为什么这里你不取其轻呢？

这件事情被哲学家争论了数年之久，没有人知道答案。直到有一个哈佛大学哲学系的博士生，他做了一个心理学的实验。他把在做这种选择的人推到了核磁共振的机器里面。发现了什么呢？发现在做这两个情境的时候，人们大脑的活动是不一样的。做第一个列车困境的时候，大脑里激活的是和理性加工有关的区域，所以在这个时候人们只是在算计平衡，算计得失。而做第二个列车困境的时候，人们的大脑激活了信任和背腹侧前额叶等和情绪有关的脑区。也就是说在这个时候，你不是在算计，你是激活了一种情绪，这个情绪是什么？这个情绪是我们天然的良知，我们的良知告诉我们不应该把这个无关的人给推下去。所以这个是区别所在。这篇文章发表在最权威的科学杂志《科学》（*Science*）上。

第二个例证，什么叫作良知？道德心理学家做过一系列的实验证明什么叫良知。我下面会给大家讲一些故事，你们告诉我主人公有没有犯错，犯了多大程度上的错，是不是应该受到惩罚。第一个故事，有一个妇女，她家的抹布用完了，她就把她家外面插着的一面国旗拿回家来，然后用国旗来擦她的马桶。你们觉得这件事情错了吗？有多错？为什么错？第二个故事，有一家人养了一条狗，养了10年了。有一天狗在门外被飞驰而过的汽车给撞死了，这家人觉得死了挺可惜的，就把狗拿回来煨汤给喝了。错了吗？为什么呢？第三件事情，有一个非常孝顺的儿子，他的母亲在临去世的那天下午，拉着他的手说："我知道你非常孝顺，我每天都想看见你，我请你答应我一件事情，我临终的最后一件事，就是每天去给我上三次坟。"但她死后，她的儿子做不到这件事情，你觉得她的儿子错了吗？第四件事情，有一对兄妹，这对兄妹互相爱慕。然后他们开车到了一个山洞里面，发生了不该发生的关系。这件事情错了吗？为什么？第五件事情，有一个男性，他到超市里去买了一只冻鸡，拿回来之后和这个冻鸡发生了性行为。这件事情错了吗？大家都说不出来错了没有。

严格来说，我刚刚都问大家这件事情是否错了，然后接着问为什么。问是否错的时候还有人回答，问为什么的时候就没有人再说话了。心理学家乔纳森·海特把这种现象叫道德失语，也就是说我问大家为什么的时候，你们都不说话了，像得了失语症一样。这个意思是什么？是我们的理性，哲学家所谓的理性，根本不能够分析为什么这件事情错了或者对了。什么东西决定了这件事情错还是对？是我们身上的良知。为什么刚才的那些事情我们都觉得它好像是错的，但是我们又说不出来原因？就是我们的良知在起作用，我们天生地泛起一种厌恶的情绪，这种厌恶的情绪让我们想说但是又说不出来，这是所谓的良知。海特还做了其他的实验，包括用经济利益去换其他的东西，比如说让你把一个小孩的眼睛戳瞎，你愿意为了多少钱去干这件事情？大部分的人都不，听到这件事情都不会去提钱，而是会说我不愿意去干这样的事情。所以这是所谓的天然道德，这是所谓的良知，这是科学上证明的。

第二件事情是：什么样的人是一个最好、最道德的人？请回答我这个问题：拍子和球一共 1.1 元钱，拍子比球贵 1 毛钱，球多少钱？快速回答的话，有人会很快地说“1 毛钱”。接着马上快速地回答我这两个问题：5 台机器 5 分钟能洗 5 件衣服，100 台机器几分钟能洗 100 件衣服？湖中间有个岛，每天这个岛会扩大一倍，48 天后湖会被岛完全占领，那么，岛占领一半湖需要多长时间？

有的人会答对，有的人会答错，为什么呢？因为我要求快速回答，当快速回答的时候，人的心理会马上有一个直觉的答案。湖与岛的问题，你的直觉肯定是 24 天，这就造成了一种思维上的差异。什么叫思维上的差异呢？就是有的人会很快地来回答这个问题，有的人倾向于在做任何决策的时候都很快，有的人倾向于在做任何决策的时候都慢慢地、仔细地思考、权衡。这就是心理学所谓的两类思维系统，一类思维系统是直觉的、快速的、不需要很多思考的，有的时候人做一件事情不需要仔细地思考，马上反应就去做；另一类就是仔细地、审慎地思考。

举个例子来说，就像诸葛亮，他一定是经过深思熟虑才去做一件事情的；而张飞呢，一定是很快地直觉地就来做一件事情的。我们彭老师就做了这样一个实验：这里有四个人，第一个人叫张勇，后面的人也都叫张勇，因为他们给不同的人看。张勇下班回家的途中发现一处房屋起火，他不经思考，马上朝房屋的方向跑去准备救火。第二个也是张勇，他思考再三才去救火。第三个还是张勇，他不经思考就逃跑了。第四个，他思虑再三之后才逃跑。这四种人你们觉得哪一个人是最好的人，哪一个人是最坏的人？大多数人的答案是第一个是最好的人，而第三个人是最坏的人。然后，我们还做了类似的实验，比方说这个人下班回家发现房屋起火，他没有逃跑，他去救火。但是他从来没有意识到自己是做了一件好事，直到受到嘉奖的时候他才意识到这件事情。或者是这个人清楚地知道自己做了一件好事，而且在领奖的时候早有准备。我让几百个人去评价，各行各业抽样，最后还是发现，人们普遍认为哪种人是最好的人呢？我们都倾向于认为，直觉上快速地去做好事的人是最好的人，而直觉上快速地去做坏事的人是最坏的人。我们又在后面的实验中重复了这样的结果。为什么会产生这样的现象？因为当一个人直觉地去做某一件事情的时候，我们觉得他是用他的真我、他的诚、他的赤子之心在做这件事情，他真的是那样想的，他没有经过仔细的算计，这样的人是最高尚的人，是最好的人。

那么什么叫有德呢？你看“德（悳）”这个字是这样写的，一个“直”、一个“心”，所以德者从直、从心。意思是我们跟随自己的心灵，没有任何修饰地去做出一件好事，这样的人是最好的人，不仅王阳明这样说，亚里士多德也是这样说的。

第三个我讲知行合一。我刚刚给大家讲过什么叫具身认知。那么没有使用具身认知的情况是什么样呢？《哲学心理学》上的一篇文章引起了广泛的讨论：伦理学家是不是更多地偷书？研究发现，如果到美国各大图书馆里去看丢书的频率，你会发现伦理学的书架丢书的频率比其他书架还要高，为什么呢？通常情况下只有伦理学的研究生和伦理学的教授才去借那些书看，平常的人都不看伦理学的著作。但是，它丢书还要多，而且多得不止一点点，经典的伦理学著作，比方说王阳明的著作，比其他的书丢得多两倍。为什么学了那么多哲学的哲学教授、学了那么多伦理学的伦理学教授，反而不如看其他一般书的读者？这是心理学很关心的一个问题，这就是知行没有合一。这也是我们现在教育的问题：我学到了一些知识，但是我根据我的理性去分析，计较得失来做事情，那当然知行无法合一，当然我们知道的东西和我们的行为不一样。所以还是说回刚才的问题，我们要用我们心里的诚，把自己的内心表现出来。如果你的心是好的，那你一定会做一件好的事情。

具身认知就是这样：我们通过自己的身体感受去认知外界的事物。心理学做了很多很多的实验，这是我和彭老师做的一个实验：我们让一组人站在一个软垫子上，一组人站在一个硬纸盒上，这个硬纸盒里面垫满了书，软垫子和硬纸盒一模一样大，海绵外面包着一块蓝色的布，看起来一模一样。然后，我们给他们读一个犯错的故事，比方说有一个人特别渴，也没有带钱，他就跑到一个超市里去偷了一瓶矿泉水出来喝。你觉得这个人犯了多大程度上的错？他应该受到多大程度的惩罚？我们发现站在软垫子上的人，比站在硬纸盒上的人更加地宽容。所以这提示我们，应该为了自己的企业员工都做道德的事情，给自己公司里的凳子都铺上软的垫子，这样员工会更加道德。黑的和白的也不一样，黑衣服和白衣服对人犯规的影响不一样，心理学的统计发现，穿黑衣服的人更容易做出犯规的行为。戴墨镜和平光镜不一样，心理学研究发现，如果让一组人戴墨镜，一组人戴没有颜色的平光镜，然后让他们去答一份试卷，这份试卷非常之难，谁都做不出来。做完了之后，让他们把答案写在纸上，说你做对了多少题。每个人的试卷一共有 10 道题，这 10 道题其实谁都做不出来。答案写完了之后，扔到碎纸机里去碎掉，然后根据自己写的答案到门口领钱，每道题 10 块钱。这个时候发现，戴墨镜的人比戴平光镜的人，更多地虚报自己的答案，因为那个题目本身就是大家都做不出来的，他说自己答对了6道，另一个人只说自己答对了2道。这就是问题。所以你会知道黑社会的大哥为什么要戴墨镜，是吧？

这是一种具身的感觉，这是一种知行合一。我们心理学的研究发现，让一组人写下自己做过的不道德的事情，一组人写下自己做过的一件好事。然后告诉他说这个实验做完了，我们给你发一点儿实验的纪念品，一种是擦手用的湿纸巾一包，一种是跟它价钱相等的一支铅笔，问你愿意选哪一种。研究发现写了自己做坏事的那一组人，基本上都选了湿纸巾，因为他用他的身体去感知这个世界，他觉得自己很肮脏，需要擦一擦。而写下自己做好事的人，通常情况下都选了铅笔。同样的实验，发生在商场的扶梯上。心理学家为了研究在上面或在下面时人身体感受的不同，在扶梯的上面放了一个捐款箱，在扶梯下面放了一个捐款箱。结果发现，放在扶梯上面的捐款箱比放在扶梯下面的捐款箱里的钱多出很多。为什么呢？因为通常情况下人从下面往上走的时候，他有一种提升自己的感觉，当他有这种感觉的时候再去捐款，就比往下走的时候捐得多。这是逼迫人们使用身体的力量让自己做出道德行为。你也可以不逼他。如果你在你的公司里想做一件事情，比如想捐款，那你可以在捐款箱的上面放一张眼睛的图片，似乎在看着捐款人。心理学家做实验发现，当捐款箱上的图片是一只眼睛，而不是一朵花，会让人更多地（不是多一点，是多10倍）捐钱。所以，你知道企业的墙上应该贴什么了吧？你应该贴自己的照片，睁着大大的眼睛盯着员工。

这种力量也表现在其他的感受上。比方说，我们心理学家让学生到实验室里去做实验，我们心理系在五楼，上电梯的时候，我给学生一杯咖啡，一组人给冰咖啡，一组人给热咖啡。上去随便给他做几个任务，然后让他离开。走的时候，我会问他觉得我这个人怎么样。握着热咖啡的那组人，通常会觉得我很热情；握着冰咖啡的那组人，通常会觉得我很冷酷。这就是身体的感受对人造成的巨大影响。在一个洒满花香的屋子里和一个臭气熏天的屋子里的人，在做道德行为的时候也不一样。在洒满橘子味香水的屋子里，人们会更少地欺骗他人，会更多地做出合作和利他的行为。

总的来说，什么是知行合一？法国的社会学家皮埃尔·布尔迪厄把它叫作文化资本，这种文化资本可以是一种具身的资本。它告诉我们，我们的知就是我们的行，所有的知识都可以表现在我们的行为、言谈、举止、风度中。

所以，总结一下上文讲的三种概念：第一个是良知，我们认为它是天然的道德；第二个是至善、诚，我们认为它是一种直觉的思维；第三，是知行合一，我们认为它是一种具身认知的表现。

26 做个温暖的教师

近年和教学颇有缘分，先是参加了陕西省教学比赛，不过我只拿了个全省二等奖。之后去昆明参加中国社会心理学会年会，并在理论与教学专业委员会报告我的社会心理学教学体会。后来又参加了与西南交大的教师教学互访活动，还在中国心理学会青年教师能力提高班上作为老师教青年教师们上课。说实话，我认真地学到很多。有时候获得的益处是情感上的，我们受到的启发远大于知识，而启发难以表达，知识可以量化。我在朋友圈里说，教学是个良心活儿，可不是吗？谁真的在好好上课，认真更新自己的知识，谁不照本宣科，谁能让学生快乐地学习，这真的全凭良心。老师是不是用心，学生看得到。回顾我到这个学校来的短短两年，真的感谢同学们对我的厚爱，之前无论讲座还是课程，同学们都大力支持。

作为老师，多少人想过要花多少时间在教学上？在美国，每个老师每周花在教学科研上的时间差不多平均为50个小时，这是什么意思？如果周末休息，每天大约要投入10个小时来工作，这实际上超过了每天的额定工作量。平心而论，我自己也达不到。虽然我每天都会在实验室待到12点甚至2点左右才回家，但是白天的时间真的能有效利用的有多少？会不会被莫名其妙的琐事打断？会不会填一个烦琐的表格就花掉一天的时间？我想这值得思考。我知道很多教授都有个好习惯，每天定时写作，早上起来什么都不干就坐在那儿写作，这和我晚上坐那儿一样，图个夜深人静无人打扰。

如果让老师们选择什么最重要呢？比如，平衡教学和科研、完成评职称要求、平衡工作和家庭、备课等等。有次樊富珉老师来西安，我们一同吃饭，樊老师说“课比天大”，我一直记在心里。我想，教学和科研都不用平衡。做博士后时，有一节心理学史的课，我想来想去没有换那节晚上的课，其实我当时的助教师弟邬家骅知道，第二天早上我有个985大学教授的申请要去最终答辩，想来想去，我觉得还是上课重要，放弃了那个教职。课后，我看着学生，看看家骅，笑了下，家骅说：“他们没有意识到这是个价值几百万的课啊。”现在想来，这也改变了我的人生，要不然我也许不会在西安交大教书，人生也许辉煌多了吧。所谓平衡教学和科研，也就是不想去教学，想挤出时间做科研啊！这有什么好平衡的。西安交大双一流和创新港专栏，我写了篇《一流大学的“软硬兼施”》，摘录如下：

习近平总书记在致中国人民大学建校80周年的贺信中说：当

前，党和国家事业正处在一个关键时期，我们对高等教育的需要比以往任何时候都更加迫切，对科学知识和卓越人才的渴求比以往任何时候都更加强烈。

我校的“双一流”建设和创新港建设正好处于这一历史潮头。应该说，学校长久以来均以一种“硬”科学技术的工科强校形象示人，但这不应成为一所世界一流大学的长久标签。

首先，转印象之“硬”为全面的“软硬并举”。我校的“硬”科技印象是时代的需要，而当前时代已然变化。从南洋公学建设伊始，学堂便是以西学（尤其是能应用的技术）中用的实业兴邦为导向，这当然是以在西方列强的坚船利炮下去面对一个岌岌可危的国家为背景。1949 年以来，交大西迁，仍以工科为主，且不仅交大，理工科至上的思想随着国家建设的推进，在大学中普遍得到重视或支持。这并无问题，因百废待兴之际，物质世界的建设当然先于其他。但现今是千年未有之大变局，经过全党和全国各族人民的砥砺奋进，现在已经是全面建成小康社会的决胜阶段和实现中华民族伟大复兴中国梦的关键时期。它意味着依靠“硬”的物质世界的丰盈来获取安定、团结、和谐、幸福已经不够，“软”的人心、人性、人情、人欲才真正主导国民的获得感与幸福感。学校的吸引力不应只是“硬”科技，大学的魅力来自科技之美，更来自人文之光。因此，特别希望学校在“双一流”建设过程中能夯实原有“硬”科学的印象，而更着重矫正不够人文、不够艺术、不够唯美、不够浪漫，即不够“软”的刻板印象。

其次，转学科之“硬”为科学的“软硬齐全”。学科细致分野以来，随着各学科基础问题的解决，不同学科研究的具体问题日益接近，学科融合之趋势渐成，跨学科合作风气日浓，各学科交叉愈深。与其刻意寻求交叉，不如从学科设置着手。从2000年来的各种文献看，共有7类学科成为支柱学科，支撑所有学科群，即数学、物理、化学、地球科学、医学、社会科学和心理学。窃以为，建设世界一流大学可突出其中数门，但断不可缺其中一门。以心理学为例，这门支柱性学科在其中算最“软”之一，但在当世物质丰富的背景下断不可少。甚至在未来，它可能会吞噬语言学、社会学、人类学等学科的研究问题而更显重要。交大校友钱学森曾在晚年划分了科学技术体系，提出自己的分类：自然科学、社会科学、数学科学、系统科学、思维科学、行为科学、人体科学、地理科学、军事科学、建筑科学与文艺理论。钱老的分类中，至少思维科学、行为科学乃至部分社会科学，其基础学科便是心理学。即使印象中世界一流的理工科大学，如麻省理工学院，也不乏强大的心理学学科。因此，特别希望学校在建设“双一流”的过程中重点关注尚在萌芽状态的支柱性学科。

第三，转学生之“硬”为价值的“软硬兼备”。世界一流大学培养一流的学生，中国的世界一流大学还应培养合格的社会主义建设者和接班人。基于此，我校的学生不应只是技术精湛的工匠，大学毕业生不应追求成为某一领域的“专家”，而应有意提升自己的精神层面，以及能供自己生存和繁盛于世的基础知识和一般能力。研究生则必须在自身领域精益求精，求得对某一科学问题的严格突破。大学毕业生能胜任大多数普通而基本的岗位，许多学科甚至可以考虑设置在研究生阶段，让学生有一定支柱学科的知识积累与社会经验后再去学习（如法或商等）；而研究生则能够在毕业后具有勇敢独立探索科学技术问题的能力。但求职与求新知，且不说能力，大量本科生与研究生甚至并无此勇气。再者，大学不应千篇一律，不同大学应有自己的精气神，而这些“软”的气质要能够熏陶学生与教师。无论是“行胜于言”还是“刚毅坚卓”抑或是“为世界之光”，世界一流大学一定要给自己的学生带来一生的影响，而这影响不止于“硬”的知识。因此，特别希望学校在建设“双一流”的过程中能同等重视本科生“软”的气质、修养、精神、风貌，一如重视他们“硬”的知识、技能；而在研究生培养上，则应首先培养其自信而敢立于科学潮头的勇气、尊重而不迷信权威的志向。

第四，转学者之“硬”为真实的“软硬结合”。清华前校长梅贻琦曾说，大学者，非大楼之谓，乃大师之谓。教师不可能都是“大师”，但世界一流大学从不论资排辈，也从不眷留“闲”人，这从国外名校的频繁教员变动与不久前清华大学的人事制度改革中便可窥见。建设“双一流”，必须要找准核心教员，要瞄准未来人才，要辨别真的学者；建设“双一流”，便不能让学术稀松者浑水摸鱼，不能让安闲度日者涣散军心，不能让混隐固位者阻碍进步。因此，在学术上必须坚持一条“硬”标准。当然，这条“硬”标准不应是对“灌水”数量的单纯统计，而应是对学科贡献的实际考量。其实，无须担心真学者的教学能力，真的学者都是教学和研究皆“硬”者，因为有思考者必能以理服人、以洞见打动人，唯一需要做的是调动其为学生授课动机这种“软”的部分。不过，在“硬”

学术标准之上，应该创新对“大师”的评价体系，给予其相对自由的学术环境、生活环境尤其是“软”的社会与心理环境，让他们除了追逐学术并无一事可忧，激发他们最大的创造力。越是学者则越好奇，越好奇则越显幼稚。因此，特别希望学校在建设“双一流”的过程中用“硬”的最低标准去约束学者，而用“软”的最暖态度去对待学者。

第五，转运行之“硬”为切身的“软硬转换”。社会变革的一大特征是服务业相对工、农业的大规模发展以及人们对心理满意与心情愉悦的日益重视。世界一流大学是学生、教师与行政教辅人员共同建设的，辅助人员与行政机制应该从“硬”的“做好事情”向“软”的“做好服务”发展。这种转向要求学校从上到下统一思想，用我之心度他人之心，以我之情暖他人之情。诉求可解，无须以规定压之；规定合理，无须因一事而改之。人心不易得却易变，往往一点点细微的外部环境刺激便能强有力地影响人们的情绪、判断与行为，而这些细微的外部环境变量又时常发生于校园的最不起眼处。通常高级别的行政教辅人员待人接物甚有艺术，而执行具体工作者则偶有瑕疵。世界一流大学，无论是统辖一校的书记、校长，还是每日迎人的门卫、保安，都一定是恪尽职守的，又是温暖、细致、有同理心、能共情的。因此，特别希望学校在建设“双一流”的过程中能够完成最“硬”的任务，提供最“软”的服务。

建设世界一流大学并非易事，创新港才将启程，学校需要我辈学人怀有只争朝夕的昂扬动力、奋发图强的不懈斗志、破旧迎新的决绝勇气，去审慎严肃地科学谋划、一往无前地坚持实践，以创新之心、创业之志，抓“硬”取“软”，开启“双一流”建设的新旅程。

有一次有学生找我，以为我是别的课的主讲教师，我写下一段话，大概表明我的态度：“敬告各位同学：第一，我这学期不上普通心理学课，以后应该也不会上。虽然这门课在别的地方应该是最好的心理学教授上，但我们这里奇怪，我不会抢别人的课，也不会去给别人上课。所以普通心理学不是我的课，别找我。第二，我还没闲到你不来上课我找辅导员的程度。上过我课的同学都知道，我从不点名，也不管你们来不来，反正都是爆满。第三，去年上课的同学都知道，你们应该没有上过如此轻松拿分的课程吧？我才不会做用分数威胁你们的低端事情。第四，同学啊，你去上了一次课不知道老师是谁？连性别都不知道吗？第五，从你的笔记来看，你的教师似乎就在照本宣科、误人子弟了，比如我曾反复强调，现在谁还采用把人格叫个性，分成个性倾向性和个性心理特征的苏联式做法？第六，我最爱学生，真的讨厌误人子弟者，也看不下去!”对不起文科实验班的同学们，给你们上两级的同学上课是我最难忘的经历，大家给我的“暴风夸赞”我就不重复了，感谢大家，希望以后有机会让最好的心理学教授上心理学第一门课。

有一年教师节，我写了篇《做个温暖的教师吧》，其中谈了些好老师与坏老师的区别。每到教师节就觉得自己其实很重要，因为很多时候我都可以感觉到自己可能在深深地影响他人，甚至改变学生的人生轨迹。我刚刚读研究生的时候，其实只是简单地想“躲进小楼成一统”，求知满足自己的好奇心而已，真的是管他春夏秋冬、人来人往。读完博士，到现在自己也带了博士，才感觉到只是自己看书读文献，做点儿实验玩一玩，就图个乐，太狭隘了点，教授还是要有责任，对学生有责任，对社会也有责任。当然我受到导师彭凯平教授的影响，我总能从他的字里行间读出希望引领和改变整个中国社会的深深情怀。某种意义上说，学生其实是把前途命运交给老师了。我想中国老师和学生之间的关系也许不一样，情感性联结多了太多，学生和老师更像是亲人，而不仅仅像在美国或者其他文化中是单纯的雇佣关系，也不期望有太多情感联结。当然关系嵌入也有自己的弊端，但无论如何，我想这是好事，工作学习都不应该是冰冷的，而应该是温暖的。

是啊，温暖谈何容易！有一次学院开大会，问年轻老师有什么建议，我说的第一条是，我希望领导、教授、老师们之间相待是温暖的。大家笑，我说不要笑，温暖（warmth）是人际知觉的两个基本维度之一，有的老师是榜样，和他说话真心温暖。我是心理学家，就关心人的心理感受，如果学心理学的不关心他人的心理，你学了个什么？我在清华经管学院领导力和组织管理系时读了不少领导学文献，说实话，领导如果不考虑员工的心理感受，他再有能力（competence，这是人际知觉的另一个维度），我想也只是了了。更何况，两者兼备在知觉上很难。能力有多重要，温暖就有多重要。我没有在开玩笑，年轻老师不容易，对于一个学院来说，他们实际上承担了绝大部分的科研。我们研究所的有些老师说“你们待遇高啊”，其实真能高多少？没有编制带来的不确定性、职称晋升带来的压力、低等级地位带来的怯懦、文章和项目带来的伤痛、买房谈恋爱结婚养孩子的成本，都是问题。没有地方办公不敢说，没有经费开会不敢问，话语时常被忽视，决策往往不关己，谁真的共情了？确实金钱可以镇痛，但这些痛我不知道要花多少钱才能抚平。我读博士时，有次清华心理系的樊富珉老师说，学生其实要的不多，有时候老师的一句赞扬就能让他们高兴很多天。年轻老师也一样。这句简单的话我真的觉得是一个好心理学家、好老师才能说得出。它很平淡、很软，但它能扎进人心。

交大很“硬”，清华也“硬”，我们笑笑说理工科学校很“硬”，但人文不是硬的，刻板印象不应该变成刻板印象威胁。我每每听到领导描绘宏伟蓝图时，心里都在默默揪着。如果单位真的是个家庭（且不论是否应该），那么情感就不应被忘记，温暖就不应被嘲笑。都说父母不问孩子飞得远不远，只问他累不累，我们呢？其实真的很少，有时候连反馈都没有，有时候年轻老师的事情、感受，真的很多没有被放在心上。是啊，大家都太忙。我期望的不是个“一将功成万骨枯”的地方，而应该是“落霞与孤鹜齐飞”。我们可以“软”一些，也可以互相更多一些关怀，何不去做呢？国家富了，物质生活好了些，大家都讲获得感，讲文化自信，讲幸福，这都是软的，这都是感受。关怀（caring）不应该是个被嘲笑的词语，它是真真切切的道德维度。温暖关怀何不为先？我们如此再创业才更现实，是人才就很少因为外物轻易抛弃感情，这有道德成本。

马上又有教学活动听课评课了。我很爱教学，这种事情学生知道——鞋子合不合脚，只有脚知道。去年有好多老教授来听课，我非常感谢，很多老教授提出了很好的建议，我记不太清楚名字，有位叫作柯大刚的老师，每次都很热情地提出了好建议。当然也有些教师提出的意见我真的不太敢苟同，但是我知道是他们决定我的课程评价，而非学生。去年上了一学期课，却不是主讲教师，学生都奇怪，问我如何评分。新教师入职时有位老教师讲如何讲好课，摆出很多 PPT，我认真地去数了，那天半数人睡着了。我非常尊敬老教师的敬业，但是就如同我的研究描述的，这个时代是千年未有之大变局。时代变了，我们还在用旧的道德标准看待新的社会现象，才会有“道德滑坡幻觉”。同样，很多时候，我们的教学评价还在用旧的标准衡量新时代的教师与学生，有时候真的不太合时宜。借用周晓虹教授的“文化反哺”概念来说（周晓虹，1988），其实教育、教学，并不一定要完全崇古，也许还可以创新。

什么样的老师是好老师？有调查显示，中国学生觉得老师能不能找得到、是不是自信、是不是有热情、是不是有知识、能不能很好沟通、是不是个好的倾听者，都不怎么重要，只有一点中国学生比美日学生觉得更重要，那就是“有技术能力”。有技术能力（technologically competent），这是什么意思？《教师行为核查表》的条目是这样说的：Knows how to use a computer, knows how to use e-mail with students, knows how to use overheads during class, and has a Web page for classes. 什么意思？就是说中国学生觉得，知道如何用电脑、用邮件、用投影、给班级建网站，这很重要。这是两年以前的研究，看得我触目惊心。作者解释这是因为对比发达国家，中国技术很落后。我不敢苟同，这是不是说明有很多老师连这都不会用？这是新时代的产物，但不是什么新鲜玩意儿。这是个缩影，有时候老师也许真的可以从学生那里得到反哺。

以下这份《教师行为核查表》也很有趣，虽然并不是很严谨，但是我们都能对照着看一看以自省，很多时候学校和我们自己的评价都忽视了这里的很多内容。我简单翻译了一下以便大家阅读和对照，我自己也能检讨（或者吹嘘）一下。

1. Accessible（Posts office hours, gives out phone number and e-mail information）

找得到：会公布接待时间、电话和邮箱

我基本是找得到，但是有时候我没有回复消息，有时候我会把自己包起来，谁都不理。我知道你们找我都是花了点努力的，其实我非常随意，每天邮件和短信太多，如果我没有回复，请一定再给我发，使劲催我。

2.Approachable/Personable（Smiles, greets students, initiates conversations, invites questions, responds respectfully to student comments）

好接近：会笑，会打招呼，会找学生开会，会让学生问问题，会礼貌回应

这些我应该还好，我还从课上邀请同学做我的研究助手呢。

3.Authoritative（Establishes clear course rules; maintains classroom order; speaks in a loud, strong voice）

权威：有清楚的课堂纪律，维持课堂秩序，用强有力的声音大声说话

我的课没什么纪律，有同学评价比花钱听相声要值一些，不过我声音挺大的，大家都说我在课上会换一种美声来说话。

4.Confident（Speaks clearly, makes eye contact, and answers questions correctly）

自信：说话清楚，有眼神接触，回答问题正确

我对我所讲的内容非常自信。

5.Creative and Interesting（Experiments with teaching methods; uses technological devices to support and enhance lectures; uses interesting, relevant, and personal examples; not monotone）

有创造性、有趣：实验新教法，用新技术设备，用有趣、相关而个人化的例子，不单调

有趣是我的特色，课上有趣的例子特别多，还有“现挂”。

6.Effective Communicator（Speaks clearly/loudly; uses precise English; gives clear, compelling examples）

有效交流：说话清晰大声，用准确的语言，给出清楚而引人入胜的例子

我的普通话很一般，一听就是武汉人。

7.Encourages and Cares for Students（Provides praise for good student work, helps students who need it, offers bonus points and extra credit, and knows student names）

鼓励并关怀学生：做得好就表扬，需要帮助的给帮助，会额外给分数，知道学生姓名

要额外的分数请提前告诉我。这学期有同学在我提交了成绩之后找我要分，原本 90 分，要求 96 分，我尝试但无法修改。有特殊要求请提前提出，我一向在课上这样说。

8.Enthusiastic About Teaching and About Topic（Smiles during class, prepares interesting class activities, uses gestures and expressions of emotion to emphasize important points, and arrives on time for class）

对教的东西有热情：上课微笑，准备有趣的课堂活动，用姿势和表情强调重点，准时到

今年参加省教学比赛，专家说我太有激情，需要收着点。

9.Establishes Daily and Academic Term Goals（Prepares/follows the syllabus and has goals for each class）

建立每天和每学期的目标：按照教学大纲为每次课程设定目标

实事求是地说，这个我比较差，我的课堂比较松散。

10.Flexible/Open-Minded（Changes calendar of course events when necessary, will meet at hours outside of office hours, pays attention to students when they state their opinions, accepts criticism from others, and allows students to do make-up work when appropriate）

灵活开放：根据需要调整教学计划，会在课外见学生，学生意见会重视，能接受他人批评，适当让学生接茬

我喜欢课下与学生交流，微信都是随便加。

11.Good Listener（Doesn't interrupt students while they are talking, maintains eye contact, and asks questions about points that students are making）

能倾听：学生说话别打断，保持目光接触，对学生的观点提出问题

专家总说我互动太多了。

12.Happy/Positive Attitude/Humorous（Tells jokes and funny stories, laughs with students）

快乐，态度积极，幽默：讲笑话，跟学生一起笑

这个你上一次课就知道了，哈哈哈哈。

13.Humble（Admits mistakes, never brags, and doesn't take credit for others' successes）

谦虚：有错就认，从不瞎扯，不把别人的成就算在自己身上

我从不把别人的说成自己的，但是是我的我从不含糊。

14.Knowledgeable About Subject Matter（Easily answers students' questions, does not read straight from the book or notes, and uses clear and understandable examples）

有专业知识：能轻易回答学生问题，不照本宣科，举清晰易懂的例子

我觉得我还挺好的。

15.Prepared（Brings necessary materials to class, is never late for class, and provides outlines of class discussion）

有准备：带必要的材料去教室，从不迟到，给出课堂讨论的大纲

我从不迟到，但是也没什么材料。

16.Presents Current Information（Relates topic to current, real-life situations; uses recent videos, magazines, and newspapers to demonstrate points; talks about current topics; and uses new or recent texts）

给新信息：把教学与当下生活相联系，用最新的视频、杂志和报纸去证明观点，讲最近的热点，用新材料

我讲课都是"现挂"。

17.Professional（Dresses nicely[neat and clean shoes, slacks, blouses, dresses, shirts, ties]and no profanity）

职业：穿得漂亮，不说脏话

有时候我穿得挺随意的，一只白鞋一只黑鞋。

18.Promotes Class Discussion（Asks controversial or challenging questions during class, gives points for class participation, and involves students in group activities during class）

促进课堂讨论：课堂上问有争议和挑战性的问题，给课堂参与加分，让学生分组参加课堂活动

那绝对的，回答问题直接加分。

19.Promotes Critical Thinking/Intellectually Stimulating（Asks thoughtful questions during class, uses essay questions on tests and quizzes, assigns homework, and holds group discussions/activities）

促进批判思维：问有思考深度的问题，用测试，发作业，主持小组讨论

我倾向于减负，没有作业，没有考试，能在课上“哈哈哈”，然后留下痕迹，绝不占用课后的时间。

20.Provides Constructive Feedback（Writes comments on returned work, answers students’questions, and gives advice on test-taking）

提供建设性反馈：对学生的作业有评论，对学生的问题有回答，考试划重点

没有考试，全员优秀。

21.Punctuality/Manages Class Time（Arrives to class on time/early, dismisses class on time, presents relevant materials in class, leaves time for questions, keeps appointments, and returns work in a timely way）

守时：准时到，准时下课，上课给材料，下课前留提问时间，能预约，发作业也准时

开玩笑，我怎么会不准时下课？我还打算上完课早点回去看文献呢。

只有一次忘记时间，拖堂了一个小时，居然没有人提醒我，也没人走。

22.Rapport（Makes class laugh through jokes and funny stories, initiates and maintains class discussions, knows student names, and interacts with students before and after class）

关系好：上课开玩笑、讲笑话，保持课堂讨论，知道学生名字，课上课下和学生互动

来吧，请多和我开玩笑。

23.Realistic Expectations of Students/Fair Testing and Grading（Covers material to be tested during class, writes relevant test questions, does not overload students with reading, teaches at an appropriate level for the majority of students in the course, and curves grades when appropriate）

对学生的期望符合现实：考试给范围，问相关问题，不给超出学生水平的阅读材料，难度适中，成绩分布合理

真的不考试。

24.Respectful（Does not humiliate or embarrass students in class, is polite to students[says thank you and please, etc.], does not interrupt students while they are talking, and does not talk down to students）

尊重：不羞辱学生，对学生礼貌，学生说话不打断，让学生插话

多插话，就等着学生插话。

25.Sensitive and Persistent（Makes sure students understand material before moving to new material, holds extra study sessions, repeats information when necessary, and asks questions to check student understanding）

敏感、坚持：读新材料前确信学生理解了旧知识，有额外学习环

境，按需重复旧知识，问问题检查学生是否理解

不更新知识，上课就完全是念书。据我所知有些老师就是这样。

26.Strives to Be a Better Teacher（Requests feedback on his/her teaching ability from students, continues learning[attends workshops, etc. on teaching], and uses new teaching methods）

努力变得更好：向学生要反馈，保持学习，用新的教学方法

请期末一定评价我，在公众号里评价我也可以。

27.Technologically Competent（Knows how to use a computer, knows how to use e-mail with students, knows how to use overheads during class, and has a Web page for classes）

有技术能力：知道如何用电脑，会用邮件，会用投影，会建网站

我还在 PPT 上让学生发弹幕呢。

28.Understanding（Accepts legitimate excuses for missing class or coursework, is available before/after class to answer questions, doesn't lose temper at students, and takes extra time to discuss difficult concepts）

理解：学生没交作业或不来上课，理解他们有理由；课前课后让学生问问题，不要发怒，花额外时间解释困难的概念

非常理解，非常随意。

当然学生不一定认为这些都重要，美国学生觉得教学热情、努力做更好的教授、有创造力和有趣、好亲近、能有效交流最为重要。近期的研究让学生说出差教师的表现，下面是归纳出的 15 条差教师的标准，当然我看我们的教学评价与此也有异有同。很多地方我也没有做好，我

也自勉。

1.Disrespectful, Talks down or makes fun of students, ignores students, generally rude, will not answer students’ questions, and tells students they will fail on first day of class

不尊重：取笑学生，忽视学生，粗鲁，不回答问题，第一天就告诉学生他会不及格

2. Inflexible, Won’t meet students outside of class, maintains class schedule no matter what rejects student feedback, or gets angry with student feedback for improving class

不灵活：不在课外见学生，不管学生反馈也不改课程内容，收到学生改进课程的反馈会生气

3. Irrelevant course content, Easily gets off on long tangents, talks too much about personal life, lecture material does not match tested information, and talks too much about political views

不相关的课程内容：容易跑偏，胡扯太多，讲的内容不考，妄谈国事

4. No feedback, Doesn’t review graded exams, does not return/is very slow in returning graded items, doesn’t update blackboard/canvas, and doesn’t encourage students to improve

无反馈：考题不讲，作业不改，课件不更新，不鼓励学生进步

5. Nonconfident, Speaks softly, lack of eye contact with class, cannot or will not answer questions, allows students to misbehave in class, and reads directly from lecture notes or slides

不自信：话不敢说，不敢看学生，答不了问题，管不住恶习，直接念课件

6. Not accessible/helpful, Doesn't respond to e-mail, limited or no office hours, unwilling to answer questions, skips office hours, doesn't hold review sessions, and rushes out of class to avoid students

不可及：不回邮件，没有或者“假有”接待时间，不想回答问题，没有复习，讲完赶紧跑，怕见学生

7. Not caring (poor rapport), Doesn't provide helpful information, doesn't accept legitimate excuses, doesn't speak at students' level, no jokes/funny stories, and provides little background on self

不关心：不给有用信息，不听合理解释，不用学生能理解的方式讲课，不讲笑话，不给任何自己的个人背景信息

8. Not knowledgeable, Difficult in answering questions, offers unclear explanations, reads straight from PPT slides/book/notes, and never holds discussions with students over material

学术水平不够：解答不了问题，给不了解释，直接念课本课件，根本不讨论

9. Poor communication skills, Doesn't speak English well, poor/unclear explanations of material, uses filler words ("um," "okay," etc.), doesn't define terms, and slow to respond to e-mail

交流差：英语差（这是美国学生），文献自己看不懂，胡乱搪塞，不定义术语，回邮件慢

10. Poor time management, Late to class, holds class overtime, rushes

through lecture/doesn't finish lecture, falls behind syllabus, exams too long, and doesn't grade materials in a timely manner

不守时：迟到，拖堂，迅速讲完，讲不完，进度拖后，考试时间太长，阅读材料分配不均

11. Unengaging, Doesn't ask questions, reads directly from power-point（PPT）slides/notes, monotone, no class activities other than lecture, shows no enthusiasm, and doesn't learn students' names

不投入：不问问题，直接念课件，单调，只讲没活动，没热情，记不住学生名字

12. Unorganized, Unclear/unorganized lectures/PPT slides, no or unclear syllabus, frequently changes syllabus, poor class management, and not enough advance notice for tests/assignments

无组织：课件乱，没有大纲，乱改大纲，课堂乱，不划重点

13. Unprepared, Materials not prepared in time for class, late for class, takes too much time getting class started, makes factual errors during lecture, and loses place in lecture/PPT slides

不准备：不及时准备教学材料，迟到，闲扯太多，明显讲错，讲得对不上课件

14. Unrealistically high expectations, Gives too much work in short time period, already expects students to know material, changes grade scale to make class more challenging, and grades too harshly

不现实的高标准：短时间内作业太多，课程材料高估学生，课程难度太大，评价标准太严苛

15. Unrepresentative assessments, Questions not from lecture or class materials, questions not covered in class, exams more difficult than students led to believe, and items worded differently than in class

作业乱：问不相干的问题，考试比学生想象的难，讲的和考的不一样

西安交大教师教学发展中心的左老师告诉我，说有老师这样评价我：喻丰老师诙谐幽默，充满了人格魅力，让我们认识了一个有趣的灵魂。我说其实这是我的追求，回清华大学作为杰出校友发言，我说，让我们做一个纯情、有趣、耀眼的人。做一个有趣的人，寻求人生不同的体验，是我的追求，酸甜苦辣我在来交大的短短两年时间里体会了很多。人生于我，也就是体验，作为心理学家，我无时无刻不在体会人性；作为积极心理学家，我会冷眼看着不感恩还恩将仇报的人，当然为了开心，我尽量不去看人性之恶。每当不顺的时候，我好多同学都会引用我当时讲的话来勉励我。

2018 年，我第一次在西安交大开社会心理学的课，选课的居然就超过了 1000 人。我一直持有这样一种观点：站在讲台上，对学生的爱是装不出来的，学生能知道老师是否认真，能知道老师有没有很好地和他交流。一次教学交流时马知恩教授说，课上得好，结束很兴奋；课上得不好，回去很沮丧。这我很同意，上课给我带来的兴奋感通常要持续一个晚上。

我常对学生说：你们给我教学评价的平均分还没我给你们期末成绩的平均分高。我没有考试，平时也没有作业，只要求学生交个研究

计划，没有字数要求，唯一的评价标准就是给我惊喜，多数学生都很不错，当然分数他们也看到了。确实，我觉得大家想法都不错。

曾经有学生给我发邮件讲上课的感受，其中有些让我很感动。我知道他们懂我，我也知道我上课一定是用了真心。

那么我的社会心理学课讲点什么呢？我在清华学堂在线上曾经有过一个慕课（MOOC），很可惜后来也没有录下去，也许以后可以继续吧。我申报社会心理学课程时的简介是这样写的：这是一门基础通识课程，听众不需要特殊背景知识。我们无时无刻不在社会中生活，无时无刻不在进行决策，无时无刻不在审视自己，无时无刻不在对他人形成态度。我们每天都在面对他人，每天都有人试图说服自己，每天都会因别人的话语而改变，也每天都不得不面临群体压力。生活中充斥着谣言、偏见、爱情、工作与道德。苏格拉底说，未经审视的生活不值得过。这门课让你审视自己，审视生活，并将社会心理学的原理用于生活中。普通心理学、心理学概论等导论课程，如果教师合格（受过正规心理学学术训练，知道什么是科学的，什么是不科学的，能带领学生认识科学心理学，引导学生激发心理学思维方式），那可以是核心基础课，因为它是“导论”。普通心理学的逻辑和内容是从个体讲到群体，其基本逻辑是“生理—感觉—知觉—记忆—语言—学习—思维—情绪—人格—社会”，实际上对个体生理心理的认知过程更为侧重，而对于日常生活的部分则有些忽视。社会心理学只讲群体中的人，其基本逻辑是“如何认识自己与他人—他人对自己有何影响—自己如何联系于他人”，这里面全部是日常生活的情境。社会心理学对重视集体的中国人有独特的意义。心理学家彭麦克的名言：如果心理学发源于中国而非西方，那么心理学就应该是社会心理学。

其他学校的心理学核心基础课或通识选修课是如何安排的？综合性大学一般是把普通心理学作为心理学专业或者相关专业（如经管类）的基础必修课，核心基础课开设“心理学与生活”这类课程。以清华大学为例：普通心理学作为心理学专业的必修课，心理学概论作为经管学院的必修课，而心理学与生活作为全校文化通识类选修课（等同西交大的核心基础课）。师范类大学（历史原因，心理学好的学校多为师范类大学）一般是把普通心理学作为所有师范专业的基础必修课；核心基础课开设所谓的“心理学与生活”课程。通常普通心理学作为所有师范专业的基础必修课，而心理学与生活作为全校选修课（等同西交大的核心基础课）。什么是“心理学与生活”课程？其本质不是普通心理学（即西交大所谓的“心理学基础”），而是社会心理学！其课程内容依然是自我、他人、决策、判断、爱情、学习、态度、说服、幸福等典型社会心理学内容。

再说说研究生教育。我曾受邀参加研究生院对新导师进行的培训，就结合自己的经历和所见讲了些非常个人化和碎片化的观点。这是个命题作文，但是我很喜欢这个题目，所讲的都是个人观点，也许对，也许错，为了做个好导师，与我的同事们共勉：

1. 我想好的导师是有人格魅力（charisma）的，这来自你的：目标、支配、决断、担责、奉献。有人追随你，不是因为你是博士生导师，坐在这个位置上，而是因为博士生导师是你，你有魅力。

2. 我痛恨的导师的样子（以下话语都来自我听到的博士生导师语录，举例并无他意）：

“哦，那个 ××× 你过来告诉我知网怎么查？”

“我觉得你说的这篇文章和前天 ××× 微信上说的一样，哎呀，那个人啊我知道。”

“JPSP 是什么杂志？外国的啊。××× 学报是不是核心？”

“你当然得写我为第一作者。”

“你们回家了就自己回家，千万别告诉我，出了事情我不知道。”

“学生就是导师的核心利益，你别动别人的核心利益。”

“你还同情学生，谁同情你？”

这对应于以下导师的类型：

从不做学术型：不发文章不拿项目别当导师

基本瞎指导型：根本不会做学术你别当导师

知识不更新型：混吃等死不看文献别当导师

抢学生署名型：堕落到抢学生成果别当导师

就与我无关型：养老就早退休养老别当导师

完全靠学生型：科研全靠学生抓瞎别当导师

就物化学生型：不关心学生死活你别当导师

3. 尽量去掉自己作为导师的光环，因为学生觉得你有光环，他会神化你，神化之后，无论你说什么都是对的。总有一天，他会发现你也不是什么都对，光环被戳破也许比一开始就没有光环还麻烦。因此让学生保持对学术的高期望，而破除对你不切实际的高期望。

4. 导师有启蒙的责任。学者就是学者，你得告诉学生世界是什么样子，这是你作为导师的责任，别傻傻过一辈子，要活得明白。

5. 自己永远不要停止学术研究，不然会被学生瞧不起。别被学生瞧不起！否则以后他会说："那个谁，哦，他曾经是我导师，我当时年轻。"

6. 你是个导师，你有你的价值观，当然得正确，但这不意味着你必须循规蹈矩。你得做个榜样，也一定会成为榜样。我的价值观是：做个纯情、有趣、耀眼的人。

7. 把学生当家人，这最重要。其他评价教师的标准大家自行体会吧：公正是重要，但是几个人做得到？热情是重要，但是谁能一直保持？能找到是重要，但是你真能放下工作？汇报是重要，但是如果学生偷懒呢？提携是重要，但是你真愿意花关系？

8. 我一直觉得爱就是真的当回事，你的价值观无非就是把什么看得重要而已。做导师如果把培养学生当回事，那就是爱，很简单，用心就可以。

9. 很多人说导师是弱势群体，因为怕有事情，担负了太多责任，容易受到指责。我想这是个良心活。我是研究道德心理学的，我认为，对于导师，我们当然要道德，但请别用道德杀人。好多老师为求自保甚至不教学生，减少教育以求安稳。对此我想说，对于导师：无教育，毋宁死。

10. 最后再强调一下：我的观点非常个人化、碎片化，仅代表我自己，赞同或者否定皆可，这不是学术，无妨。

27 管理中的积极心理学

自马丁·塞利格曼在20世纪末成为美国心理学会主席并广泛宣扬积极心理学以来，积极心理学已弥散至与心理学相联系的诸多学科，其中包括了组织管理领域。严格来说，积极心理学并不是心理学的某一分支，也没有代表某种心理学与管理学的范式革新。积极心理学更多地宣扬了一种理念，并让已然钻入牛角尖的科学家们转换到了另一个视角上。2002年，管理心理学家费雷德·卢森斯以心理学家班杜拉提出的自我效能（self-efficacy）作为研究对象，提出了积极组织行为学（positive organizational behavior）。与积极心理学的倡导者希望研究者将工作重心转到提升大部分人的幸福感而不是治愈少部分人的心理疾患一样，卢森斯认为，组织的作用不仅是管理组织缺点、改善工作态度、激励消极员工、应对工作压力，更应该是发挥组织中个人的优势，从而提高组织绩效。直觉来看，自我效能感、主观幸福感等积极心理品质应该能够在组织中产生良好的效益。研究结果显示，确实如此。笔者发现，在平均水平上，那些自我效能感高的员工在完成任务时取得更好绩效的可能性，比自我效能感低的员工多了 72%，尤其是当进行的任务比较简单的时候。同样，幸福的员工也具有较高的工作满意度。研究发现，主观幸福感能够良好地预测员工 5 年后的工作满意度，反之则不行。

当然，积极心理品质并不只包括自我效能感与主观幸福感，它还包含了诸如乐观、希望、宽恕、感恩、韧性、谦虚等诸多品质。已故心理学家克里斯托弗 · 彼得森与塞利格曼一起在理论上构建了人类的 6 大美德与 24 种品格优势，并宣称这些美德与品格优势放之四海而皆准，当然也可以用于组织之中。卢森斯抽取了积极心理品质中的 4 种品格优势，将其整合为所谓的"心理资本"（psychological capital），并区别于社会资本与人力资本。他抽取的 4 个维度包括希望、现实性乐观、自我效能 / 自信、韧性。同时卢森斯也证明了心理资本与绩效相关，实际应用上也确实能起到良好的作用。清华大学心理学系作为中国积极心理学的推动者与主要研究阵地，在积极组织行为方面也进行了一系列研究。人心受文化影响很大，因此不同于其他积极心理学研究，我们的研究根植于中国文化，也当直接应用于中国企业。我们将自己的研究分为三个层次：个体内（intra-personal）、个体间（inter-personal）以及群体（group-based）。在个体内层次上，我们主要探讨：第一，在中国背景下，组织员工应该培养何种美德以及应当如何培养；第二，员工创造力的本质，以及如何激发员工的创造力，从而使组织具有创生性。在个体间层次上，我们主要讨论：第一，中国员工获得幸福感的方式；第二，中国领导者的原型。在群体层次上，我们主要讨论：第一，组织氛围如何建设；第二，组织的品牌资本。以下结合我们的研究，谈谈积极心理学在组织管理运用中的6个观点。

第一，组织美德培养应训练无意识与习惯化行为。我们的跨文化调查显示，中国人与美国人所认为重要的美德的确有不同之处，美国人更强调诚实、耐心、关怀、爱、幽默与共情，而中国人更强调责任、勤奋、勇敢、谦虚、真诚与孝顺。当然，两种文化同时强调善良、守信、忠诚和同情。通常我们认为重要的美德，对提高工作绩效是否也很重要，需要进一步的研究，但是这确实给员工美德培养以启示。譬如在我们的文化背景下，爱是含蓄的、不表现出来的，领导也多以严肃形象示人，以保持其权力距离。同时，我们的集体主义文化，更加强调责任、付出、真诚、谦虚等美德，也更加强调看似辛苦的勤奋，而非轻松的幽默。那么，在不同的文化背景下，组织美德又当如何培养？目前，组织美德培养主要依靠的是普通道德教育以及商业伦理教育。但近十几年来，无论中国还是世界范围内，不道德商业事件频发，究其原因，是道德教育体系以及商业伦理体系的崩坏。现有商业伦理体系建立在传统功利主义与义务论体系之下，以道德原则和规范的教育为主。而我们的研究已经证明，员工的美德实际上是建立在快速、直觉的思维系统上，而非传统道德原则和规范教育中提倡的规则，以及这些规则背后的审慎思维加工之上。在我们的实验情境中，人们普遍认为下班回家路遇火灾不假思索就去救火的员工要比思虑再三才去救火的员工更有美德。由此可见，道德原则和规范的思维，在实际道德行为的发生中并没有起到很大的作用。哈佛大学的马克斯·巴泽曼教授认为，大多数不道德行为的发生，实际上是被无意识因素所左右的。因此，组织美德的培养不应遵循传统的道德原则与规范。美德培养与商业伦理教育应当首先训练员工的无意识与习惯化行为，而非讲授道德规范；其次，应抛弃固化的道德原则，因为道德情境在实际情境下难以迁移；最后，重视员工道德认同与道德自我的培养。

第二，积极与消极情绪都有利于创新。组织创新是企业保持长盛发展不可或缺的环节，而宏观组织创新实际上离不开组织中的个体创造力。我们提出了个体创造力的“两因素”模型，即创造力来源于新异性与实用性。新异性即个人在知识结构上能够发散，实用性表现在个人在知识结构上能够聚合。我们用知识网络的方式来展现员工的创造力，使用新浪微博数据来验证我们的理论结果。创造力的两因素理论告诉管理者，个体创造力的培养应从两个方向着手：其一是培养员工思维上的新异性，即广度；其二是培养员工思维的实用性，即深度。因此，组织创新的关键同样在于培养组织员工的思维能够广为发散，但是能在有用的点上进行聚合，深度思考。同时，我们的理论也阐明了，创造力的这两种特性，实际上对应于积极情绪与消极情绪。根据积极情绪的扩大建构理论，积极情绪能够使员工具有普遍联系的能力，将看似不相关的事物联系起来，使思维具有广度；而消极情绪会使员工不断反省（rumination）同一问题，使思维具有深度。而我们早已发现，不同于西方个体，中国人的思维方式是辩证的，我们也有同时体验积极和消极情绪的能力。当我们经历了大量积极情绪时，会进行反向调节，降低积极情绪体验，增加消极情绪体验。因此，中国员工具有同时体验积极和消极情绪的能力，也就是同时具有在深度与广度上创新的能力。

第三，与领导交流有益于提升员工幸福感。诺贝尔经济学奖获得者丹尼尔·卡尼曼调查了美国得州某公司一千多名女性员工，让她们重新建构过去一天所发生的所有事情，并评定该事件的幸福程度。卡尼曼发现，对于这些人来说，亲密行为、社交、休息、祈祷/冥想、吃饭、锻炼等是最为幸福的事情。同时，将与谁在一起更幸福进行排序，顺序为：朋友、亲属、配偶、孩子、客户、同事、老板以及独自一人。我们可以看出美国员工将社会化活动视为最快乐的事情，而工作中的客户、同事以及老板是她们最不愿意在一起的人，仅仅比独处更好。我们在中国进行了类似的调查，结果发现，中国人最喜爱做的事情排序为：享受个人爱好、彩票中大奖、开始恋爱、实现目标、睡觉、祛除心病、结婚、完成任务、天伦之乐以及放假。对比美国结果我们会发现，中国人的幸福事件中有一些工作目标，如实现目标与完成任务。最令人意外的是，我们发现在"和谁在一起最幸福"的调查中，中国人排名最前的回答是老板。对于员工来说，其幸福感影响到组织绩效，而让他们获得幸福的方法显然可以是让他们做那些能够获得幸福的事情，同时让他们与那些他们觉得能带来幸福感的人在一起。这提示我们，虽然在集体主义环境下，中国领导者与员工的权力距离很远，但是领导者与员工的更多交流，即便是交代任务或者是汇报工作，都是能够促进员工幸福感的。

第四，充分了解中西领导者差异。什么样的领导是好领导，好领导具有什么特征，这是领导力研究领域不断探索的话题。强制型领导强调自控、主动以及成就，权威型领导强调自信、共情以及改变，关系型领导强调共情、关系与沟通，民主型领导强调协作、团队与交流，模范型领导强调责任、成就与主动，教练型领导强调觉察、发展与共情。这是一种对领导人格的分类，而我们用另一种思路，让个体评价某类人格原型者，挑选出他们的特征，并用这些特征来对应领导力。我们挑选出了两类人格原型者，第一类是以雷锋为原型的利他道德型人，我们可以看到其特质代表着这类人在普通民众中的形象。第二类是以某国家领导人为原型的领导者。理论上来说，这是民众心中这类理想领导者的形象。这实际上告诉中国领导者，自己应该培养哪些特质，才能成为中国文化下的优秀领导者。我们可以看到，除了公平、果断、礼貌、创新、勇敢等特质，中国领导者还需要服从、忠诚、合群、恭敬这样一些西方领袖不普遍具备的特征。

第五，环境与心理对绩效的影响同样重要。组织管理心理学经典的霍桑实验本来想证明工厂环境对绩效的影响，却无意中发现了环境对绩效的影响不如心理对绩效的影响。不过当代心理学研究已经发现，环境确有影响，这种影响实际上是通过了心理的中介。例如，上司在网络游戏中创造自己的化身时比起员工会高估自己的高度；当权力群体的权力大小与他们前面摆的标牌字体大小不一致的时候，人们对权力的判断准确性和速度都会下降；当人们置身于一个光线昏暗的屋子里时，他们更有可能虚报自己的成绩以换取并不应该属于自己的报酬，这一不道德行为在人们戴上一副墨镜而不是一副普通眼镜时也会发生。我们的研究也发现了这种环境影响，例如握着粗笔的人在进行简单运算时会更加粗心，站在软垫子上的人比站在硬垫子上的人，其道德判断要更加宽容——软硬的意义联接对道德判断造成了影响。在启动了与“软”“硬”有关的意义联系后，被试对同样一件有失道德的事情的判断发生了变化，启动与“软”有关意义联系的被试认为，这件错事并没有那么大的过错，也不需要给予更大的惩罚，同时，他们也体验到了更少的厌恶情绪。我们的研究表明，影响行为的情境因素实际上通过两种方式来起作用：其一是我们的身体感受，其二是通过我们的语言来进行意义联系。因此，我们认为，在建设组织氛围时，需要同时利用这两条原则，即：第一，建构一个好的物理环境，比如光亮、清洁、整齐、芳香的环境；第二，建构一个基于语言的良好心理氛围，比如提出正确且有隐喻引导意义的口号等。

第六，了解品牌的资本特性。法国社会学家布尔迪厄对资本进行了划分，经济资本是一种实体性的资本，而声誉、社会关系属于象征性的资本。品牌作为组织的象征，我们认为它实际上是具有资本的，而作为资本的特性，“象征”可以转化为经济资本，从而提高组织的经济效用。我们将组织品牌资本分为 4 类，即文化资本、道德资本、权力资本与法律资本。我们使用了同一种范式证明了这些象征资本向经济资本的转化。如：“陈林沿着江滩回家时碰巧在沙子里捡到了一枚金戒指。陈林并不知道，这枚戒指购于 1985 年。据国际珠宝鉴定刊物《世界珠宝商》刊载，这枚戒指在当时市价为 1000 元人民币。”陈林可能是具有象征资本的，可能是缺乏的。我们发现，如果问人们这枚戒指现在值多少钱，人们判断具有象征资本者捡到的戒指要显著贵于不具有象征资本的人。这个效应在文化、道德、权力与法律 4 种资本上都得到了验证。文化资本是 4 种资本中较为特殊的一类，它又包括自身的文化资本（体现在组织的行为中以及组织领导者的气质上）、物化的文化资本（体现在组织的产品中）以及制度化的文化资本（体现在组织的各种资质认定上）。道德与法律资本类似，即组织品牌是有道德与守法的形象。而权力资本在我们的研究中较为特殊，实际上，只有在中国这样的高权力距离文化下，权力资本才能转化为经济资本，而在美国文化下，权力资本的效用要更弱。组织品牌资本研究提示组织应该塑造何种形象，以及在特定文化下进行何种决策与行为。

我们从个体内、个体间以及群体3个层面分别选取6个问题，结合自己的研究，谈及中国积极心理学在组织管理中的运用。实际上，积极组织行为学方兴未艾，而终有一天，组织行为学也许会去掉“积极”二字，却依然呈现积极心理学所关注的态势。当我们不再谈论“积极”的时候，也许才是积极组织行为学成熟的时候。

28 愿你不忧不惑不惧

一次疫情把现在变成了一个大时代，国际国内风起云涌，我不知道今后的世界将会如何，我只希望未来会更好。这些话都是我的个人经历，没有多宏大的视野。

儿子：

你两岁了，一岁时我给你写了段话：“第一个生日，孩子生日快乐！愿你长大后记得我给你取名字的深意，做一个坚持真实而纯情、乐于体验并有趣、光彩夺目且耀眼的人。不随波逐流，不人云亦云，不妄自菲薄，不停止思索，不畏艰险，不惧权势，飞得比谁都高，想得比谁都远。人生漫漫，酸甜苦辣，愿你不忧不惑不惧！”也许以后你看到这段话，知道了你爸的故事，你才能再有体会吧。

也许到你 18 岁，我才应该跟你说这些话，但是岁月在催，时间在推，我也不知道你 18 岁时是否还会听我说话，甚至我也不知道我是否还在。那时候怀旧翻翻，也许你还能有些感触。你爸其实现在也不到 34 岁，别人看很年轻，不过有人说年纪应该看距离死亡的年龄而非看活了多大，我更喜欢的是看人生的丰富程度，经历丰富的一年也许抵过平淡的十年。

这 33 年的人生，你爸被太多人说过羡慕，说过他是人生赢家。他出生在监狱家属大院里，你的爷爷奶奶都是勤劳善良的人民警察。你爷爷 14 岁没怎么上过高中就去读大学，是新三届的大学生，学医，服从分配做了公务员。在记忆里，你爸只要做了一点不好的事情，他都会不由分说地打上来。你的爷爷非常聪明，医术远近闻名，常年有人咨询，论能力论智商，你爸远不及他，即使是在你爸年轻的时候，记数字都远远比不过你爷爷。你爷爷二十出头当院长，到现在依然只是处级干部，这三十多年他没有提升过什么级别，但是他依然是你爸心里最英雄的人。其实无非是因为你爷爷桀骜不驯，漠视权威，从不求人，这些都一点不差地体现在你爸身上，希望你爸以后也能是你心里的英雄。

以后你就知道，你爸是个心理学教授，研究积极心理学，其实就是想用各种科学的方式让人幸福、快乐、道德。33 年的人生，你爸从一个连一本大学都没考上的学生奋斗成了获得清华特等奖学金，最后还能在清华当老师，博士后出站直接做教授的人。“最年轻”之类的标签其实都会过去，光鲜背后谁也不知道你爸经历了什么，谁也不知道有时候他会忍住眼泪，挤出笑脸，站上讲台，迎接外界；谁也不知道他回家后会一个人默默坐着想想人生无奈。

儿子，请一定记住，人性并不全都是善良，但你不要因为别人不善良而失望。你得知道，这就是事实。人之为人是因为有自我意识，有自我意识就知道“我”和“他”有区别，有区别就一定会向自己偏私。你要允许人自私。但一定防备那些在你面前谄媚的人，一定防备那些交往时间很长但心理距离还很远的人，一定防备那些看起来低微但向上动机很强的人。儿子，你可以帮助陌生人，对他们有道德关怀，但却不要随意信任、答应。三思后行，无论在谁面前。

儿子，请一定记住，不要去考验人性，也一定不要执着地去看穿人心。你一定得知道，对于大多数人来说，朋友不过三四人，信任经不起诱惑的考验。兄弟反目、夫妻成仇者大有人在，永远别去考验信任。也永远不要执着地去看透一个人的心，看到它会让你失去人生信仰。

儿子，请一定记住，道德无绝对，做你良心所指引的事情。我更倾向于相信道德规范是来源于良知的，良知就是你做了错事时产生的内疚、羞愧的感觉。做你良心认为正确的事情，别管他人，谁人背后无人说？也许这不容易，但你得坚持。

儿子，请一定记住，当别人跟你说“这是社会”时，你在体会人性之恶，但你需要在这样的环境中生活。不要抱怨好人没有好报，你需要知道你是好人，就不应该图报。就做个好人，哪怕世界以痛苦回应你。

儿子，请一定记住，别觉得世界应该是什么样子。永远别对世上的人和事做出“应该怎样”的期待，那你一定会感受到世态炎凉。你一定会碰到那些在你春风得意时熟络，而在你虎落平阳时冷眼的人，你也一定会碰到共喜悦不共患难的人。原谅他们，因为你自己心里也可能进儒退道；但是远离他们，永远不要信任这样的人。有多少人喜欢你，就会有更多的人恨你，别纠结于让所有人喜欢；有多少人捧你，就会有更多的人贬低你，别意外于他人的不友善。人一旦恶起来，你可能都想不到。

儿子，请一定记住，人生不要图快和找捷径，这是短视的做法。人生是马拉松，不是短跑，别相信“出名要趁早”，少年得志是人生大悲，走好每一步，做好人生抉择。

儿子，请一定记住，你要有敬畏。你爸不敬畏任何人、事，一身傲气，骨子里的书生意气，这并非好事。如果有可能，你别这样，也许你可以表现得圆融一些，但是你丢掉什么都别丢掉骨气。

儿子，请一定记住，人生不可能是一片坦途。所以困难与挫折都是你必然会经历的，把它当成游戏，体会它给你带来的不一样的人生体验，把它当成你来到这个世界上必须经历的一块拼图。坚持并习惯不舒服，而不是躺在舒适中，这才是你该有的人生态度。

儿子，请一定记住，没有事情是你一个人就能做成的。你需要有朋友，这个世界上的大多数朋友是互惠的，也就是互相有利可图，这不可耻。但是你必须知道，这个世界并不都是自私自利的人，真的会有利他之人，也真的会有好人，这不是钱能买到的，如果你找到了这样的人，不要伤害他，好好对待他，希望你也做这样的人。

儿子，请一定记住，人生成就不是功名利禄，不是别人评价，是你的感受，是你自己的评价。人生意义是你自己建构的，活自己的人生，别讲其他。

你爸注定不会陪伴你一生，你长大后我也肯定不会去干预你的生活、你的决定。以后你能懂事、能理解的时候，我再给你讲我的故事。人生其实说长也长，说短也短，说到终点，大家都一样，总有一天，我们都会变成尘埃。这个世界实际上没有必要留下我们经过的足迹，但是我们走过的历程也许会让自己在弥留时一笑，那就够了。过好它。

爸爸爱你。

29 做什么样的学者

不知道从什么时候开始，学术成了我谋生的手段——靠做学术赚钱，而不是靠烧钱去做学术。我很怕抱着低自尊受害者心态而号称自己做学术的人，我看到的全是功利，周而复始地“灌水”，绞尽脑汁地上位，不择手段地套钱。如果家境不好，其实我不推荐学生读研读博，那是可能改变命运，但不一定能改变什么知识。人需要优裕环境，无忧无虑，才可能有好思想，古时候的“士”不都养着？但哪个环境可以让学者心无旁骛，不用趋炎附势，没有明枪暗箭，就单纯地做学术？肯定有，我也在找。

这一定是一个知好歹的环境，意思是知道什么样的学者才是好学者，什么样的不是。这并不容易。有人告诉我年纪大的就是好学者，因为不能惹；有人告诉我官大的就是好学者，因为得求他签字；有人告诉我名气大的就是好学者，出名必有道理；有人告诉我文章发得多的就是好学者，你行你上；有人告诉我在《科学》杂志上发表论文的就是好学者，因为真的发了。这是个简单又复杂的事情，不过我发现，最好的学校慢慢开始知道好歹，以上那些也许都不是很重要。

有时候我在想，这个世界其实不用这么多人都去研究学术，更不需要有那么多博士学位，想想自己研究的东西，似乎对世界也没太多用处，比我更没用的也多。金字塔尖的那些科学家，他们其实也不太需要下面的底座垫着。是不是也可以试试让大学静静地自然发展？口号、计划都不需要，就这样坚持最低的学术标准，过个300年再说。当然我活不了那么长，也不知道这样对不对。

某著名电视节目请我去演讲，我说我的题目是混吃等死，他们不理解，我也没有去。我想说的无非是，我痛恨混吃等死、照书念稿、不懂装懂的大学教师。其实自己如何无所谓，但是他们要教学生，学生可怜，我受的教育里最大的罪过就是误人子弟，更何况学生的父母多半会神化这里，将这里当作天堂，一如我的父母。别处都可以混吃等死，但大学里的平庸太可恶。

前不久我和学生做了个简单的实验，快速写出论文快速投稿。好朋友说很久没有看见我那么单纯兴奋的状态了。是的，那是单纯的学术兴奋，没什么功利，我就想知道结果，只是探究，这也许是最好的状态。这很像最原始的学术旨趣，研究问题就要带着最纯粹的探究想法去。

我这前后短短一代做学术的人是焦虑的。不少人没有受过很好的学术训练，自学成才。长一辈的学者可能已经不再需要靠发表论文度日，而晚一辈的人从国外受训回来，能轻松混迹于学术界。唯独我们这一代，用旧的能力去适应新的要求，这是个大浪淘沙的过程，我很幸运能处其中，暂时还没被淘汰掉。当然拿沙子当钻石的地方也常有，拿钻石当沙子的地方也常有。大学似乎也还在知好歹的边缘徘徊，有的好多了，有的也许我都看不到边。

不过，学术训练也可能代表着墨守成规，也许没有经过训练的人更能有创造力地解决问题。训练无非两点：读和写。这说起来太容易了，就是花功夫，但其实花个几年也许才略有小成。这个世界上，坚持恐怕才是最难的事情。

大家说我“玉树临风”，要知道下一句很可能就是“风必摧之”。知识就是积累的经验，但是经验如果没去亲身体验，还是“纸上得来终觉浅”，亲身体验了，你才知道不起眼处的大善大恶，并不是每个人都明辨是非。是不是个好学者暂且不提，至少我会思考和审视社会、自己、人性和生活。未经审视的生活确实不值得过。你仔细审视之后还摧眉折腰、得过且过，我也敬畏，敬而远之。学者需要告诉大家点什么，要敢想敢发声，每个学者都该扪心自问：我有吗？敢吗？应该吗？真的有不发声毋宁死的勇气吗？

心理学家很可悲，他不容易靠认知失调说服自己。如果我做出了违心的选择，也许换个人会为选择找到理由，说服自己没选错，而我会告诉自己那是我给自己找的理由：荒唐，你自己才是最可笑的。时刻都在觉知，这样也好，认识自己是不容易的，更不用说超越。

人很有趣，研究人也很有趣，观察和体会人是最有趣的。曾和一个素未谋面的师弟通过电话，我们都感叹，活出个人样居然是最不容易的事情，即使你是个学者。无奈。无论何时，活出人的尊严和骄傲，似乎这才是人。

纯粹学术，纯情之人。

30

做纯情、有趣、耀眼的人[①]

感谢学院的邀请，3 年前我在这里作为优秀毕业生的代表发言，那时我以朱自清先生《匆匆》里的话结束：“燕子去了，有再来的时候；杨柳枯了，有再青的时候；桃花谢了，有再开的时候。”我加了句：“我们走了，有再回来的时候。”没想到我还真的回来了。我还记得当时我说：“黯然销魂者，唯别而已矣。”现在想来觉得江淹这句话说错了，我也引错了。最黯然销魂者明明是：从别后，再相逢，然后还需再别，就像我今天这样；对母校和导师的思念也从来都是“几回魂梦与君同”，“犹恐相逢是梦中”啊！

同样的时刻，同样的情境，今天让我作为校友代表来发言，其实我

① 本文是作者 2017 年作为杰出校友在清华大学社科学院毕业典礼上的发言。

很惶恐。前天学院通知我来作为校友演讲，毫无准备，本来想昨天在飞机上好好想想说点什么，结果太累睡着了，没办法，在来的地铁上，我临时写了个稿子。在我印象中，能在毕业典礼上讲话的校友都是类似“定个小目标赚他一个亿”这样朴实率真的成功人士，这让我恍惚间误以为，短短一年我已经走上人生巅峰了。

其实并没有，我只是一个普通的大学教师。过去的一年时间我离开清华，离开社科学院，离开我最敬爱的导师，到西安交通大学去建设一个学科，老实说到现在也才刚刚开始，其中艰辛自己知道。经常有人跟我说“你看清华也没那么好”，我都会给他们翻一个大大的白眼，心里说：春风再美也比不过我的母校，没待过清华的人不会明了。今年毕业的同学里，我其实给很多人上过课，人格心理学、心理学史、文化心理学，还有好几位同学原来跟着我一起做研究。我从心里祝福大家。离开的一年时间很短，但也算是酸甜苦辣都尝过，从心理学意义上来说，如果回忆丰满，那么这段时间就显得很长。在这个又短又长的时间里，我做了很多，写了很多，说了很多，想了很多，说实话也老了很多。说自己老，并不是傲娇地反意标榜自己其实年轻，因为我就是很年轻，我只是想“倚老卖老”地和大家说说我心里的话。

第一句我想说的话是：无论如何，让我们做一个纯情的人。我这里说的“纯情”不是叫你们在别人不喜欢你的时候谈恋爱还吊死在一棵树上，那叫纯傻。我说的纯情，是指你要纯真，有真性情。我的博士论文有个小结论，人们认为想都不想去做好事的人比想了半天才去做好事的人要好。为什么？因为想都不想那是纯情，那是真实，那是你的真我，那是不加外物的赤子之心。离开学校，谁都会告诉你，社会是复杂的，人心是更复杂的，你还年轻，要磨炼啊。如果磨炼是装成人畜无害的样子、说点漂亮的废话、提些不知所云的建议、遵循明显不合理的制度，而从所谓的“幼稚”变得“成熟”，那我觉得要被磨去的棱角真的很宝贵。大家在清华接触的老师都是学者，大学者（我也恬不知耻地称呼自己为学者），既然是学者，那么我们就是简单的，因为科学理论力求简洁；我们也是幼稚的，因为好奇之心源于不知道。我想，保持纯情就是不掺杂质，不违内心，不低头，不掉你的王冠，是“我和谁都不争，和谁争我都不屑”的高贵；保持纯情也是唤起情绪，唤起道德，唤起正义，唤起勇气，是“若一去不回，便一去不回”的决然。我们还年轻，就请让我们保持纯情，保持勇敢，保持童真（我说的是真实的真，不是别的什么贞），保持诚实，保持道德，保持赤子之心，保持内心的热血沸腾。

第二句我想说的话是：无论如何，让我们做一个有趣的人。去年我的学生问我，老师你觉得人生是什么？我说这无法回答，我到底招了些什么学生。对我来说，人生就是体验，就是有情感的经历。谁都有事情刻骨铭心，那也许就是我们最宝贵的财富了。我教人格心理学，在人格心理学里那是我们的人生故事，它让你就是你，我就是我，是颜色不一样的烟火。所以为什么不让自己可供记忆的经历变得更加丰富，让自己可能唤起的情感变得更加强烈呢？孔子说，朝闻道夕可死。我作为一个每天都看几个小时文献的人，每天晚上回去把自己戳死其实也一点儿不可惜，我“闻道”了啊！所以何不以这样的眼光来看待世界呢？连学生都说我，老师你太随意，开会的时候也不正襟危坐，说话也很随便，不开会的时候居然还穿一只白鞋一只黑鞋。他说，老师你能不能把人生当回事儿？我说，我真的很重视，那么我问你，发生再大的事情你能解决吗？他说不能，我说既然不能解决，你在意什么？我预计他如果说能，我也接着说既然能那你在意什么。学生说老师我觉得你对研究还挺认真的，我说是啊，认真做出了有趣的结果，我好去和人聊天时编段子用啊，你知道女领导穿红的会被人觉得不道德吗？你知道茶叶贴个英文有机标签就变得好喝一些了吗？这我都研究过的。我们还年轻，就请让我们保持有趣，保持积极，保持乐观，保持不确定，保持发现生活中的乐趣，保持就算自己立即死去经历也足够丰富不会后悔，保持让自己看不到自己二十年后的样子。

第三句我想说的话是：无论如何，让我们做一个耀眼的人。我知道所谓的“中国生存智慧”痛恨耀眼：“木秀于林，风必摧之；堆出于岸，流必湍之。”我也不是一次两次有“行高于人，众必非之”的经历。人心至真至善，但也有小恶。口是心非者有之，恶意中伤者有之，暗中阴谋者有之，甚至与己无干就是看你不顺眼者亦有之，但好在良善者远多于他们。我们的文化讲究的是“方而不割，廉而不刿，直而不肆，光而不耀”，也许平庸是生存之道，但如阿伦特所言，平庸即恶，不思考的平庸尤恶。诸位和我一样是清华的学生，有思想有抱负，如果不耀眼，走出校门，我们愧对“清华”二字。我始终记得我 2013 年拿特等奖学金的时候，时任校长陈吉宁教授在甲所请我们吃饭，他对我们说：清华的学生要做未来领袖，清华培养的是领袖，你们要做未来领袖。我一个没什么志气的人那时才知道，原来我是要做领袖的人啊！做了这么多年共产主义接班人，看来是到该我接班的时候了。我愧对校长，别说领袖，生存尚且困难。不过在现在这样一个千年未有的时代变局中有思考，有想法，有担当，能行胜于言地去做，能仗义执言，哪怕微弱，我想这也已然足够。引领时代风尚不应该只是我们的空话。如果耀眼真要付出代价，那我想，这也是值得的，因为夜空中最亮的星，从来不是匆匆划过的流星。我们还年轻，就请让我们保持耀眼，保持光亮，保持特别，保持鲜艳，保持自己去做一个彩虹般的人。

这是个伟大的时代，不经历沉浮，就无所谓好坏。张爱玲说出名要趁早，而社会科学通常情况下还需要时间的积淀和体悟。了解社会，了解社会中的人，了解人心、人性、人情、人欲，又谈何容易！但无论如何，我们年轻，我们还能够书生意气挥斥方遒，何不去呢？我们年轻，我们还能够琴棋书画诗酒花，何不去呢？我们年轻，我们还不到老夫聊发少年狂的时候，何不去呢？我们年轻，我们还能够评论唐宗宋祖秦皇汉武，何不去呢？我们年轻，我们还能够诗万首酒千觞几曾着眼看侯王，何不去呢？来吧诸位，我们一起去中流击水浪遏飞舟吧！来吧诸位，做个纯情、有趣、耀眼的人，做个新时代有新思考的新人，且将新火试新茶，诗酒趁年华吧！

附：作者在清华大学社科学院 2014 年毕业典礼上的发言

尊敬的各位领导、来宾、老师们、同学们：

大家好！

我是社科学院心理学系 2010 级博士研究生喻丰，能代表毕业生在此发言，荣幸之至。大学者，大师之谓。因此，首先请允许我代表在座的毕业生同学向指导我们数载的老师们表达由衷的感谢！

四年前我来清华报到时，我的女朋友和我一起收拾完东西，拿着台灯照着我的头顶，数出了“整整”3根白头发。四年过去，女朋友倒是一个都没有增加，但白发却增加得完全数不清楚。我的女朋友也是博士，女博士，四年里我们没有一起看过一场电影，唱过一次卡拉OK，不过，我们却一起做过几十个心理学实验……

我感谢清华大学社科学院不拘一格降人才的胸襟。毋庸置疑，在座各位一定有省、市、区、县、学校各级状元，而我，只是我们家的状元，这还是因为我是独生子。事实上，清华的博士入学考试是我人生中第一次也是唯一一次拿到满分。十年前，如果让我想象自己和清华有关系，我觉得唯一有可能的事情是，我晚上在西门外摆个小摊卖旧书，根本不用说在清华读博士，甚至拿到清华特等奖学金。

我感谢清华社科学院自由和宽容的学术风格。我博士期间的工作是用心理学实验方式研究伦理学特别是美德问题。问题宏大抽象、野心勃勃，在很多保守者看来，这样的问题甚至创新得有些过头，但是在这里，我没有受到任何阻力，反而备受导师彭凯平教授的支持。四年的研究，使我在实验伦理学和道德心理学领域颇有建树。我觉得，学术科研不只是掌握知识，更是创造知识；不只是输入，更需要输出。严苛的环境只能培养技艺纯熟、人云亦云的匠人，自由宽容的环境才能培养锐意创新、思想独立的学者。

四年清华的科研时光，给我带来了“腹有诗书气自华”的文化资本积累与气质变化，给我带来了“诗万首，酒千觞，几曾着眼看侯王”的学术自信，给我带来了任凭风摧、流湍、人非都不去关心的淡定从容，给我带来了从错彩镂金到初发芙蓉的审美变化，让我知道了最美不过

“朵朵花开淡墨痕”。

但最为重要的是，这四年，让我知道了学者，尤其是社会科学学者的社会责任。原来我以为，学者就应该坐在书斋里阐发自己的思想，满足自己的求知欲与创造力，社会贡献如果有，那也只是个人学术研究的副产品。但是 4 年之后，我发现对于清华大学的学生来说，这样的观点太过狭隘。哲学家费希特说：学者的使命主要是为社会服务，他比任何一个阶层都更能真正通过社会而存在，为社会而存在。用陈吉宁校长的话来说，我们需要做未来领袖，我想，这是让清华的毕业生引领社会道德风尚，无论去向何处，都能成为榜样和楷模。

当然未来领袖也是孤独的，这并不是因为女博士总是抱怨自己找不到男朋友，而男博士大半也没谈过恋爱。这是说科研本身是件孤独的事情。研究要想出类拔萃，必须是前沿的，而前沿研究，通常只有很少的人熟悉。我想，学者最快乐的事情莫过于可以找到和你兴趣相投的另一个学者，说句“你懂的”，而他真的懂了。这很难，大多数情况下，我们都只是静静地坐着冷板凳，坚守自己的学术信念。据统计，一篇博士论文平均也就 6 个人看过，其中一位还是你的母亲。这是多么可悲的一件事情！但是我相信，此时的孤独与无助对长远的人生道路是有益的，因为它锻炼了我们的意志，使我们具有了延迟满足和自我调节的能力。

就要离开，请大家好好回想在清华园里的一花一木、一颦一笑。我们生活在这里，四年、五年，哪怕九年、十年都不会觉得珍贵，但到真的要离开时，你才会发现过去的平常生活将不会再有。是啊，最悲不过“当时只道是寻常”！

“黯然销魂者，唯别而已矣。”终将一别，愿母校长青！愿清华的社会科学长青！朱自清先生说：“燕子去了，有再来的时候；杨柳枯了，有再青的时候；桃花谢了，有再开的时候。”当然，我们走了，也有再回来的时候！

谢谢大家！

31 福乐为学，直心为德

各位老师、同学：

大家好！

万万没有想到，今天我会站在这个台上，作为唯一的一个来自文科院系的学生，在拿到清华的最高奖项时来给大家做一个分享。我并不是清华的本科生，我是在2010年考入清华来读博士的。当然我高考的时候就快考上清华了，就差200多分。

因为没有考得很好，所以我就随意报了一个专业，填了心理学。2003年，当我背着行囊到本科学校的时候，看到接待新生的一位美女师姐，我心里想：我马上就要学心理学了，马上就能知道她是不是喜欢我了！过了一会，我又一想：不对，她也是学心理学的，她是不是已经看透了我邪恶的想法？于是我问了她一句："你知道我在想什么吗？"

她朝我笑了笑（当然我再也问不出这样的话了，现在听到都会红着脸躲避）。因为她的笑，所以我很高兴地回到我的宿舍，打开柜子，站在穿衣镜前我才发现她之所以笑是因为我的拉链没有拉好。当然，美好的故事总有美好的结局，后来这个师姐，她成了别人的老婆。

回到刚刚的话题。刚开始我并不知道心理学是什么，所以，当我打开第一部教材《普通心理学》，我内心的独白是："怎么是这样？我完全不可能知道别人在想什么嘛！"后来我翻开第二本教材《实验心理学》，我的表情就更沮丧了。翻开第三本教材我已经快哭了，翻开第四本教材时我就开始觉得自己是不是应该退学去换一个专业。但是，我没有放弃。时至今日，我觉得大多数人其实还是不知道心理学是什么。昨天晚上我在百度上搜索了一下"心理学是"，一点开，全是疑问句，有人质疑心理学是不是科学，是研究什么的。于是，我又搜了一下"物理学是"，全是肯定句，还有人说"物理学是与我们的生活密切相关的科学"，心理学才是与我们的生活密切相关的科学嘛！

我很不服气，哪个学科都没有心理学与我们的生活密切相关啊！当时，我对这个学科一点兴趣都没有。但是我认为人是越研究越有兴趣的，我并没有放弃。就像心理学中揭示的，人是有固有兴趣的，比如我们喜欢特定的事物，我们倾向于那些腰臀比 0.7、不胖不瘦的美女；比方说我们倾向于平均脸的美女。所以，如果大家在路上看到我，说我长得很普通，那我会很高兴；如果你说我长得很特别，那你就是在骂我。

作为一个从没有兴趣到现在热爱心理学的学生，我认为，兴趣来自两点：第一是长期的投入，第二就是丰富的知识积累，这样才能对学科产生兴趣。长期投入就是一个勤奋的效应，有的同学会说自己的起点很低，我想起点再低也没有我的起点低，但是我很勤奋。我上大学的时候，每次刚下火车放下书包我就跑到自习室去自习。我整天晚上都在寻找学校里能够通宵自习的地方。当时是2003年，心理学在国内并不是很发达，书也很少。我把我当时能买到的书都买回来，把能背下来的内容基本上都背下来了，所以我能够有良好的知识储备。有同学说“我不感兴趣，不想做”，那我只能说这除了傲娇，没有别的什么。如果有同学说导师布置的任务自己不感兴趣，怎么办呢？很简单，给耐克做个广告：Just do it.（去做就是了。）

我觉得很多事情不是因为我们喜欢才做，是因为做了才喜欢。就像我们很多时候不是因为开心才笑，是因为笑才开心。有心理学家做研究，让人叼根筷子做出假笑的样子，然后让他们看《猫和老鼠》这样好笑的动画片，问他们这组人哪个更好笑（PPT上是4组不同的叼着筷子的人，有的人两颊抬高，露出鱼尾纹，做出笑容的样子，有的人只是叼着），结果假装微笑的人也会更快乐。所以如果你想快乐，很简单，就笑一笑。我希望大家现在笑一笑，让自己快乐。

我的导师彭凯平教授，他导师的导师的导师，费斯汀格教授曾经做过一个研究。他把人分成两组，让人进行一项绕鱼线的工作，这个工作非常无聊。结束的时候，让这个人告诉下一个人，这个活动是有趣的，并给他们1美元的报酬，再问他们是否有趣。第二组人也做这个工作，但是给他们20美元，再问他们同样的问题，大家猜哪组人认为这个活动比较有趣？结果是拿钱少的那组人觉得更有趣。为什么他们拿了更少的钱，却还要告诉别人这个活动有趣？这是因为，当人的内心发生冲突的时候，他就会改变自己的认知，这就是认知失调。1美元却觉得有趣，这是冲突的，所以我想想只能觉得是因为这件事情确实有趣。这就是投入产生兴趣的基本原理。

有的同学说："别人是高帅富，我是矮穷矬。"我也很矮。我刚刚比了一下，发现自己还没这个讲台高。我也很穷，但我从来不承认我很矬！我们应该怎么改变我们矮穷矬的状态？心理学家丹·艾瑞里在一次演讲中说："Big data is like teenage sex. Everyone talks about it，nobody knows how to do it，everyone thinks everyone else is doing it，so everyone claims they are doing it."（大数据就像十几岁时的性事。每个人都在谈论它，没有人知道怎么做，但大家都觉得别人已经有经验了，所以就说自己也有。）为什么人们调侃大数据？因为大家其实不懂什么是大数据。我觉得有些人对心理学的印象也是一样。如果没有良好的知识储备，就谈不上兴趣，所以只能在茶余饭后调侃它。实际上，我和我的导师彭凯平教授在大数据方面也做出了世界一流的研究，做出了一流的理论。

了解知识有什么好处？知识实际上是可以获得财富的。我和我的导师彭凯平教授做了一个文化资本的研究。比方说，如果有一位风度翩翩的教授，他学识丰富。有一天他在海边沙滩上散步时，发现一枚金光闪闪的戒指。他捡起来，1985 年的时候这个戒指值 1000 美元，请问它现在值多少钱？

第二个问题是，一位并没有什么学识，但装作学识丰富的教授捡到了这枚戒指，那它现在值多少钱？

第三个问题是，一位看起来满腹经纶的教授，但他表现得一点学识也没有，请问这枚戒指在他手里值多少钱？

经过比较三组，我们发现，实际上知识是可以换来财富的，知识也可以表现在我们的言语中，表现在我们的行动上，知识是具身的，是文化资本，所谓“腹有诗书气自华”。这提示我们，到底什么是品位呢？是乡村重金属摇滚，还是错彩镂金？这也告诉我们，在社会转型的今天，我们是应该跟土豪做朋友呢，还是土豪应该跟我们做朋友呢？还是土豪为了提升自己的品位，获得知识，应该到清华大学来学习呢？

我自己也是这样一个例子。对比我 2007 年第一次参加心理学会年会的照片和我上个月参加心理学会年会的照片，大家可以看出明显的变化。我觉得这就是知识带来了变化，知识表现在了身体上，知识具身地表现出来了。

了解知识的后果就是我喜爱它。我其实原本是理科生，但是高考时考得不好，理科综合甚至都没有考及格，但因为我作文是满分，所以我选了一门偏向文科的专业。在清华我经常听报告，曾有位同学说：“今天我的报告是有一个目标的，就是让清华的文科生也听得懂。”我非常想告诉他们：“我们听得懂！”

去年一年，我在加州大学伯克利分校的心理系做联合培养博士。我和那里的博士生聊天，说什么我都知道，所以他们给我起了一个外号“Psychpedia（心理小百科）”。因此，我可以非常自豪地告诉陈校长和在座各位领导，清华大学——至少清华大学心理学系——培养出来的博士生完全是世界一流的水准，而且我们能得到他们的尊重，得到他们的敬畏。

对比我 2010 年刚考入清华大学时的样子，和我几个月前的样子，从 130 斤到 100 斤。我觉得学术对我来说是最好的减肥剂、最好的美容药。在我看来，学术不应该是痛苦的，哪怕碰到困苦，思考也是快乐的。听了前几位同学的讲话，我也预计了我后面的同学的讲话，我觉得他们的科研过程是顾城的一首诗：“小巷 / 又弯又长 / 没有门 / 没有窗 / 你拿把旧钥匙 / 敲着旧旧的墙。”我的学术经历不是这样的。我非常热爱心理学，我的女朋友也借用另一首顾城的诗来描述我：我一会看书，一会看她，我看书时很近，看她时很远。

我觉得求知就应该是一个纯粹快乐的过程，我享受的并不是结果，而是获得知识的过程。也许文科和理科并不一样，文科让我享受概念游戏的过程，让我相信思想的力量。这也符合心理学里积极情绪扩大建构理论的基本原理：处于积极情绪的状态下，实际上我们的意识和注意的范围会扩大，而且更能将不相关的内容联系在一起。我认为这是创造力的必要前提。当我的室友和他的“女神”刚刚分手时，他非常郁闷。他非常认知失调地跟我说：“喻丰啊，虽然我被‘女神’甩了，但也有一个好消息，我非常痛苦，但我可以静下心来做学术了。”我跟他说，那是不可能的，整天弥漫的消极情绪是不可能产生创造力的。他写了一首诗排解苦闷，我送了他一首词：“繁花不过三两月，怎怪空枝不挽留。且看明年枝头上，知否，新芽更比落花厚。　花落无边飘零处，回首，方恨当年逐水流。再叹那时留恋意，已休，莫将旧酒酿新愁。”

有同学抱怨自己的专业无聊。我觉得每个专业都有无聊的东西，但是你一定要选择有趣的事情来做。我认为，好的研究应该是能讲给外婆听的，而不只是讲给科学家听。如果我的研究大家没有听懂，那就是差劲的研究；如果我的研究大家回去没有讲给自己的男朋友、女朋友听，那就是不足道的。

我还认为我们的研究应该应用于生活中。比如说心理学家发现怀孕3周时，根据食指和无名指的比例能判断生男生女。为什么现场也有男同学举起了手？非常费解，我说的是怀孕3周的时候。再举个例子，我刚刚说过认知失调理论，投入会产生兴趣。很多女同学跑过来问我："我留不住我的男朋友，他甩了我，从心理学上怎么办？"我说这很简单啊，你应该让他投入，他在乎钱你就让他给你买东西，他在乎时间你就让他陪你，投入越多他就越离不开你，也会越来越多地对你产生兴趣。这也符合经济学的沉没成本理论，投入产生兴趣，知识要应用于生活中。

我自己也做一些有趣的研究，有个短语叫作"under control（在掌控之中）"，我和彭老师做了一个研究，来考察"站在台上的人是不是更有控制感"。我们在彭老师的课上做了个实验，看看阶梯教室里是不是坐在上面的人更有控制感，是不是在选彩票时更喜欢自己选择数字，而不是随机，因为这两者的概率其实是一样的。结果，失败了。然后我们又想，握着粗笔的人是不是更加粗心一些呢？于是我去买了两支笔芯，一支缠了一圈，另一支缠了100多圈，让他们做一个题目，数数题目里面有多少个"e"，看看哪一组更加粗心。结果，又失败了。然后，我和彭老师又想，站在软的垫子上是不是对别人做道德判断时会更加宽容呢？于是我去买了一块海绵、一个盒子，上面都盖了一块蓝色的布，看起来一模一样，让人站在上面填一份问卷。这个研究倒是有一点结果。我在清华做了很多实验，80%都失败了，但是没有关系，我们享受的是纯粹求知的过程带来的快乐。

有同学说："我真的很想玩。"我其实也拖延，但我的学习有点儿不一样。我第一种学习是基于内疚的学习。我想告诉大家，你得要有内疚的心理，一定要到每天晚上没有学习就心里不安的程度，这样的学习是最好的。第二种是截止日期带来的焦虑的学习，像诸葛亮草船借箭一样，他到了截止日期那天才拉着鲁肃去熬夜学习。

有人说："我是好人，但为什么没有好报？"这是我自己的理论：我觉得如果你是好人，那就不应该追求好报。就像这个汉字"德（悳）"，直心为德。美德是建立在我们直觉的基础上的。

以往的感恩节大家问我想说些什么，我都说"嗯……"然后就没有然后了。今天的感恩节我想在这里给我的导师彭凯平老师鞠一个躬。彭老师不远万里回到中国，把中国人民的幸福事业、清华的心理学事业当作自己的事业，这是什么精神？

像德国哲学家费希特所说，彭老师告诉我，一个学者除了做学问还应该有社会责任，一个学者应该以提高社会的道德风尚为己任。彭老师告诉我，要做一个高尚纯粹、脱离低级趣味、有利于人民的人。彭老师还告诉我，要有大视野，要做大事业。在这里，我非常非常感激彭老师，没有彭老师我是不可能做出这些成就的，没有站在巨人的肩膀上，我也是不可能取得这样的成果的。

说了这么多开心的事情，我想最后跟大家分享一下我在逆境中的经历，并以这首诗来做结尾。这首诗是我在伯克利一次生病时所作，病了不能看书是我最痛苦的事情：

撼山何所易，卧病惟自伤。
引刀刻寒躯，诳语咽愁肠。
骄阳傲残骨，五脏淌冰枪。

形容枯槁瘦，云丝半染霜。

抬首悔观镜，帘卷懒倚窗。

无力举宗卷，却惊涕泗凉。

苦度闲消时，但求日夜忙。

醉梦向沙场，引弓射天狼。

32 文化与师承

我的导师彭凯平教授是文化心理学巨擘，我来讲讲文化和师承的故事。先说说文化。

诚然，文化有诸多定义，或主观或客观，或物质或社会等。究其本质，文化是知识、经验、信念、价值、态度、意义、等级、角色、观念、思想、行为方式等在代际间或者群体间的累积。借由文化，人类的知识与经验得以保存。同时，文化通常情况下也被认为是人之所以为人的特征之一，因为似乎只有人才具有这种积累知识的能力，能够通过语言将知识进行储存，并不断传承。当然，文化并不一定非要以语言或文字记载的方式进行传承，符号、习俗甚至集体潜意识都能够成为文化传递的基础。通过分析可知，文化是存在于一定的群体的，因此文化之间必然存在群体与群体的不同，是为文化之变异。正是因为文化有其变异性，才使得文化成为一种独有现象，并有着能够在长时间内保持、传承和进化的可能。文化影响着人类的外在表达，如语言表达、衣着服饰、生活方式、起居习惯；同时，文化也影响着人类如何认识外部世界、如何知觉外物、如何看待自我，并因此影响人类如何决策与行为。当自己的文化受到其他文化冲击时，人们会表现出愤怒；当自己的文化受到其他文化产品的污染时，人们会表现出厌恶；当人们受到死亡威胁时，他们会聚集在国旗下，用自己的文化来进行抵御。文化就是这样一种弥散于外而内化于心、进化千年却影响当下的事物，它使得人之所以成为人。

如果文化起源于人类的进化过程中，那么人与动物的区别可以是文化。当然这取决于文化如何界定。如果将文化定义为某种特定的族群中一群个体的独有行为模式，那么文化确实可以说在动物中也有表现。如最为接近人类的黑猩猩族群。研究者发现，在非洲的黑猩猩族群中，存在着一些类文化行为，如某些生活在特定地点的黑猩猩或者属于某一年龄层次的黑猩猩，抑或是性别不同的黑猩猩，会分别表现出不同的行为，如某些族群的黑猩猩会用树叶来清洁他者的身体，而其他族群却不会；又如有些族群的黑猩猩会使用自制工具来钓蚂蚁，而其他族群却不会。生物学家通过观察非洲黑猩猩的行为便可以确定它们属于哪个地理位置，并且准确判断黑猩猩的阶层。这种群体行为表现的一致性、与其他群体表现之间的差异性，有时也会产生于其他动物族群中。更有生物学家将最接近人类的动物，如黑猩猩，看作与人类同样的生物。比如德瓦尔就观察到，黑猩猩也有与人相同的争权夺利、尔虞我诈等相对复杂的社会政治行为。通过观察，德瓦尔甚至发现，黑猩猩能够安慰在争斗中失败的同伴，表现出一种高级的文化情绪体验，即它们对其他同伴情绪的理解。群体之间表现出区分性的特点，这些特点并非由生物学特征所驱动，且这些特点能够进行代际或者个体间的传承，我们可以勉强称之为文化。但如果将上述黑猩猩族群的特点称为文化，我们似乎也过于小看文化了。人和动物有各种区别，无论哲人还是政治家，均有自己的表达。在我们对人与动物区别的调查中，“直立行走”与“使用工具”是大学生回答频率最高的两项，这表现出马克思主义哲学的观点。心理学家亚历山大·哈斯莱姆认为，人类独特性（human uniqueness）是人区别于动物的特征，这些所谓的人类独特性是人所秉持的，它包括：礼仪、教养、道德、理性、成熟等，而动物的第一条特征即为缺乏文化（lack of culture）。这里的 culture 可以是修养、教养，广义来说，它更是文化。在这个意义上来说，人类并不承认动物具有所谓的“文化”，因为无论如何使用何种工具来钓蚂蚁、使用何种树叶来清洁身体，人类文化的精神性追求仍然不见其中。按照更极端的心理学观点，动物区别于人，在于动物根本无法有效地产生与体验到某种次级情绪，例如尴尬、神圣、敬畏、升华等，这使得动物无法发展出更高级且更具有精神性的文化。那么什么群体上的行为模式或者思维模式是更高级的？我们认为，群体的价值观，以及这一群体如何看待世界、如何看待自己，是更为深层的文化。

文化作为一个学术研究的概念得以存在，那么它便必然是一个可以比较的维度，如果它是维度，则必然存在差异，在这个意义上说，如果没有文化差异，便不可能有所谓的文化。而倘论指导和影响人类行为的意义，至少存在以下三种主流观点的文化差异：第一，文化体现在我们的价值观上。哈里·川迪斯从价值观视角来看待文化差异，认为文化差异最重要的一个维度便是个体主义—集体主义：北美、西欧等西方国家倾向于个体主义，而亚、非、拉美等国家倾向于集体主义。个体主义强调个人和独立，而集体主义强调集体和人际。个体主义、集体主义的概念对于大众都并不难理解，难于探究的是，当今全球化的时代，价值观变化了吗？我和彭老师的研究发现，在近 60 年间，无论哪种语言和文化，价值观都朝向个体主义发展，且文化之间的差异逐渐变小。第二，文化体现在我们如何看待世界。彭凯平等人提出文化的认知观，认为东方人倾向于以一种整体观的认知方式来看待世界，而西方人倾向于以一种分析论的方式来看待世界。许多东亚国家民众的思想中都包含着朴素的辩证思想，其核心即变化律、矛盾律和整体律。变化律认为现实是流变不居的，一切存在都不是静止的，而是变化的；矛盾律认为现实是充满矛盾的，矛盾是永恒存在的；整合律认为所有事情都彼此关联，没有什么可以孤立存在。而西方人则倾向于以一种非黑即白的方式来看待整个世界。相应地，西方人的思维方式更倾向于线性思维，强调同一律、非矛盾律和排中律。这种思维方式上的差异使得东方人能够容忍矛盾、期望变化，会在归因时倾向于向外归因，在知觉世界时倾向于看到背景，而不仅仅是关注焦点。第三，文化体现在我们如何看待自己。赫兹尔·马库斯等人提出独立自我观（independent construal of the self）和相依自我观（interdependent construal of the self）来解释不同文化下自我概念的不同。确实，自我有普遍之处，如每个人都有身体自我，都会感觉到自己的身体是与外界分开的，但是，不同文化下的个体在描述自己时，对自己和他人关系的信念不同，具体地说，就是他们感到自己与他人联系或者分离的程度不同。西方文化下的自我图式即独立自我观，个体的自我是独立的、独特的、有边界的，独立自我观强调个体的整体性和独特性，强调个体稳定的内在品质，这些内在品质是个体最重要的自我表征，正是它们调节和指导了个体的行为；非西方文化下的自我图式即相依自我观，个体的自我不是独立存在的，而是与他人相联系的，相依自我观强调个体是整个社会关系的一部分，强调个体和他人的关系，这些关系才是最重要的自我表征，个体的品质虽然重要，但它们不再是影响行为的决定性因素。不同文化下自我概念的这两种不同观点会影响个体的认知、情绪和动机。

应该说，大多数理论认为地理环境和经济生产方式的差异决定着上述文化差异的存在。人类是适应环境而存在的生物，迁徙的人类散落在不同的地理环境之中，从而面对着不同的地理环境的限制。中国的很多地区土地肥沃，适于耕种。为了生存，人们要在这片土地上扎根，世代耕种，依靠农业生存和繁衍。在这样的环境中，人们不用迁徙，日出而作、日落而息，长期稳定的生活模式形成了他们相对稳定的认识世界的方式。一个氏族生活在某个地方，大家互相熟悉且具有血缘关系，这种稳定的集体生存方式决定了大家会首先维护集体利益，使用集体意识来定义自己的个人意识，使得集体中的个人与其他人都非常亲近，个人把群体中的其他成员作为自我的一部分，也使得群体中的成员能够使用普遍联系的方式来看待世界。这样的生活方式形成了东方人朴素信念中的整体论认知观，人们认为这个世界是相互联系、充满矛盾和变化的。西方文化主要产生于古希腊。希腊并非一片广阔肥沃的土地，它所生长的食物并不能让希腊人自给自足。因此，他们需要商贸，需要将物品进行交易来获得生存。交易凭借的并不是关系，决定应该如何交易的是契约。契约是一种不因双方事后意志更改的双方必须遵循的原则，因此它是稳定的，这样的契约精神塑造了西方人看待自己和世界的方式，即个人意识在前，强调个体价值，强调自己作为自我中心的合法性，同时倾向于认为世界是单向的、刻板的，将世界看作线性的。当然，除此之外，还有很多可能因素导致文化的差异和演化。例如，气候论、灾害论、拓疆论、流行病论、基因神经论等，各派理论均能举出翔实的证据和各类研究来证明文化差异的由来，但解释深度不一。应该说，灾害、气候、流行病等解释更多是在解释文化的地理原因，而非更深刻的心理或者认知差异。值得注意的是现代神经科学发现，由于大脑的可塑性和文化社会环境的重要性与多样性，人类大脑在不同文化下的心理活动（例如加工他人、加工自我、加工外部情境）均体现出了不同的脑机制，甚至在成年期，脑也可以受到文化的调节。

文化差异是如何产生的，似乎暗示了文化的生成过程，但是却没能很好地解释最根本的问题，即文化究竟起源于何处？最初的个体化人类行为是如何被群体所习得而成为一种文化的？这一过程可以用文化进化（cultural evolution）来解释。生物体是进化而来的，通过进化过程，人类在适者生存的斗争中获得了良好的基因传递。虽然基因的选择并非有目的的，但是它带给我们的结果却是经过了淘汰和选择的机制的。既然文化是一种累积的人类知识与经验，这种经验和知识让我们能够使用较少的时间与精力去获取，而又在我们认识世界的过程中发挥巨大的作用，那么文化是否可以是进化而来的呢？答案显然是肯定的，文化起源、传承与发展的过程，完全可以比拟于生物进化的过程，是为文化进化。在达尔文的进化观中，变异（variation）、竞争（competition）和遗传（inheritance）的概念是其核心。所谓变异是指生物体的性状并非一成不变，互相之间是存在差异的。类比文化，我们已经谈及文化之间是有变异的，谈及文化便是在谈及文化之间的差异。不同地域之间的文化有差异，文化内部同样也存在差异。差异是进化的基础。所谓竞争是指有一些生物体的性状更加适应而容易存活下来，而另一些则不然。类比文化，这意指某些文化更加容易被传承，或者用心理学的术语来说，更容易被记忆，也在指导行为上更加具有效能。这在文化进化的历史中可见，有些文化直到现在仍在指导人类行为，而有些文化则需要在典籍中才可寻到踪影。所谓遗传是指生物体的性状通过基因而从一个个体传递给另一个个体。类比文化，这种传递过程就是所谓社会学习（social learning）。当然，抛开社会学习，简单的思维是文化储存于集体潜意识或者社会潜意识；发展至今天，也有还原论者认为这些文化都通过某些生物或者类生物的实体，如基因或者模因（meme）来进行传承。对比社会学习的过程，基因观点是相对容易理解的，不过还需要更多切实的证据。社会学习是文化进化和习得的主要机制，通过社会学习，人类能够将那些能够有效指导行为的文化特质（cultural traits）进行良好传递。这些文化特质亦即我们说的那些群体所特有的价值、知识、体验、思想和认识世界的方式等。这些文化特质在人类发展的过程中是成功驱动了种族的发展的，无论是在原始社会还是在现代，也不管是在农业还是工业社会。所谓社会学习，即人类可以向他人习得自己原先并没有的知识与能力。从外部而非自己来获取新的知识，习得他人已然获取的经验，这已经是文化传递的过程。社会学习的实质是模仿，即人类可以高精度地还原另一个个体或者群体的行为。动物也具有模仿能力，前述黑猩猩可以模仿同类或者人类的简单行为，但却无法有效高精度地模仿人类的社会行为，这是其为何无法产生高等精神性文化的原因之一 。人类儿童的高精度模仿能力使得文化的进化成为可能。因此区别于生物进化，文化进化可以是水平而非垂直的，它可以是同辈之间进行的社会学习，当然也可以是代际间的，而生物进化只可能在代际间发生。区别于生物进化，文化进化也可以是快速的。生物进化的历程需要大量的时间，人类现在的性状并不是适应现在的环境而是适应几百万年前的进化适应环境。但是文化进化却可以是快速发生的，文化的进化过程无处不在，我们的社会学习过程可以马上发生并立即指导行为。我们已经了解到社会学习过程是文化进化的核心，也可能驱动了文化的起源与传承，那么为什么只有人类有高精度的模仿能力，使得人类有积累文化的可能？是否这种社会学习的过程依然存在着文化差异？是什么影响和一直维持着这种差异？人脑中这些文化知识是如何储存又如何在神经水平上表征的？这都是现今悬而未决的问题。

这就是我们认识的文化。但是这是学术性的文化探讨，下面来讲个故事，并说说开启我们文化心理学研究的师承与著作，即《思维版图》。应该说，这本书几乎就是文化与认知学派基本观点和研究的总结。

我记得自己第一次见彭老师时，我正襟危坐，而彭老师半躺在沙发上，从没见过这样教授的我当时震惊于彭老师没有任何权力距离的样子，直到走出伟清楼 501 都没有回过神来。而彭老师的朋友，也是我的朋友、作家蒂姆 · 贝内克告诉我，彭老师第一次见到理查德 · 尼斯贝特时，尼斯贝特躺在沙发上，把脚翘在桌子上，彭老师完全震惊，一模一样。自己做了导师，我也不太习惯西装革履正襟危坐地和学生说话。其实我不知道这个故事的真假，但是在这样的情况下，彭老师说出了文化与认知研究的数个问题，启发了导师的思维，开创了一个研究领域，写在了导师书的首页上，我敬佩得五体投地……

尼斯贝特教授 1962 年毕业于塔夫茨大学，1966 年于哥伦比亚大学获得心理学博士学位，师从著名社会心理学家斯坦利·沙赫特。为密歇根大学心理学系西奥多·纽康柏杰出讲习教授，1992 年当选美国艺术与科学院院士，2002 年当选美国科学院院士，成为第一位当选美国科学院院士的社会心理学家。因其研究贡献，尼斯贝特教授于 1982 年获得美国心理学会的唐纳德·坎贝尔杰出社会心理学研究奖，1991 年获得美国心理学会杰出科学贡献奖，1996 年获得美国心理学会威廉·詹姆斯杰出科学成就奖，1998 年获美国心理学会麦基·卡特尔研究奖，2002 年获古根海姆奖。2017 年，尼斯贝特教授正式从密歇根大学荣休。

尼斯贝特教授的研究主要涉及人类的思维与认知。其早期研究关注人类思维的推理过程，而中期研究则关注文化与认知问题，近期研究关注人类智力问题。其早期研究可以从其著作《人类推断：社会判断的策略与缺点》（*Human Inference: Strategies and Shortcomings of Social Judgement*）以及《推理的法则》（*Rules for Reasoning*）等书中一窥。其近期研究可以从其著作《智力及其获得：为何学校与文化有用》（*Intelligence and How to Get It: Why Schools and Cultures Count*）以及《心件：聪明思考的工具》（*Mindware: Tools for Smart Thinking*）等书中速览。而其中期研究，即文化与认知的研究，则需参考其著作《荣誉文化：南方的暴力心理学》（*Culture of Honor: The Psychology of Violence in the South*）以及《思维版图》（*The Geography of Thought*）。

尼斯贝特的研究被引用超过75000次，而其中引用次数最高者莫过于他与几位来自东方文化的学生合作发表在《心理学评论》上的《文化与思维系统：整体认知与分析认知》一文。这篇文章综述了尼斯贝特教授和自己的学生们对于文化与认知的大量研究。应该说，《思维版图》一书是这篇综述文章的详尽普及版。

在序言中，尼斯贝特教授提到了这部书的缘起，书中的叙述非常戏剧化，来源于其“才华横溢”的学生彭凯平对他这个认知普遍主义者的质询。彭凯平告诉他，美国人的世界是一条直线，而中国人是一个圆。中国人认为事物不断变化但终回起点，关注整体、背景与关系；而西方人则不然，他们的关注点更加简单，只关心确定世界中恒常的人与可控的规则。这段话很有趣，而当年彭凯平教授的这段话已然成为这本书描写东西方文化差异的大纲。按照彭凯平教授自己的说法，这个学术过程更加有画面感：“我清楚地记得在他（尼斯贝特教授）的办公室，我们在密歇根大学的记事本上，随手写下东西方文化差异对人类11个思维工具的影响。我们从研究人的归因过程开始，到归类和概念形成，然后是决策和判断，用心理学的实验方法证明了其中10个假设是正确的。唯一没有能够得到实证的反而是诺贝尔物理学奖获得者杨振宁教授提出的‘东方人喜欢演绎，西方人喜欢归纳’的假设。由此开始，文化与认知研究成为社会心理学的经典研究领域。”无论如何，至此，尼斯贝特教授与彭凯平教授以及当时其他很多来自不同文化的学生开始了一段文化与认知的研究旅程，这个导师记下自己与学生交谈的过程如童话般美丽。

在第1章“三段论与道”中，尼斯贝特教授详细阐述了古希腊人对自由、个性尤其是个人意志的强调，这种个体化的倾向还影响了他们的好奇心，使他们用一种自然哲学的方式来思考问题，以期对环境进行操控。而中国人则不然，中国人崇尚“和”，“和”的意思是我无须强调自己是一个独特的有个性的个体，我就是集体之一员，集体对我来说就是我之为我的首要部分。中国人的伦理观念造就了我们是处于特定关系中的人，我们不关心对环境的控制，只想自我控制以求得群体和谐。尼斯贝特教授认为，这些古希腊与古代中国的差别构成了其哲学上的差别。即，古希腊哲学是一种自然哲学，关注物体，尤其是物体的属性，根据属性就能将物体进行分类，严格来说，这是对物理世界的研究而非对人的研究，至于人及人与人之间的关系，那是次要的事情。这个物理世界在古希腊哲学家那里甚至是静态不变的，他们讲求逻辑思维。而中国哲学由儒、释、道三家构成，这三者都讲求和谐。尤其是道家思想，讲究阴阳相济，阴阳的矛盾是矛盾但又是你中有我、我中有你的矛盾，这个矛盾是变化着的，也许也是不需要最终解决的矛盾。在尼斯贝特教授看来，道家和儒家的世界都是人与人之间的关系世界，中国人通过赋予关系来给予宇宙意义。他认为儒道两家都是强调世界的普遍联系，是对矛盾和世间万物的整体观察和通盘考虑，一个人可以进儒退道，正是因为二者都是典型的人生哲学。因此西方人会将事物的个别属性作为研究的对象，而中国人却喜欢抛开抽象的逻辑思辨去具体地感觉事物，将事物看作一个整体而非属性的集合。这就造成了中国人并不喜欢像西方人那样对问题求真，而是喜欢对问题求和，求得人与自然的和谐或者人与人的和谐。这些哲学差别应该造成了中西方科学求知上的不同。古希腊人对自然的关切与对属性的执着让他们有了现代科学的雏形。而中国人对问题的先知和缺乏好奇，尤其是对万事联系和矛盾互存观点的执着，让我们不会进行头痛医头的手术。中国人似乎不追求理性而追求合理性。

在第 2 章“思维的社会界线”中，尼斯贝特阐释了上述东西方形而上差异的政治、经济和社会原因。关注点从社会生态学、经济、社会结构到形而上学、认识论与认知过程。人类认知有区别，究其原因，可以追溯到最表层的社会生态学与经济社会结构中。中国的相当一部分国土由利于农业生产的平原、丘陵与能通航的河流构成，中央集权容易施行。由于农耕方式需要人们相互协作，而灌溉系统又需要中央集中管理，所以人与人之间的关系和睦便显得重要。关注人与人之间的关系会使得中国人认识到自己与世界相联系，所以世界万事万物都是联系在一起的，没有人是孤立存在的。这导致中国人会更多关注背景，而不是将焦点从背景中分离出来。而古希腊的主要地形是海洋中的山脉，便于狩猎、放牧、渔业和贸易，这些职业相对不需要合作。商业是一个讨价还价的过程，与他人的关系显得并不重要，但是物体的属性在商业过程中却显得十分重要，对物体尤其是属性的关注使得古希腊人要求将焦点从背景中分离出来。虽然之后的西方与中国的生产方式都变得类似，但是这种思维方式的差别却固存在人们看待世界的方式上。尼斯贝特教授提出，这些差别具体为：在感知上，东方人关注关系而西方人关注物体；在世界构成上，东方人关注物质而西方人关注物体；在对环境的控制上，西方人尤甚；在动静上，西方人静止而东方人期望变化；在解释世界上，西方人关注物体本身而东方人看到环境；在世界的组织上，西方人喜欢归类而东方人喜欢关系；在逻辑规则上，西方人更加喜欢逻辑规律；在矛盾上，东方人更喜欢中庸而西方人更坚持己见。

在第 3 章“群体意识 vs. 个人意识”中，尼斯贝特首先描绘了东西方人在自我观上的差异。西方人强调自我独特性，而东方人却认为“木秀于林，风必摧之”。维持和谐的关系比个人的成功在中国人看来更加重要，而与众不同并非东方人所期望之事。当涉及自我描述时，东方人会更多给出一个参照的场合，而非像西方人一样给出不受环境影响的个人特点。西方人有高估自己、过度自信以及高于平均的自我感觉良好倾向，而东亚人却会因为高于平均而自我批评。很明显，西方人的自我是独立的，而东亚人的自我是相互依赖的。独立的自我较少关心与他人的关系，因此也很少能够精确地体察他人的情绪与态度，这在东亚社会是会显得自我中心或者粗鲁的。这种自我观差异体现在中国人对“面子”的执着上，也表现在日常生活中对问题的解决方式上。东亚人很少像西方人一样辩论或者在意见交流中固执己见，因为这会威胁到群体和谐。谈判、争论这些矛盾的事情干脆诉诸中间人，因为一次谈判的失败并不是只影响这一次，而是关系到以后的许多次，关系的破裂会影响全局。

在第 4 章“统揽全局还是紧盯目标”中，尼斯贝特教授提出了整体论与分析论的东西方认知方式差异。所谓整体论，意指以一种普遍联系的方式去看待世界，而分析论则意味着从物体属性的角度见微知著地去看待世界。这首先表现在东西方人在知觉时的不同。尼斯贝特教授以自己的实验为例，当用 20 秒呈现一个缓慢运动的画面时，美国人更多地看到画面中的焦点部分，而日本人则能更多地报告背景事物，且更多地提及环境。如果同一事物在不同的背景中出现，日本人的判断速度就会受到影响，但美国人依然如故。这表明西方人知觉世界的方式就是关注焦点的，而东亚人则会关注焦点所处的那个背景。除了知觉，在控制感上也是一样，东亚人并不像美国人一样期望能对一切有控制感甚至控制幻觉，因此东亚人期望群体工作，而美国人喜欢独自工作。同时，美国人看待世界更加静态，而东亚人会期望更多的变化。

在第 5 章"'人性本恶'还是'近墨者黑'"中，尼斯贝特教授讲述了东西方在归因上的文化差异。东亚人似乎倾向于把行为的原因归结为背景，而美国人则倾向于归结为人。大量研究证明了这一观点。归因于内的基本归因错误是社会心理学的经典理论，东亚人犯这一错误的倾向要更小，但并非不受此影响。对于西方人来说，他们喜欢且容易建立起一种明确的因果模式；对于东方人来说，由于普遍联系的观点，这却变得困难。普遍联系的观点让溯因变得困难，因为万事皆可互相影响；同时也让遭遇奇怪事件的人不那么意外，因为他们早就想到这事发生的可能性。

在第 6 章"世界是由'懒惰的名词'还是'勤劳的动词'构成的"中，尼斯贝特用各种实验论据详细论述了东西方人在归类上的区别。简而言之，西方人根据范畴来进行归类，东亚人根据关系来进行分类。这种归类依据上的差异便会造成语言学习上的区别。名词代表着范畴，而动词在某种程度上代表着关系。西方孩子学习名词比学习动词容易，而东亚孩子却在两者学习上表现出相同的速率。这实际上也表现在英语与汉语两种语言的区别上。英语是类别化的，属性词语可以加上后缀很容易拼出，而范畴短语则极多使用；东亚语言是情境化的，依赖语境，很多时候连主语代词都能省略。代词是将主体分离出背景的词语，中国人对代词的省略相比于西方人对代词的重视，恰好表现出了中国人对关系与背景的依赖。

在第 7 章"'没有逻辑'还是'你说的有道理'"中，尼斯贝特教授讲述了东西方在对待矛盾和逻辑时的不同。在彭凯平教授的博士论文中，他已经提出了中国人思维的三个原则：即变化、矛盾与整体。所谓变化，是指东亚人将宇宙描绘为一种川流不息的状态，宇宙中的万事万物与世界上的种种生命都是一体两面的，而且这种状态还可以交替变化。比如，白的可以变成黑的，爱也能变成恨，世界的每一个元素都处在变化的不断循环中。相对于欧裔美国人，东亚人，尤其是中国人，更加期待随着时间的流逝，事情会不断波动地发生变化；相反，在西方的文化中，变化不应该称之为变化，它是线性的，它只是在量上朝着原来的方向进行积累、增长，它永远不会朝向自己的反面。矛盾是指宇宙中的事物、生命的状态都是由对立的元素组成的。东亚人倾向于认为，宇宙确实地存在于一种流动的状态中，而其中的人和事都在永恒变化。这样，难保在某一时刻，某人或者某事是正确的，但在另一时刻，这个人或者这件事就可能是错误的。由于改变的发生通常突然而迅速，好坏经常一线之隔，所以，还不如就将事情看成永远处于居中之所，这便是中庸之道。但西方人不同，他们更愿意遵循排中律的原则，即一个命题不可能是对的同时又是错的，所有的命题要么是对的，要么是错的。所谓整体是指，事物并不是孤立存在于世界上，它是与众多不同的事物联系在一起的。这三个观点称为东方人的辩证思维，与西方人的形式逻辑思维不同。后者体现为一种线性思维，其核心内容为：等同律（如果事物存在，那么它是真实的，因此，A=A）；非矛盾律（没有命题亦真亦假，A 不是 A 的对立面）；排中律（任何命题非真即假，因此，A 或 B 不等于A和B)。线性思维是一种直线的、单向的、单维的、相对来说缺乏变化的思维方式，是思维沿着一定的线型或类线型的轨迹寻求问题解决方案的一种思维方法。

在第8章“思维方法不能放诸四海而皆准，我们该怎么办”中，尼斯贝特教授首先探讨了这些东西方思维差异在医学、法律、争论、科学、修辞、契约、人权、宗教上的体现，同时告诫西方人，东方人的思维习惯也许能使他们受益，如对形式与内容的共同重视、对多重动机的容忍、对基本归因错误的纠正等。同样，西方思维方式也会对东方人产生积极启示。教育者也应当注意到这些差异，在教育过程中对文化的优势加以传授。

在结束语中，尼斯贝特教授讨论了福山的历史终结论与亨廷顿的文明冲突论。尼斯贝特教授明显不支持全盘西方化的说法，也不认为两种文化最终会消弭为西方文化。文化也许在融合之中，每个人都接触多种文化，而尼斯贝特教授希望在文化融合的过程中，东西方文化都能保持其精华，交融出美味。

在我看来，《思维版图》一书代表着文化心理学研究的一个里程碑。如果文化心理学能够写进心理学史的长河中，那么以下三个奠基性的理论值得被铭记：首先是文化与价值观理论，其代表人物为哈里·川迪斯，也许还包括霍夫斯泰德，其基本观点是将文化的维度分为个体主义与集体主义。第二个理论是文化与自我观理论，其代表人物为赫兹尔·马库斯与北山忍，其基本观点是将文化的维度分为独立自我与相依自我。第三个便是文化与认知观理论，其代表人物就是《思维版图》一书的作者尼斯贝特与其学生彭凯平，我们已经讲过其观点是将文化的维度分为整体论与分析论。受尼斯贝特与彭凯平影响的文化与认知研究，公开发表的论文至今已经高达18200篇（按彭凯平教授的统计）。文化心理学研究者甚众，细数起来群星璀璨，但能提出基础理论与范式，并开创一个新领域者却并不太多。在这个意义上讲，尼斯贝特教授及其《思维版图》用文化与认知观启发了数以万计的研究想法，创造了不计其数的工作职位，让一批又一批心理学研究者们前赴后继，得以在一个话语体系和理论框架内进行验证、拓展与创新。

33 如何深度阅读

其实了解幸福的科学不应该从科普文开始，如果你学有余力，那么一定需要深度阅读科学文献。心理学的科学文献说是科学，但绝不至于读不懂，这就是心理学区别于其他学科的地方。但是文献有一定的写作规则，如果你理解它的结构，那么普通人也能读懂，第一手文献永远强于别人的转述。说实话，科普需要大师来做，因为他们的理解会深刻很多，但是现实情况是科普通常都是普通研究者甚至研究生来做的，有时为了流量存在以偏概全、过度推论等情况，我自己有时候也会。作为一个积极心理学的学习者，学会看科研论文是一个不错的选择，它并不困难。

我曾在很多场合向不同的听众分享了我对于文献阅读的体会，其实每个场合我说的不会一模一样，有不少听众和学生希望我能分享出来。

事实上，此前我曾分享过一篇英文文章，比我说得更好。很多人说英文的不想看，那我翻译给你看，顺便也说点儿我的看法。原本是写给我的研究生的，仅代表我的个人观点。

如何阅读社会心理学期刊论文？①

克里斯蒂安·乔丹　马克·扎纳

喻丰　译及解读

看文献最简单，也最难。简单到谁都能看，看不懂英文，有字典；看不懂意思，克服心理障碍多看就好。难到不是谁都能坚持。研究者如果一天平均看不到一篇文献，我想这个数量是低于基准的。

首次或者头几次接触期刊论文，大多数人都试图如散文般消化它。他们始于逐字逐句，最终读完，也许困惑，却感觉解脱。这不是完全糟糕的策略，但期刊论文有自己的逻辑结构。因此作为社会心理学的学生，更有效的方式是砍掉边缘细节，避免你也许不熟悉的复杂统计而专注于文章的核心观点。用期刊论文的预备知识以及如何阅读的实用建议来武装自己，应该会让你更有效地阅读论文。如果这些听起来非常诱人，那就请读下去。

一开始谁都看不懂，我也看不懂。即使现在，很多文章我初看也不

① 本文首见于鲍迈斯特《社会心理学中的自我》(*The Self in Social Psychology*, 1999)。

怎么看得懂，多看两遍，多想就是了。别以为导师什么都能看懂，我也是经常看不懂自己琢磨；别以为导师什么问题都能解决，很多问题上研究者自己才应该是专家而不是导师。

期刊论文提供了了解社会心理学内部运行的窗口。它记录了社会心理学家是如何形成假设、设计实证研究、分析收集到的观察结果以及解释结果的。期刊论文还提供了无价的档案功能：它们涵盖了所有社会心理学的共同和累积的知识。通过对过去研究的记录，研究者能够站在过去发现的基础上来深化我们对社会行为的理解，而无须考虑那些已被探索的发现。也许最重要的是，如果研究的结果没有被分享给他人（例如同事和学生等），那么研究就永远没有完成。期刊论文是交流研究结果的主要手段。因此，阅读它们是真正令人兴奋和有趣的。

所以做完研究得发表。现在发表的论文很多是模式化的产品。但是发表是为了交流，所以论文应该有工具性的功能而不是终极性的。切记这些，你才能做得不功利，才能做得有趣一点。

现在这些话可能让你猝不及防。对初学者而言，期刊论文看起来有趣且令人兴奋。与此相反的是，它们也晦涩难懂、令人生畏，它们满是行话，充斥着令人难受的统计。认识到这一点，我们希望通过本文来武装你，让你阅读期刊论文时获得更大的舒适感和更好的视角。社会心理学家研究许多引人入胜的话题，从偏见、歧视到文化、说服、喜欢与爱、从众与服从、攻击以及自我。在我们的日常生活中，这些通常是我们难以理解的问题。社会心理学家在期刊论文中对此提供系统观察和大量思考。如果这些话题的迷人之处在转化成期刊论文时丢失殆尽，那将十分令人羞愧。我们觉得不会，当你读到文章结尾时，希望你也觉得不是。

你得把文章写成“人话”，故弄玄虚地堆砌术语就像写作文堆砌形容词，矫情的感觉是一样的。

期刊论文有多种形式，包括研究报告、综述论文和理论文章。简而言之，研究报告是原创研究或者一系列研究的正式呈现。综述论文是对先前已发表工作的评价性总结，并通常由指导性的理论和观点来组织。综述论文的作者总结先前对未解问题的思考，评论问题结论方案的进展，并建议问题的未来研究领域。理论文章也评价过去的研究，但聚焦于用于解释实证研究的理论发展。在此，作者可能会提出一个新理论来解释一系列研究结果，或者可能对比竞争性理论，提出为何某一理论可能是更优理论。

一般来说，普通研究者不会直接写理论文章，我也写得不多。研究生写综述，可以当作文字训练，或者说已经看了文献，做点副产品，保证基本的学习和研究进度。研究报告不仅教你怎么写，还教你怎么做研究，如果你能用作者的视角来思考每句话的用意，就能知道做研究和写文章时要考虑些什么，有时候，这也是经验的积累。

本文主要聚焦于如何阅读研究报告，其原因如下：首先，社会心理学中发表的大量文献是研究报告。其次，综述论文中展示的总结和理论文章中提出的观点均以研究报告中的结果为基础。为了深入了解社会心理学的研究是如何做的，流畅地阅读原始文献是最基本的要求。此外，理论文章通常因为比较理论或测试新理论来报告研究。为了评估这些理论争论的效度，深入理解基本研究成果是非常有价值的。最后，大部分研究报告是用标准格式写成的，新手可能并不熟悉。而综述和理论文章的形式没那么标准化，而且它们更像教科书或者其他学术作品，读者应该对它们不陌生。这并不是说这类文章比研究报告读起来更容易或者更好理解，相反，它们真的很有挑战性。事实上，因为研究报告的撰写有更多的规则，因此，如何阅读它们，我们可以给出更多的指导。

读研究生最重要的就是学术训练，这是导师能教你的。当然，其实自己就能训练自己。阅读文献就是如此，没有什么比这重要。

解剖研究报告

一般看文献，先看标题，大概猜测变量；再看摘要，知道内容；再看图表，对主要结果有个了解；再看方法，知道是怎么操纵和测量的；最后看头尾，知道研究是如何叙述的。

社会心理学和一般心理学的大多数研究报告都是用美国心理学会（American Psychological Association，APA）所规定的标准格式写就的。这对读者和作者来说都是重大利好。它让作者能够清晰系统地展示其思想和发现。一旦你理解这种形式，作为读者，在读到新研究报告时，无论其具体内容如何，你便不会陌生。你会知道在文章何处去寻找特定信息，很容易找到。无论你出于何种原因阅读研究报告，对写作格式的坚实理解都会让事情变得轻松。我们接着会讨论研究报告的形式，以及如何阅读它们的具体实用建议。之后，我们会讨论这种形式如何反映科学发现的过程，并阐释研究报告的连贯叙事结构。

格式永远弱于内容，软件永远弱于内容，技术永远弱于内容。我见过很多人调整格式的时间要超过写和想的时间，我见过很多人纠结于用哪种软件管理文献更好，我倾向于不管，我的文献都是记得的。自己常用的文献、社会心理学的基础文献如果不记得，那是不合格的。

• **标题和摘要**

我想这里忽略了一点，还有作者、单位、通讯作者。中国重视通讯作者，老师的邮箱都在下面。我开玩笑说有些人要联系校长找不到邮箱，怎么可能？稍有学术训练的人找篇校长的文章就能找到他的邮箱了。

虽然不能以貌取人，但的确，阅读研究报告的标题便可以了解很多。标题展现了欲探究的理论问题和（或）研究变量的简要表述。例如，下面这个标题是从社会心理学顶级期刊里随机摘的：《悲与愧？情感对亲密关系冲突解释的影响》。仅读标题，你就可以推测该研究探究的是情绪状态如何改变人们在亲密关系中解释冲突的方式。这还可以推测，悲伤时，人们会在面临类似冲突时承担更多的责备（如感到更羞愧）。

其实标题很玄妙，有时候你看它非常吸引眼球，用了些抖机灵的俗语等等，但是其实它至少有自变量、因变量在，你大概能判断。

摘要也是信息的宝贵来源。它是研究梗概，并在150字的范围内体现大量信息。摘要包含了所研究的问题、如何研究、研究的主要发现以及结果的理论和实践意义。因此，摘要提供研究大意的有用总结。首先阅读这个大纲非常有帮助，因为它告诉你这个报告是干什么的，并给你提供一个文章组织信息的有用框架。

一定先看摘要。我有个习惯，每个月都看顶级期刊的文章，至少是摘要，感兴趣才看全文。虽然没有在顶级期刊上发表过论文，但是不能停止学习。研究生就更应该了，我还能通过为期刊审稿看到新研究，学生只能看到已发表的论文，即使它们发表的时候距离做出研究成果已经过了很久了。

研究报告的标题和摘要就像电影预告片。预告片突出了电影情节的重要部分，并提供给观众刚刚足够的信息，让他们能够做出是否看整部影片的决定。标题和摘要就是如此：它们突出研究报告的关键信息，让你决定是否读全文。当然，只读标题和摘要永远无法完全理解一篇研究报告。

我觉得也不像预告片，预告片至少不怎么剧透，还留有悬念，标题和摘要是尽量剧透得完整。

• 引言

最初我特别爱看引言，那时候不懂，要补的知识太多，我把引言当作学习知识的途径和完整的综述来看。现在再看引言，会发现它肯定不是完备的综述，因为它只讲和文章相关的内容。我不太愿意看学位论文，因为为了凑字数，很多学位论文的综述把涉及的变量全部综述得非常完整，我不太确定这样做是好的，反而觉得头重脚轻。

一篇研究报告有四个主要部分：引言、方法、结果和讨论。虽然没有明确标注，但引言是正文的第一部分。在这里，研究者奠定研究的基础。他们在引言里提出要研究的问题，并说明为什么这个问题重要。通过提供对先前研究以及相关理论的简单综述，研究者将其研究置于历史背景中，并说明该研究将如何丰富相关问题的知识。引言从广阔的理论和实验考虑开始，研究者勾勒出其研究中待检验假设的提出逻辑。他们也会描述为何选择该研究策略（如为何选择实验或者相关研究）。

发现了吧？不是必须要写个结论，实际上，也无须写结论，当然你心里可能有个结论。

引言通常始于对研究问题的宏大考虑。在这里，研究者意欲说明自己研究的问题是人们应该关心的真问题。如果研究者研究偏见，那么他们便可能引用歧视普遍的统计数据，或者描述歧视的具体案例。这些信息有助于说明为何这项研究在理论和实践上均有意义，以及为何你需要费心阅读之。这些讨论通常有趣、有用，它们能帮助你自己判断研究的优点，但它们对于理解眼前的研究却可能并不根本。仔细阅读引言，但需要明智地选择需要关注和记住的内容。为了理解一项研究，你真正需要理解的是研究者的假设是什么，他们如何从理论、非正式观察或直觉中推导出假设。其他的背景信息也许很有趣，但对于理解研究者如何做和为何做并不重要。

引言重要的是要写清楚问题、研究的意义、先前做了什么、研究者能补充什么、为什么研究者补充得好或有趣。别指望它综述得非常完备，那是不太靠谱的。读它获取的是特定知识，完备知识还要看综述和类似手册文章。理解这一点就能理解作者为什么这样写，为什么一开始举个现实社会的例子，或者说亚里士多德、孔子什么的，说着说着又换个小标题写看起来是综述的有偏综述等等。

阅读引言时，试着去回答这些问题：研究了何种问题？为何研究？该研究与先前对此问题的探索有何联系？有何超越？研究者如何得出其假设的？在该研究中研究者希望回答何种问题？

就这些。

- **方法**

写的时候可以先写这一部分，因为它是真叙述，描述就可以了。

在方法部分，研究者将其假设转化为一些具体、可检验的问题。然后，研究者介绍其被试的主要特征：描述其特征（年龄、性别等）及数量。接着他们描述材料（或装置），如研究中使用的任何问卷或者特殊设备。最后，按照先后顺序描述研究，即说明研究是如何进行的。通常，方法部分的开头以研究设计的概述开始。这一概述提供了研究设计的大致轮廓，提醒你应该注意的内容。

现在被试复杂了，预注册也麻烦了，我在课上讲过，这里不再赘述。

方法部分的呈现务必详细，好让其他研究者能重复确证（或质疑）其结果。细节程度通常对于理解研究来说不必要，所以不必陷入记住具体过程的困境中。关注自变量如何操纵（或者测量）以及因变量如何测量即可。

作为研究生，写的时候最低细节标准是让别人能重复，看的时候倒如作者所说，看操纵方式和测量方式。如有条件就把这些概念的操作性定义、操纵和测量方式用笔记下来，我觉得这是研究生该积累的东西。

充分测量变量并不总是易事。心理学家感兴趣的很多变量都无法直接观察，因此它们必须从被试的行为中来推断。比如幸福，就无法被直接观察。因此想了解幸福如何影响人类判断的研究者就必须从人们的行为中去推断幸福（或者不幸福），比如问人们有多幸福，或者从人们的反应中判断幸福程度，或者研究人们能体现幸福的面部表情，如微笑。读方法部分时需要考虑，研究者使用的测量方式是否充分反映和捕捉了他想测量的概念？如果测量看起来奇怪，那么仔细思考研究者是如何证明其使用的合理性的。

有些人不看文献，就喜欢自己拍脑袋设计，我反而觉得这件事情上用已有的方式有好处，这种保守方式的好处在于，除了不得已的情况，你不用为你的测量辩护。请注意，尤其不要把研究设计成连续剧，也就是自变量是自变量，因变量是因变量，不需要用你的故事把它们串在一起。

通常在社会心理学中，终点与路程都只有一般的乐趣。换句话说，如何获得结果与结果本身同样有趣。社会心理学家总是努力让被试用自然、自发的方式去行为，同时严格控制环境以确定行为发生的原因。有时候，研究报告的主要贡献是呈现了一种新颖的研究方法。在此情况下，引言里还会详细讨论这种方法。

创造新方法可以吗？当然可以，这很好，引用最高的都是工具或者方法，但是这并不保险，你需要更多的辩护。

社会心理学的被试是聪明、好奇的人，他们对周遭事件做出反应。基于此，他们有时候不会被告知研究的真实目的。如果他们知道了，则可能不会自然地做出行为。因此，研究者经常需要具有创造性地去展现一个可信的逻辑来完成研究步骤，还不泄露研究目的。这种逻辑叫作封面故事，通常是个精心设计的情景。当阅读方法部分时，尝试将自己当作研究中的被试，问自己给被试的指导语如果是自己看，它是不是合理、真实、吸引人。想象研究的感受还能帮你记住研究过程，并帮助你解释研究结果。

封面故事通常是都需要的，心理学中有心理实在、现实实在、实验实在，哪个重要？

在研究方法部分时，尝试问以下问题：假设是如何转换成可检验的问题的？变量是如何操纵或者测量的？测量方式是不是能很好反映变量？例如，自我报告的收入是否能够恰当衡量社会阶层？为何能？为何不能？

就这些。

• **结果**

这部分更可以先写，特别是里面的图表，先看也先写。

结果部分描述了观察到的结果是如何分析的，以确定其是否支持原始假设。在这部分，描述数据（行为观察），进行统计。因此，结果部分通常会使较少或没有统计训练的读者感到恐惧。复杂而不熟悉的统计分析让人理解困难，令人沮丧。结果，许多学生想跳过此段。我们建议你别这样。实证研究结果是所有科学的基础，结果部分就是其展现之处。

一般的统计其实没多难，难的是你克服恐惧心理，没什么看不懂的，做一个看统计的心理建设比看统计要困难多了。

要有信心。哪怕最负盛名的研究者也曾经与你相似，并必定对你表示同情。虽然心理学期刊篇幅有限，但研究者也需要在报告结果时权衡表述清晰与表述简洁。在一篇如何写好研究报告的著名文章中，桑德拉·贝姆给研究者提供了如下建议：无论你的文章在细节上多么有技术性、多么深奥，你都应该让没有统计和实验设计知识的非心理学读者有个大致轮廓来理解你做了什么、如何做的。他们应该能用日常语言理解自己学到了什么。一般来说，社会心理学家尝试去实践这一建议。

我真的认为，精巧的实验设计比精巧的统计重要，如果设计精巧，统计简单，这是更好的研究。那些使用纯问卷回来进行所谓高级统计（无非结构方程模型、多层线性模型、广义线性模型等）的研究实验，社会心理学当然不会欣赏，但是做法你得会。有些心理学研究生有高级统计课程，比如中介调节等，都是基本技能。不要偷懒，尤其是找个大型数据库，自己连数据都不收集，只去做一个回归分析，以我的标准，这甚至不能硕士毕业。这个时代，有条件请都去学学编程。

研究报告呈现的大部分统计分析都用于检验特定假设。通常情况下，做每个分析之前都会提示要检验的假设。在进行分析之后，研究者通常会用平实的语言来描述结果。如果统计分析所检验的假设没有被明确地说出，你应该能通过阅读这段结果描述来确定要检验的假设，并去引言里找到相对应的假设。在最复杂的统计分析之后，一定会有一个结果的概念性描述。关注这些描述，关注研究结果的概念性意义，而非获得这些结果的过程（除非你觉得看统计很舒服）。

看多了你会觉得舒服的，当然一定要记住这些结果是如何报告的。其实只有几句话，找几篇范文就能看完。

除了统计检验和结果描述之外，结果部分通常也包括图表。这是对数据的有效总结。即使你不熟悉统计，也要仔细看图表，并注意其中的相关和平均数。研究者总是会描述图表。在阅读这些描述时，核查图表以确信研究者准确反映了其数据。如果他们说在特定因变量上两组有区别，去表里看这两组的平均数，看看它们是不是如表述般不同。偶尔，对比数据之后，你会发现结果会被描述得看起来更强。

一般平均数倒真不会犯错，要注意看被试量，别看那个显著性的星号。很多相关研究看起来效应很小但也显著，无非是因为人多，这种结论可以重新审视一下。

数据会被误用。被误用时，结果就很难解释了。说到这里，缺乏统计知识不该让你在阅读结果部分时过于谨慎。虽然不是完美的解决方案，但期刊论文在发表前都经过了广泛的同行专家评议过程。因此，大部分统计的误用都会在发表前被发现并纠正。所以，如果你对统计不熟悉，你还是有理由确信结果是被准确报告的。

一般顶级期刊，如果你统计不好，信它就好了。信完请看懂，看懂请模仿，保证自己下次会做。

阅读结果部分时，试着回答以下问题：研究者是不是提供了自变量操纵是否有效的证据？例如，如果检验高兴与悲伤的被试的行为区别，研究者是否证明了一组真的比另一组更高兴？研究的主要发现是什么？研究者的原始假设是否被其观测所支持？如果没有，看看讨论部分研究者是如何解释其结果的。

就这些。

• **讨论**

我听学生反映这最难写。其实写得好难，写个普通的只需重复结果，解释结果，阐述意义，写出局限就可以了。

讨论部分通常始于对研究发现的总结以及对结果是否支持原始假设的评价。在此部分，研究者评价结果的理论和实践意义。当结果与研究者期望不完全符合时，会特别有趣。在这样的情况下，仔细考虑研究者的解释，看其是否真的合理。通常情况下，研究者也会报告影响其结果的任何东西，并提出克服这些限制以获得对问题更好理解的进一步研究。

有些研究不见得有很明显的实践意义，而有些领域（比如偏向应用的管理营销）没有实践意义是不行的。

有些读者发现在阅读其他内容之前，先读讨论的前几段很有帮助。类似摘要，这几段通常包括了研究报告的主要观点：假设是什么、主要发现是什么及其是否支持了原始假设、结果如何与先前研究和理论相联系。在阅读研究报告之前，了解这些信息能指导你的阅读，使你能够聚焦于完整理解研究所需要的特定细节。例如，对结果的描述会提示你研究的主要变量。如果你对它们不熟悉，你便会在引言里关注它们是如何界定的，并在方法里关注它们是如何操作化的。

这就是重复。这里的重复其实挺严重，你会发现文章就是翻来覆去写，第一句总是主题句，最后一句总是总结并提示下面的句子。要习惯，这不是啰唆，这是写清楚。

阅读完全文之后，重读讨论的前几段和摘要非常有用。如上所述，这两部分提供了对研究报告主要观点的高度概括。正如它们可以帮助你阅读研究报告一样，它们也能帮助你在读完后巩固你的理解。它们会帮助你检查你是否理解了报告的要点，并用作者自己的话对研究提供简洁的概要。

这说明讨论的第一部分就是摘要的中间部分的扩写。

在阅读讨论部分时，尝试回答这些问题：从研究中可以得到什么结论？对于研究问题，该研究提供了什么新信息？研究是否对解决该问题有帮助？研究结果有何实践和理论意义？结果和先前研究相反吗？如果相反，研究者是如何解释其差异的？

就这些。

多研究报告

通常，单研究的短报告比较少，投稿的时候投短报告的也少，我倾向于让学生做多个研究再去投稿。我觉得拆一个研究发多篇论文，不如发一篇厚重的论文来得爽快，当然这是自己的选择。

至此，我们内隐地假设一个研究报告只包含一个研究。但是，一篇文章描述一系列研究也很常见。在这种情况下，每个研究报告都会有我们刚刚勾勒的同样的基本结构（引言、方法、结果和讨论），例外的是，有时候各个子研究中的结果和讨论会合并。合并的“结果和讨论”部分包含了分开的“结果”和“讨论”这两部分通常应该有的内容。有时候，作者会把所有结果都展示出来之后，再集中讨论这些结果的意义，就像在分开的结果和讨论中一样。但在其他情况下，作者交替描述每个结果并分别讨论其意义。不论哪种方式，你都应该注意相同的信息，即我们在上面单独介绍的结果和讨论部分中应该注意的那些信息。

子研究里要不要讨论？要，写在一起就行了。写多少合适？其实这里的讨论和后面的总讨论还是有很多重复的。

系列研究报告和单研究报告的不同还包括，前者有更一般性的引言和讨论。一般性的引言通常始于研究报告正文的开始，它和单研究报告的引言精髓类似。这两种情况下，研究者都描述待研究的问题及其理论和实践意义。他们还会展示如何推出假设，并解释其研究和先前研究有何关系。相比之下，系列研究报告中每个子研究的引言通常非常简洁，并更具体地关注每个特定研究的逻辑。这种引言通常描述每个具体研究所用的方法，概述其如何回答先前研究没能很好解决的问题，包括同一篇文章中前几个研究没有解决好的问题。

一般来说，研究是要推进的。因为自变量、因变量、情境，这些都是具体的，而结论是抽象的，我们永远在用具体的东西概括推论抽象的，这其实无法完成。当然这个集合越大越好，所以研究能平行推进，即换操纵、测量、所处情境等，也能因为解决上一研究问题而递进推进。有时候我们一研究就要纳入所有可能的变量，这好吗？当然可以，但是也可以从简单关系开始，由简到繁地推进。

一般性的讨论是对每个子研究的平行讨论，除了口气宏大一些。它会呈现每个子研究讨论中的信息，但将所有研究结合起来考虑其意义。一般性的讨论会将研究的主要观点升华。它通常始于对研究项目主要发现的简单概述、与原始假设的关系，以及其理论与实践意义。因此，一般性讨论的开头与每个子研究开头的讨论对应。它提供了一篇文章的研究大意，可以被看作是文章的结构框架（在先看时），也可以被用于检查你是不是理解了文章的主要观点（在后看时）。

还是这句话，讨论中重复的话最多。

研究报告是讲故事

这个观点被很多人批评过，被认为是社会心理学不好重复、有很大随意性的思想原因。但是我认同，研究就是故事，因为社会科学其实难做，社会心理学要解释，还要理论，要把故事讲好，单纯描述没有意思。

研究报告其实是在讲一位研究者或者一组研究者如何探索具体研究问题的故事。因此，研究报告的头、肚、尾应该有线性叙述的结构。在贝姆的如何写研究报告的文章中，他说一个研究报告“形如沙漏。它始于宏大普遍的概述，进而缩为具体研究，接着又扩展到更一般的考量”。

我说过，想大问题，做小研究，就是这种沙漏。

这种形式大致反映了科学研究的过程，其中研究者做了如下这些事情：（1）从一个宏大的想法出发，基于先前研究，形成一系列细致的假设（引言）；（2）设计一系列具体的操作，去检验这些假设（方法）；（3）分析收集的观察数据，并考察它们是否支持假设（结果）；（4）探讨更宏大的理论和实践意义，并思考其对所研究问题理解的贡献（讨论）。虽然这些阶段区分得有些随性，因为真实研究通常以不同的方式来进行，但是这样的区分有助于阐明研究报告的内在逻辑。

在阅读研究报告时，牢记这一线性结构。虽然记住一系列看起来不连贯的事实信息非常困难，但是当这些事实以一种有逻辑、叙事的方式组织起来时，它更容易理解，也更容易记住。因此，始终牢记研究报告是在讲故事，这会帮助你组织你所读到的信息，并记住它。

这是在说，研究都是零散的，是靠研究者的逻辑组成的。所以多用逻辑词很重要，“因为……所以……”“虽然……但是……”“第一……第二……”“而且”“反而”，这些词会让你在本来没逻辑时变得有些逻辑，这是心理学研究结果。

把研究报告当作故事并不仅仅只是个方便的比喻。研究报告其实就是故事。故事可以说包括两个部分：告知何事发生，解释为何发生。人们有时候将科学看作是对事实的简单归类，但不从事实推论更多。科学，包括社会心理学，其目的是解释事实，解释为何发生。社会心理学建立在发现和辩护的动态交互、系统观察和理论解释的对话之上。虽然研究的确报告系统观察所得的新颖事实，但这些事实还是服务于思想的。孤立的事实只能流于琐碎。用解释性理论串起来的事实才是科学。这就是故事。要真的了解研究者想说什么，你需要思考他对结果的解释。

我赞成这种说法，观点高于一切。心理学要数据，又要讲故事，很难找到这种文理要求都高的地方了，这也是有趣的地方，没必要说它完全是自然科学。然而即使物理，理论也更重要。在这个时代，心理学缺的似乎反而是大理论。

其余的故事

这是在说评价研究。我很强调看顶级期刊的研究，但请千万不要神化它。我经常也说它们有问题，是想给学生信心，不是说它们一无是处，也不可能一无是处，顶级期刊的文章都是很值得模仿的。

哪有什么研究（research），只有寻找（search），再找，一直找。你通读了研究报告，了解了研究者的发现和他对结果的解释，故事其实还没完。任何研究结果都不会只有一种解释。不同研究者通常会用不同的方式来解释同样的结果。

看完了我们肯定会有各种想法，这很重要，我会把它们都写在文献上，怎么想就怎么写，意识流地写，因为刚看完的感受最真实、最重要。过段时间第二思维系统一加工，就基本是另一个味道了。

让我们花点时间来消除一个烦人的谣言。谣言是这样的：研究者非常冷静地报告其研究，只想告诉读者他的发现及其解释。事实上，研究者不止想告知读者，还想说服读者。他们想让你确信他们的想法是对的。对一系列结果的解释从来不会只有一种，当然肯定有一些解释好于另一些，一些解释要适合于现有数据，一些解释更简约或只需要更少的待检验假设。这里想说的是，研究者对其想法充满激情，想要你相信它们。当然，你信不信其想法，这取决于你自己。

研究者都是有倾向性的，这是肯定的。文章最后他们会说自己有局限，那要么是他们自己卖个小破绽，要么是审稿人提的问题无法回答直接贴在那儿的。

让我们将社会心理学家同售货员相比较。社会心理学家和售货员都想卖给你东西，前者是想法，后者是商品。你得决定买不买，无论买不买你都可能犯错。如果售货员的营销策略让你眼花缭乱，而不去仔细思考，你最后就会去买一些你根本不需要的残次品。做了几次这样的事情后，人们就开始愤世嫉俗，对任何营销刀枪不入。这也很危险，如果你对营销策略抱以愤世嫉俗的态度，你也可能会错过真正有用的产品。因此，通过类比，如果你对阅读研究报告过于挑剔，你可能会忽略一些真正能够用于解释人类行为的想法。

过于愤世嫉俗就没有敬畏，这在心理上会缺点东西。你如果完全没有神圣感，在职业生涯早期就学不到东西，到了更老练的时候再去做类似选择吧。

这就提出了一个重要的问题：阅读研究报告时应该多挑剔呢？某种程度上，这取决于你为何读研究报告。如果你读它只是因为想知道研究者对一个特定问题想说什么，那么你不需要太过苛刻。如果你想用该研究作为新研究的基础，那么你就需要更挑剔一些。当你想发展对心理学理论和研究方法的新理解时，你就还需要发展出在多个层面批评研究的能力。每个研究都能在某个层面上被批评。像雅各布·科恩所指出的那样："一个成功的研究也没有完备地解决一个问题，它只是在理论层面上更接近解决。"因此，作为研究报告的消费者，你必须在过度批判和过度接受中取得微妙的平衡。

这其实不好把握，也就是说你的态度是不神化也不否定。作者不平静，你得平静。

在阅读研究报告时，至少在最初，试着暂停怀疑。尝试去理解研究者的故事，也就是尝试去理解事实（即研究结果，及其获得的过程和可能的解释）、研究者对结果的解释及其意义。当你真的理解了作者想说的之后再去苛责他。

我也常说，批评别人得了解别人。我在批评某些学科某些所谓学者时，我都是认真读过他们的文章的，哪怕心里再厌恶。

研究报告不仅具有重要的档案功能，记录研究和发现，它还有宝贵的激励功能。它可以激励研究者加入对某些问题的探索，或激励研究者将新理论或者新方法应用于新问题。杰出的社会心理学家埃里奥特·阿伦森是这样看待研究的激励功能的：他承认发表文章后，希望自己的同事能够“看到它，受它鼓舞，被它激怒，被它烦扰，进而继续研究并做得更好。这是科学最令人兴奋之处，即人们在彼此的研究肩膀上交替前行”。科学是累积的事业，每项新研究都基于先前做了（或有时候是没有做）什么。通过这样的方式，研究论文让社会心理学永葆活力。

一定要多写，每天定时写，必须关掉手机写两个小时，无论写什么，下笔就有益。研究做完了，不写出来等于什么都没有，别说积累了，也只能在你心里积累。我自己也有这个问题，大段时间不多，大量结果没有来得及写出来，但是一旦写作被打断又容易烂尾，写作的激情一旦褪去，就不想再写这个特定文章了。所以有想写的冲动时一定赶紧抓住，不要被打扰，一口气写完。

一项研究能够以以下方式鼓舞新研究：（1）它能让人对假设进行更好的测试，更能排除对结果的替代解释；（2）它能让人去探讨研究结果的边界，去测试结果的适用性，并探索不适用的情况；（3）它能让人去检验结果的意义，并进一步对现象进行科学探索；（4）它能激发人将研究结果或者方法应用于其他领域的探索；（5）它能激发人在特定的现实世界问题中去检验研究结果，去看看结果是否能够阐明现实问题。所有这些都是原始研究的绝好延伸，无疑，这些也是研究结果刺激新研究的方式。

这就是你如何推进研究的方式！总结来说，就是找调节，换领域，去应用。这就是告诉我们思考的方向。

迎面而来的争议问题就是，读完研究报告想去做研究的第一步是：重新更好地做一遍这个研究。有时候这也是可取的，尤其是在研究问题的初期，研究结果非常新颖也许出人意料时。但是重做一遍一项合理可靠的研究，没有任何推进的话，它不会对人类行为的理解产生任何新知。虽然新研究可能更好，但它也不可能是完美的，所以这个逻辑下，你能一遍一遍地做下去，但也永远达不到不受批评的完美状态。某种程度上，研究者必须使研究证据足够令人信服，以避免重复最后四种形式的研究。正是这样的研究最能促进我们对社会行为的认识。当你阅读了更多的研究报告后，你会变得对判断一项研究是不是足够好这样的决策更加自然，并对之释怀。这是一种有些主观的判断，你必须谨慎对待。

这真的非常重要，别总想重做一遍。现在确实有重复研究，还能发表论文，我想这是特定时间的问题，这样的论文也永远无法成为你的代表作。我对学生还是有更高的要求，要有自己的思想。也不要说“别人做得不好都发表论文了，我要重新做一遍比他做得好”，没必要，在他基础上检验更深层的假设更好。

社会心理学家完成研究报告用以发表，是因为他们相信自己对社会行为有了令人兴奋的新知，并想与人交流。大多数研究报告投稿后都被拒了。因此，最终发表的研究报告不仅是作者认为其有用，其发表期刊的编辑和审稿人也如此认为。至少有这些人相信他们写出和发表的研究报告有些重要而有趣的东西值得一说。有时候，你不同意，毕竟并非所有的期刊论文档次都是相同的。但我们建议你，在开始阶段，把这些善意的社会心理学家往好处想，看看他们在兴奋什么，去试着理解作者的故事，看看它能将你引向何处。

当然有些杂志确实质量不高，但是顶级期刊一般还好。不要迷信影响因子，好杂志靠的是它这么多年的学术口碑，看就是了。存有善意，当是作者，逐句琢磨，好好习得，总结规律，心里有数，看就容易，做就规范，写就不慌。

我怎么看待文献阅读?

先简单看看

看文献先看标题

标题上面是杂志

杂志后面是卷号

卷号后面是期号

期号后面是页码

标题下面是作者
作者下面是单位
单位下面是邮箱
邮箱下面是摘要
摘要下面关键词

如果是本书
看图书先看前言
看论文先看致谢
看完前言看目录
理论上再看首章
想看哪章看哪章
翻翻两章知风格
知道风格就评价
真不高兴再放弃

如果换成文章
先看摘要再看图
看看引言第一段
没有兴趣换下段
都只看看第一句
再看什么随你便
如果是我看结果

心里知道怎么做
讨论是个技术活
不想看就先不看

看引言
他为什么要做这
研究目的是什么
研究假设是什么
为什么提出假设
根据什么大理论
之前研究完整吗
如果漏掉为什么
这研究有意义吗
是增加还是改变
讲清楚这事了吗

看方法
这样瞎做真靠谱吗
自变量操纵好了吗
别人这样做过了吗
因变量观察好了吗
其他都控制好了吗
概念有没有瞎操作

控制组真的合适吗
随机分派是真的吗
我能重复这研究吗
实验程序有效果吗
主试有没故意暗示
旧方法应该多苛刻
新方法应该多容忍
这些被试真的够吗
这被试有代表性吗
这个实验骗人了吗
他说被试知情了吗
这实验符合伦理吗

看结果

这个效应计算显著吗
不是因为样本太大吗
算出效应量会怎么样
检验方式真的合理吗
统计量的选取合理吗
数据过程写清楚了吗
他用了所有的数据吗
是有数据被删去了吗
为什么数据会被删去

看讨论

结果他说清楚了吗
先前研究对比了吗
有没有何争议存在
有争议如何去解释
没争议有什么新意
贡献到底有些什么
你真觉得贡献大吗
自己承认有局限吗
这个局限真的大吗

看完了

看完是不是就完了
你记住了什么东西
把什么内容讲出来
你还能做点什么吗
是不是把它给删掉
其实删掉就删掉吧
把它放在文件夹里
开个文档要写下来

怎么讲

讲最主要要有趣

你得喜欢这东西
得有自己思考呀
得有逻辑讲清楚
要能不怕别人问
不知道说不知道
讲文献不要太水
简单讲又不超时

怎么写

写作应该像讲故事
故事开头提个问题
慢慢解答这个问题
写得生动而不拘束
重要的是引人爱读
别人关心你要写到
写得多了你就会做
写得多了你也能发

34

如何研究积极心理学

最高阶的积极心理学学习者必然是研究者。我的观察是，许多积极心理学的学习者最后都想自己研究，但是缺乏良好的学术训练，导致研究无法良好地控制与进行。当然，有时候研究也是图个乐，但是我们可以尽量乐得科学。这篇文章原本是写给我的研究生看的，都是个人化的话，讲的是研究生开题，当然，也可以给开始做研究的人一些最基本的参考。

我刚下飞机。上飞机前有个研究生因为想逃避组会报告，居然临时找各种理由说不去，去了又临时说不报告，我在机场和他视频，这叫我不能忍，这叫不负责任，也毫无尊重可言。下了飞机回来首先就想给这个学生写一封信。既然愿意学心理学，那为何不能更投入？

你们别看我平常嘻嘻哈哈的，口头禅是“随意吧”，其实我还蛮严的，而且喜怒形于色，性情想必你们都已经知道了。我把你们都当家人，你们也是知道的，是家人，在你们面前就不用印象管理，偶尔发火是怒其不争。没有斗志且懒，是我最气的学生的样子。

硕士生下学期要开题，你做了什么才能开题？我觉得你们对这件事情看得很淡，这是缺乏对学术的敬畏和嘲笑制度。我再说一遍，这不是游戏也不是过场，不能混，至少我要求你们必须尊重学者，敬畏学术，严肃制度。

1. 选题和方向

今天问了下学期要开题的同学，我觉得这学期一学期的课已经把你们上懵了，研究生不是去上课写作业，那是本科生。学术训练，训练的是你们的思维，是训练你们的想法、方向与规范的做法。我不知道你们从课上得到了什么，如果没有得到我说的东西，那别去上课了，有什么用？课是为了让你们有所领悟，不是让你们完成学分，作为拿到学位的工具。

我让你们看文献，我自己把几十篇基础文献摘出来，订好做成一本书发给你们看，定时给我发文献报告，有的同学可以完成，有些不能完成。不能完成的同学，你可以找一大堆理由：你英语不好看不懂，学院要组织合唱你要去参加，你身体不舒服，你要去听院士讲座，你要完成课程作业……我不想列这些东西。在我看来只有一个理由，那就是懒。你说英语不好，我一字一句讲给你听过，是吧？你说要合唱体会研究生生活，我说可以，去。你说实在看不懂，我说那就从中文文献开始看吧，说真的这种让步我都想不到。中文文献没有阅读障碍还看不懂，那就是完全没有用心!

导师并不是要一字一句给你们讲文献的人，看不懂可以再看一遍，谁开始不经过这个过程？怎么读文献，我和实验室其他老师一遍一遍讲过。我想，导师也并不是要给你一个题目的人，我希望你们去做自己感兴趣的课题，我甚至从未规定过你们做什么吧？但是你们不能拍脑袋决定，问题和方向得从前人研究那里去找啊！当然也可以从生活中、现实社会中找，这很重要，但是这不代表你找完课题可以不去看文献吧?!

我想至少你们的选题也得在社会心理学领域内吧？我也希望你们去探求宇宙的奥秘，造个飞船，谈个量子力学，做个阿尔法围棋，但是我不懂，我也一点建议都提不出来，这不应该是导师允许的事情。你们要不要做我的研究方向，其实我很松散，我觉得兴趣也许重要一点。我的项目都是我自己做，我自己写，顶多就是让你们引申一些研究方向。但是，鉴于你们现在连阅读量都没有，那就别再谈兴趣，认知失调产生兴趣，投入就可以了。我打算给你们个方向，注意是方向，不是题目。你要是觉得某个方向困难，那就是文献读得太少了，看多了自然会知道面对一个问题应当如何思考。现在是我教你们要如何做，我甚至很多时候教你们怎么做都很困难，我在说的时候，我觉得你们没在理解，却都在点头，你们根本不清楚我为何如此说，只因文献读得太少了。

选题和方向一定基于文献的积累，没有读个至少几百篇文献别谈学术、谈你做什么，我们是做社会心理学的，不是哲学，不是社会学，不是心理学史，研究的训练远比经典重要。我对经典书没有偏见，我自己每天都看书，大半是无关的闲书，你有文献垫着再去看这些好吗？要不然你的理解是不一样的。再说一遍，看文献，顶级期刊上规范的论文，勤奋一点好吗？

如果你们可以开题，那就接着读下面的内容，这都是开题报告的组成要件。

2. 标题

我见过太多的论文标题，有些研究从标题就开始奇怪。有些老师会有些标题的执念，比如有人曾经告诉我他的本科毕业设计导师告诉他标题上必须要写清楚基于什么理论，这都非常奇怪。我也有我自己的执念，比如：

（1）请勿在标题最后加上“研究”两个字，这是个赘述，谁不知道这是个研究？你们可能会说老师你自己的论文都有“研究”，我确实不想有，终于到了由我说了算的时候了。

（2）你可以写副标题，但是两个标题不要是递进或者并列的关系。如果你文献看得多，你会发现前面的标题是为了吸引读者，而后面是研究内容。这很多人不会接受，但是我接受。

（3）我不想接受的标题形式是“A 与 B 的关系：C 的调节 / 中介作用”，太过千篇一律，我不希望我的学生如此没有创造性。

（4）别把“基于 ××× 理论”写在标题上——有事说事，别拉大旗作虎皮。

（5）别把“大学生”“西部大学生”这样的东西写在标题上，除非特别的发展性研究。你应该知道自己的研究是经由心理实在得出，具有良好代表性的，你研究的是一般性的结论。当然，如果你研究的是特殊群体，你可以写，但别告诉我大学生是特殊群体。如果别人质疑你“大学生”的概念，你应该知道怎么回答，这是心理学的基本训练，我示范性回答了多次。

（6）标题别超过 20 个字。那是个标题，不是一句话，更不是个从句。

其他请注意我平常的表达。

3. 文献综述

几个观点我简单来说：

（1）首先你提出的问题不能是拍脑袋想出来的，这表示你要研究的东西转化成研究的问题是需要看文献的，梳理文献是需要做文献综述的。

（2）综述可以直接写，当然也可以做元分析，后者只是看起来比较复杂，但是学位论文没必要炫技。

（3）学位论文的综述不是漫无目的地什么都写。比如你的研究基于解释水平理论，你没有必要把解释水平写个极其详尽的综述，因为那个体量是一本书。拣重要的说，如果你不知道什么是重要的，那就拣和你的研究比较相关的说。如果你不知道如何取舍，就去看看 JPSP 的文章是如何处理的，读几百篇论文，我不信你不会。

（4）你如果不知道文献找全了没有，这完全是经验不够。不存在找全没有，首先看你想做的东西有没有人做过，如果没有人做过，看几篇顶级期刊上类似主题的新文章你就能知道自己找全了没有。其他作者写的长篇论文，前面的综述已经很全面了，你可以参考，没有必要觉得漏了一篇就不动笔。

（5）综述不是罗列文献，切记。我见过有人罗列不说，居然还标出一二三四这样罗列，这万不可以。综述还需要评论，要阐述读完了你怎么看，不是把结论翻译出来就行。

（6）一定要去看顶级期刊的原文，不能找几篇中文文章把里面的东西拼凑一下就算完成。

（7）不要问我你需要看多少篇文献，这非常傻。你需要看的文献数量和访谈一样，以不能增加新知识为界限，这应该是没有止境，问这种问题代表你想停。

（8）综述是需要你构建一个框架来装的。肉都是一样的，每个人的骨架都是不同的。如果是一个概念，你就直接写这个概念是什么：定义和操作性定义，包括操纵和测量，接着是什么影响了这个概念，而它又影响了谁，什么东西调节了这些影响。大概也就是这些东西，看多了都一样，问这些还是没有看文献。两个概念或者集中假设之间的争论更简单，两边找异同，寻关系，摆事实，讲道理，写清楚就可以了。综述最重要的就是这个逻辑。

（9）切记文笔也是很重要的，没有让人读下去的欲望，这是不能忍受的。自己写完自己不想看的文章，你就直接烧掉别拿来给我看，我要看的是你写完觉得很好一遍一遍欣赏的东西。

（10）综述这种东西在你有写作欲望的时候写，这通常都是读了大量文章，然后又读了几篇总结的文章，自己感觉有点高屋建瓴了。不要停下来，一口气写完，写不完这些东西就容易烂尾写不下去。

（11）不要抄，不要翻译。翻译腔我看得出来，审稿也这么长时间了，从一篇英文综述直接抄过来是简便，我外号叫 Psychpedia，你们别侥幸。

（12）开题的综述至少达到《心理科学进展》发表的要求。

4. 问题提出

（1）我的研究生，我不规定你们做什么，但是有一点，必须有趣。什么叫无趣？别人说 A 影响 B，然后别人说 B 影响 C，我觉得这叫作研究空白啊！我想研究 A 到 C，这几个变量还特别小，没什么实际意义，一看就无聊。我非常讨厌你搞一堆问卷一发，回来算个模型，“A 与 B 的关系：C 的调节 / 中介作用”，文章还能发。但是，你是个研究生，这是做研究最好的时候！不要浪费在这样的研究上，它会压低你以后研究的上限。如果你是个年轻讲师要评职称，我非常鼓励去这样做，多发文章评上职称再做有趣的研究。我每次看见你们每天没有其他事情只看文献不知道有多羡慕，这个时候要做有趣的研究，哪怕不好发。其实有趣的研究不会不好发表。

（2）问题提出不是提出个大问题，不是个宏观问题，而是假设和假设的集合。意思是你需要有变量的思维，且不论这好不好，但是它能帮你很快简缩问题，凝聚最核心的观点。操纵自变量，控制无关变量，观察因变量，这不需要我再说了吧？心理学需要你有这样的思维方式，变量是抽象的，假设就是相对抽象而简约的。

（3）有些问题能保证你做出结果，很容易，你随意抽篇文献，看看它怎么提出问题的，把其中一个变量换一个类似的变量，重新做一遍，保证能灌篇水，但是那又怎么样？做好准备，做十个研究八个做不出结果，但是坚持做有点意思的东西，做新颖的东西，做能体现你创造力的东西。

（4）你要知道问题可以问得很大，但是做的时候的假设都是小的。别听别人尤其是社会学或者哲学的同学说你做得太微观什么的，心理学有自己的思维。说白了，每个学科都有一套自娱自乐的方法，我教给你们的既有情怀，也有这些自娱自乐的方法，保证以后毕业饿不死。

5. 研究意义

（1）不是非要有理论意义。但是你也不要妄自菲薄，你就是可以自己建立一个理论的，我说的是心理学意义上的理论，不涉及哲学、社会学的讨论。一篇硕士论文写了 10 页理论贡献我也不信。

（2）也不是非要有实践意义。你就用中产阶级大学女生点了点鼠标、填了填问卷，有什么实践意义？这种时候不要瞎吹。

（3）我鼓励你们去做有实际意义的研究，哪怕是去做现场研究，哪怕是去找特定的被试，哪怕是触及其他的领域，比如消费，我都鼓励，至少有点用不是吗？你发现女性领导穿红衣服容易被人知觉不道德，这也比“开放性调节了社会支配对幸福感的影响”有价值得多，不是吗？

（4）你找到别人研究的边界是不是意义？你换了别人一个变量是不是意义？你换了批被试是不是意义？也是，没什么大意义。

（5）不要以为发表的研究就都有意义，不要以为发个英文文章就有意义了。有时候攒个概念、编个问卷学报都不收，不要学这些东西，好好发挥你的创造力。

（6）研究的意义一定在于你的想法、创造性而非其他！

6. 研究设计

（1）研究你是不是需要设计一下？不要东一榔头西一棒槌，这东西是最考验你思维的，开题报告中这也是最重要的。

（2）我大致觉得，如果是博士论文，不少于 5 个研究，15 个子实验 / 子研究；硕士论文不少于 3 个研究，6 个子实验 / 子研究，少了我不接受。

（3）这里你得有个逻辑，如何铺开这些东西？要讲清楚。

（4）别问我为何别人有研究 1a、研究 1b，你是知道的，概念变成操作性概念实际上是具体化了，那么具体化的东西推论一般结论就有问题，需要多种方式的具体化，是吧？这是个原因。

（5）你别想拼凑一堆材料在那儿摆着，这是不好的，想，你得想这个问题。

（6）光想还不够，你是不是得做个预实验？如果研究做不出来你有预案吗？这都是边做边想的事情。

（7）注意，再强调一遍，这里你一定要写清楚逻辑关系。

（8）如果可以的话，方法多样化一些，实验、访谈、问卷调查、大数据、生理，你都可以涉及。但是我拒绝纯访谈的质性研究，可以作为其中一个，没有问题；我拒绝全是问卷的研究，可以作为其中一个，没有问题；我拒绝全是反应时认知任务的研究，可以作为其中一个，没有问题；我希望你们还有真实的行为指标。因为这是社会心理学，咱们就社会一点。

7. 具体研究

（1）如果有别人的成熟范式，你就不需要编新的，除非你能说明你的好处。

（2）我喜欢新颖的范式和设计，那一定得让人认可，亦即符合普遍的规范，操纵可检查，观察有效度。

（3）实验室设计务求精巧。

（4）现场实验可以控制不那么严格，但要能推论结论。

（5）记住心理实在、实验实在是不同于真实实在的，创设心理实在是你需要考虑的问题。

（6）每个研究既然已经拆成了自变量和因变量，那么你就要知道变量之间不是连续剧，实验不是一出戏，操纵自变量是操纵自变量的方法，观察因变量是观察因变量的方法，切记不要将二者混在一起。

（7）你不需要追求特别精细的统计方法，既然你们都是文科生，那么你们也不需要追求什么先进的统计软件，那都是舍本逐末的做法。了解数据来了需要用何种方法算，如果操作软件来算，怎么看结果怎么报告就可以了，这些东西一天就学会了，即使你数学不好。

（8）我不希望你们追求统计方法的先进，希望你们追求思维的快乐，后者有意义得多，别在最后把自己变成了方法霸权主义，不算个什么高档模型就觉得水平不够，做学术游戏一定要理性平和。社会心理学更喜欢精巧的想法和设计、简单的统计，哪怕是描述统计。

（9）顺便说一句，我从来不用文献管理软件，因为这也会导致时间精力的舍本逐末。我经常跟同事说，我连看的文献放哪儿、是什么都记不住我还做什么学术？

（10）做实验不要怕麻烦，想办法克服麻烦，而不是绕过麻烦；用问卷也别怕麻烦，切记要走完那些问卷的流程，别想当然编一个问题，弄几个离散变量就测了，记住心理测量是一门课，不是一句话的事儿。被试数量、Power 什么的也都有规范，我都讲过。

（11）写法就和发表的文章一模一样，除了没有结果讨论，但你要有预期结果。预期结果不要自己画个交互作用的图，你还没做呢，就这么详尽？

8. 时间进程

（1）开题之前必须发表一篇论文，可以是综述也可以是你的预实验（如果可以的话）。

（2）和论文一样，你就把这想象成一个 preregister（预注册）的过程。

（3）保证这是个真的时间进程，你是能做完的。

（4）中期、答辩的时间看清楚，我希望中期的时候你就已经基本做完了。

（5）不要在预答辩前一个月才开始写硕士论文。

9. 致谢

（1）再说一遍，尊重很重要，无论何时，致谢帮助过你的人。

（2）讲究礼貌。开题报告写完了，至少提前一周给答辩评委，在右上角写上请他们指正，签好名字。

（3）别到讲的时候还在那儿改幻灯片，讲话快点，不要急死人，不要边说话边叹气，有点自信。

10. 最后的话

第一，我理解的好的状态是你每天都在看文献，要开题了随时随地都在想开题，你可能会因为这种反思的过程而在某时刻顿悟。要是再有人跟我说看不懂英文文献，不想看，就请你直接换导师。

第二，不想做的事情不能到了要交差的时候甩手不干，不负责任是最大的问题。

第三，能不能有点儿自信？别没事说自己就是差，就是差还不努力？这破罐破摔的逻辑我都不能理解。不要觉得发表文章很难，多优秀的人才能发表文章，只要有点学术训练，这是最简单的事情，问题是你们得接受学术训练，有动机而勤奋。

第四，今天有人说，我为什么不能开题？上一级有的人做得好，有的人做得差，都开了啊。我请求你们一件事情，从此以后不做横向比较，跟你自己比就完了。不要跟我说有人就是找个数据库弄点数据算个模型就博士毕业了，而在你这儿就是个研究1a。别说这种话，学科不同，我不评论，别人的事情是别人的事情，别的导师是别的导师，你们觉得累可以换导师，我都签字，我和别人不一样，谁愿意来我都欢迎，谁想走我也祝你们幸福。

第五，不想读博，为什么不能混个学位？是的，不能，既然来了就请接受学术训练。不说那些鸡汤的话什么“以后你们肯定会感谢这些奋斗的日子”之类的，学术型研究生做研究是本分，干一行就爱一行，无他。

第六，我没有在开玩笑，达不到水平，无法开题就是不能开题；达不到水平，没有发表到我规定的文章，不能毕业就是不能毕业。我确实给了个高要求，但这在你们入学的第一天就已经知道了。

第七，最后说一遍，尊重。群里发个通知，至少要回复个“好”吧？@你们了都可以不说话，连个手机没电或者没看到的借口都不找，还真是责任分散，这是相互的事情。

第八，不要沉浸在“听说研究生没什么事情，过得很爽”的幻想中，比什么都累。我读个博士四年头发都白了一半，没有要你们这样，但是至少不轻松。

第九，每天保持阅读和写作。但不要看了点东西、写了点东西，就心理放纵。形成习惯，这是正常的事情。更不要做了点儿事就感动了自己，你羡慕的人没有人是随随便便、不努力天上掉个馅饼的。别感动自己，勤奋，这都是正常的事情。

第十，不要沉浸在你上了名校的虚荣中。交大不是什么斯坦福、伯克利，连清华、北大都不是，你没有做着玩以后就能进个好学校找个好工作的资本。不要觉得你导师不错，你坐着不动就能教好你。我指导的研究生都还没有毕业，别人说我是好导师，其实一点信效度都没有。只有你们才能证明我是，请努力。

后　记

三　十

这是一篇老旧的纯属虚构的随意文章，编到哪里写哪里，想到什么说什么。陈年旧事，心境有别，请勿对号入座。

小鱼儿快31岁了，生日前一天的晚上，他一个人走在校园里，找了条长凳坐下。想想人生也快，想得没有过得快，过得没有风把叶子吹落得快。感谢糟糕的自然环境，都已经到了冬天了，他往大衣里蜷缩了下，把两只手打开搓了搓，便插在了袖筒里。他低头看了看这个姿势，惊异了一刹那，也无奈地笑了。是啊，这不是没来过东都的人对东都人民普遍的认识吗？

30 岁的这一年，对小鱼儿来说太奇怪了。在这一年开始的时候，小鱼儿的博士后做到一半，刚刚准备找工作。说是找工作，其实也就是准备去工作，不用找。他的老师待他很好，老早就打算留下他，而他要留下的学校可是全国人民都神往的“南都大学”啊！

高考那一年，小鱼儿的父亲过年看着村子里请的菩萨路过家门口，大声说，儿子要是能考取南都大学，就把那个庙重新修一遍。小鱼儿不好意思地低着头，而大家都中邪一般地大笑着，因为所有人都知道，这是个笑话。确实，他怎么能考得取南都大学？事实上他的分数根本不行。也不知道是因为什么，那年他竟然比平时考得还要差很多，除了他擅长的作文似乎能吹嘘一下，其他成绩把他彻底压垮了，他不知道该如何应对，几乎真要破罐子破摔了。他不想面对所有人，不想和高中的同学联系，甚至包括他的同桌、他最好的朋友、他喜欢现在也许还喜欢他的女生，谁知道呢？反正能逃离是最好的选择吧。他也不知道如何面对父母，因为他知道父母也想找个地缝钻进去。

小鱼儿去了隔壁的海北省，在一个并不是省会的小城里上着大学，因为海北人大多也不富裕，海北人给人的印象并不好，当然海北话也常在小鱼儿的家乡被人嘲笑。那个时候的海北大学是个很刻板很落后的学校，把大学生管理成了中学生的样子，每周小鱼儿所在的物理学院要开一次大会，所有学生都得去。一个从专科升上来的本科生做他们的辅导员，总是说，大家到了海北大学，到了大城市了，这里不是你们农村，安全问题要注意云云。小鱼儿心里总想笑：是啊，打车二十分钟能坐个对角线，好大的城市。他来自省会，而同学里见过小城市的人都不多，所以辅导员私下找小鱼儿，让他去院学生会做个办公室主任。小鱼儿傻，根本不知道这是辅导员开恩，一般一个大一新生如何能直接当上个这种“官”？一心想离开海北的小鱼儿说他要学习，随随便便就拒绝了。小鱼儿没撒谎，他确实一心想要学习，可是他因为这就得罪了那位辅导员。

在海北大学的 4 年里，小鱼儿没日没夜地学习。那时没有高铁，坐火车时间很长，从家里去海北需要 10 个小时，每每下午到海北，小鱼儿都要背着个一边带子早已断掉、用根红绳子接起来的斜挎包自习到晚上。那个包是爸妈买给他的，他没舍得扔掉，其实累死还要跑去自习多半也是给自己一些心理上的鼓励，但是小鱼儿总有这种执念。大学 4 年，小鱼儿过得很平淡，从不参加任何学生会、学生社团和集体活动，班级一起出去玩、组织活动，他都嗤之以鼻，因为他要学习。可能他只顾埋头背书太清高，隔壁两个东都的同学总是要给他制造麻烦，一个苦肃和一个陕东的同学没事要传传小鱼儿的坏话，还总要坑一坑他。考英语六级的那天早上，陕东的同学报警说小鱼儿和室友踢坏了他们的门。是的，小鱼儿室友的脚印真的在他们门上，但是是他们往小鱼儿宿舍门上泼洗脚水啊，这还是个计。辅导员对小鱼儿积怨已久，再加上陕东的同学是她最爱的学生会干部，也就了了。毕业的时候，小鱼儿考得好，苦肃的同学请他吃饭道歉，陕东的同学端着酒杯搂着他说要一笑泯恩仇。小鱼儿都僵着脸，不说话，心里想：逻辑何在？毕业也并不是宽恕的理由啊。不过他心里还真的没有太当回事。

小鱼儿真的当回事的只有学习。那个时候海北物价便宜，小鱼儿把钱大半用来买书，另一些用来和几个关系好的同学每天不在食堂吃饭。没有亚马逊、京东的时代，买书不易，全靠周围几个小书店，小鱼儿把物理学相关的书都买了，然后就去看，自己做笔记，也尤其喜欢抄那些教科书。今天再看来，这些教科书的水平和质量真的很差，但是那个年代小鱼儿对这些教科书和作者无比敬畏，好好地包好，怕弄脏。他买了 30 个笔记本，一本一本地抄着和背着书上的内容，他特别喜欢圆珠笔写在纸上的感觉，因为那不容易让他想起小时候每天被逼着练字的情形。慢慢地，30 个笔记本都写完了，原来和他一起自习的人往往也没有了长期坚持的耐性，他倒是熟悉了学校各个自习室的位置和开放时间。大堆教科书的内容基本都背熟了，课上小鱼儿觉得应该是没有问题。可惜大学并不总是你想象的那样，你真的都懂了，却往往拿不到很高的分数。比如有门物理学史，老师每次讲课都有至少 80% 的人睡着，小鱼儿自己背得滚瓜烂熟，考试却不足 80 分，那个年代不能复议成绩。历史有趣，十年后小鱼儿自己却在南都大学教最好的学生物理学史，而当年那位物理学史老师却被人在旧语丝上指责。

那个一门心思学习的年代，最好的事情是碰到了大脸猫。大脸猫是小鱼儿的同班同学，大学上了两年多都没和小鱼儿说过几句话。这不稀奇，因为大部分女生都没和他说过几句话。不认识的女生们流传着小鱼儿的各种闲话，大脸猫说那些基本没有真实的。这个清高的小鱼儿没有时间去理会这些同学，他要学习，要离开海北大学。大学的最后一年里，大脸猫保送了海北大学的研究生，还会继续读下去，而小鱼儿则一心要离开。

快要考研的时候收到消息，考研政策那一年要改，学校不再自主命题，改由国家统考。这意味着小鱼儿背的大半科目没有用了，他也没当回事。考研的时候做了个保险的选择，并没有选择物理学最好的南都师范大学，而是考回了家乡的师范大学。考专业课的那天晚上，他一如既往地躺在床上想来想去，一夜未眠。早上拿一个小杯子冲了 4 条咖啡棒，搅一搅喝掉，进去就考试。走出考场就跟父亲说，这次专业课的分数应该在 280 分以上，因为所有的题前一晚上他都猜到了，如果要扣分，就是因为太困把最后一题的答案写在了答题纸的倒数第二题上。那年分数出来，他得了全省专业课最高分。小鱼儿才知道，“高考没考好”怎么都是借口，功夫不到，考试才有随机性，真的下了功夫，不睡觉也一样能考好，这是真理。

在家乡师大，小鱼儿阴差阳错地没有去学发展物理学，而改学了物格物理学。他记得前一年他都没有在组会上怎么说过话，因为自己并不是好学校考来的，要谨言慎行。看着师兄师姐每次讲自己的文章，小鱼儿心想这比自己想象的简单太多，高中大小考试，包括每次的模拟考试都是作文满分，写点文献综述不难啊。其实也真的不难，后来小鱼儿在南都大学的课上总给学生讲如何去写，也不知道他们有没有把他的话认真地听进去。

论文慢慢在家乡师大算是发表得多了，导师想留下他来，而小鱼儿还想有更大的追求。他想去首府南都，那里有很多他只在书上看到过的名字。他的硕士导师给他推荐了一个名字，一个著名华人物理学家，刚刚回到中国，在南都大学复建物理学系。这个名字太响，小鱼儿觉得这也距离太远了，肯定是考不上的。于是他又自己联系了南都师范大学的院长，也是一个著名的物格物理学家。院长挺喜欢小鱼儿，小鱼儿也很喜欢院长和院长的研究，就打算下定决心去院长那里好好发展，以后看能不能回家乡师大做个老师。

事情也难料，这位华人物理学家给了小鱼儿入学考试的满分，这几乎是小鱼儿从小到大得到的第一个满分，后来听说也是南都大学博士历史上空前绝后的满分。小鱼儿感到了从来没有的强烈的被欣赏和重视的感觉。他选择去了南都大学，而非常愧疚地放弃了南都师范大学的机会。小鱼儿自觉这辈子对不住的就是那位他非常喜欢的院长，这么多年看到她时都不敢去和她讲讲自己的近况，虽然他非常想。

博士的故事太多太长，小鱼儿坐在板凳上都来不及一一回忆，也不知道怎么回事，他一跃拿到了象征学霸的南都特奖，成了学校里的名人。他一如既往地勤奋工作，挖空心思地想着新点子、发表文章、笑着面对所有人，也真的去帮助所有只要开口的人。终于，这里，南都大学物理学系，让他有了家的感觉，导师也成为了他人生中最重要的人。他想要留下，比任何人都对这里有归属感，比任何人都爱他的系，系里不少老师甚至还没他在这个系里待得长，还没有他熟悉这里的环境。

南都大学在他博士后最后一年里改革了，程序复杂，要求更高，但是小鱼儿从来没有害怕，他觉得自己可以，自己只要聪明、勤奋、忠诚地做事情，老老实实地发表论文，其实什么都可以不怕。问题是南都大学会要他吗？他相信他的导师。这么些年，小鱼儿也不是没有别的事儿做，他因为特奖一张照片被导演相中，说找了一百多个物理系网站上的年轻老师的照片，小鱼儿形象不错，邀请他做个嘉宾主持，参加国家电视台的某节目。8 期节目录完，负责节目的娱乐公司递来一份艺人合同。那天节目录得晚，回到学校，小鱼儿去学生宿舍楼下买了几个串，骑车去池塘边，边吃边笑，想都没想就拒绝了做个娱乐明星的想法。他觉得自己还是一个做学术、爱思考的简单的人。

因为南都大学要进行国际评审，最终的录用结果一拖再拖，每次一拖就是几个月。这期间小鱼儿焦虑万分，谁也无法给他一个答复，当然他相信谁都在帮他努力。系副主任好心跟小鱼儿说，你可以去联系其他学校，小鱼儿感激，也真的去联系了。学校的招聘会上，小鱼儿拿着简历随意投了几所家乡的学校和几所外地不错的学校，出乎意料的是，他们都答应给小鱼儿最高的职称和最好的条件。小鱼儿的母校家乡师大也是一样。

其实小鱼儿根本没有想过要走，他知道，南都大学是个梦，他也相信梦其实不会碎，但是这个梦拖得太久太久，小鱼儿没法不去思考如果哪天梦真的碎了，他会怎么办。有天晚上，小鱼儿上物理学史，下课出来，他和师弟聊天。那段时间的小鱼儿总有点儿预感，他迫不及待地想要将自己所知道、所了解、所熟悉的学术经验毫无保留地教给师弟。说是师弟，其实小鱼儿当他是自己的学生，这并不是贬低，而是他真的很用心去教，每每这个时候，他也能感受到一丝师生情谊。对班上的学生也是一样，因为心神不定，小鱼儿每次上课都非常语重心长地跟他们说很多自己的经验，慢慢地，他觉得课的内容其实也不重要，大家买本书都能看，而他自己对课的理解却是他走后，学生们再不能知道的事情。虽然也无关痛痒，但他选择去影响更多的人。那天与师弟在路口聊着天，突然原来和小鱼儿有过合作的一个年轻人走过来，小鱼儿和他寒暄了几句，问问他的近况。小鱼儿知道他和自己一样，也是南都的博士，留校做博士后，也和小鱼儿一样拿到全校只有10个人的“优秀博士后”

称号，接着当老师，做辅导员，还住在学生宿舍里。这个合作者的背影让小鱼儿肃然起敬，他也感觉到了自己和合作者一样，都是不错的年轻学者，也都在甘守清贫的生活。小鱼儿坚定地觉得，如果南都大学要他，他没有二话。无论是对自己的学术追求还是对导师的信任与回报，虽然有更好的条件，但他想不出自己为什么要走。

无休止的不确定性真的是将一个人击溃的最好武器，小鱼儿无法不给自己找些后路。小鱼儿回了趟家乡，他的母校还有硕士导师热情地接待了他，甚至连面试都不需要，副院长待他太好，许诺教授职称，提供资源，也让他做一个分支学科带头人，还许诺无论如何也要解决大脸猫的工作。这会使得小鱼儿一跃成为各种“最年轻教授”而名噪一时。但母校毕竟是母校，小鱼儿敬畏之，却也无限感怀，他还是希望留在南都做一个默默工作的年轻老师。

以小鱼儿对自己的判断，他觉得新的体制甚至更加适合自己生存，因为凭能力吃饭，这是他作为一个海北大学的本科生，能够站到南都大学的讲台上，所一直坚信的原则。他预估自己很快就能升到副教授，他也非常相信导师会全力帮助自己。但是小鱼儿开始听到很多传言，有些来自他认识的人，也有他从不认识的人。说他也就那个水平，全靠导师，导师厉害得除了给了他特奖还留下了他。人心可畏，但小鱼儿觉得这没有错，导师就是对自己很好，他从来不解释，也从来没有把这些当回事。他反而暗暗也对自己说，以后自己对待学生要比自己的导师对待自己更好！每天晚上他依然在办公室里写论文看论文到很晚。最后一个学期其实并不孤单，大脸猫每天会和他一起去办公室写论文，还有小鱼儿的师妹小灰柴也会经常去自习写博士论文，大家今年都面临同样的事情，就是去哪儿工作。小鱼儿除了自己看看文献，还帮着她们俩进行论文的创作。时间过得快，也很有趣，但是晚来风急，这令人无限胆寒的时间总在撕扯着小鱼儿的思绪。不确定性下的他有些迷失，询问了很多人，教授们一部分告诉他应该走，另一部分告诉他还是应该留下来。他始终觉得，后者正确，那些告诉他应该离开的教授也许是因为没有待过南都大学，不知道南都的好。

这些时间里，很多话都无法与他人谈及，小鱼儿知道，很多事情他人也难以理解。大脸猫看着小鱼儿被不确定性压得喘不过气来，很多时候都不愿再和他讨论，因为善良的她也不想影响小鱼儿的决定。小鱼儿和小灰柴、师弟都聊了不少，和非常关心他的博士后导师也偶尔谈谈。那段时间有个奇怪的事件：一个不知名学校的学者发表了一项震惊学术圈的“高端”论文，几个月后，这位学者被广泛质疑。无论他的成果是否可以复制，但是当时他对媒体说的一句“只要你有 MIT（麻省理工学院）的水平，你在哪儿，哪儿就是 MIT”让小鱼儿受到了很大的鼓舞。

小鱼儿在不确定的无助下偶尔和父母聊天。心情总是不好，谁都不愿忍受各种心理变化。虽然小鱼儿知道无论发生什么，自己总会认知失调，但是他非常讨厌忍受看着自己慢慢失调，给自己找各种理由的过程。是的，人到什么境况都不值得怕，怕的是自己没有理由。留在南都的现实问题是，小鱼儿根本不会有机会等到南都大学的房子了，而南都的房价却是与科研人员待遇不成比例的高。小鱼儿是独生子，父母说要把家乡的房子都给卖了，来南都给小鱼儿换个小房子，还得找人借一笔钱。每每讲到这儿小鱼儿都不知该如何接话。他并不愿意父母将一辈子工作所得在南都换个小小的蜗居环境，而他却也真的无力改变。科研确实不能当饭吃。

当然南都大学也并非一好百好。小鱼儿始终是学生，他是个太少与人吵架的人，几乎能不与人争执就不与人争，生活上是这样，学术上却完全相反。有时候他因为闭关写论文忘记回复他人，有时候他因为不想说话被不少小辈认为“高冷”，其实无论谁找他，他几乎都不拒绝帮助别人。有时，一个学院做科研行政的老太太就可以颐指气使地侮辱他，也侮辱地位实在太过低下的年轻科研人员，觉得他们都是偷窃国家经费的贼，是乱咬人的狗。从不和人争执的小鱼儿就是要争这口学者之气，只是想让他们对这些并不容易地坚守着可怜学术信仰的年轻博士后们有一点起码的尊重。小鱼儿觉得，大学不尊重科研人员，那些什么“大师”“大楼”的说法想想也都可笑。在南都大学安心做科研，别人觉得光鲜亮丽，而实际上也许也谈不上什么心理感受。

小鱼儿发现自己慢慢也变了，他开始有些动摇，他在反思自己一心想要留在南都的理由。有时候反思的结果很奇妙，理由也许并不复杂，可能就是南都那两个字吧。多少比自己优秀太多的人想进入这儿却连门都摸不到，而自己竟还有一丝犹豫。这种神一般的殿堂可不是总能让自己一个凡人进来进去的，这种机会也许一辈子就一次。

未经审视的人生不值得过。小鱼儿总觉得这些都可以但又不能成为他留下的理由，如果困难和低概率能成为自己决策与行为的理由，那么自己不是成了沉没成本与认知失调的奴隶吗？也许更纯粹学术与更世俗现实的考虑都可以适合他。一个美国的好朋友问他：你喜欢南都吗？小鱼儿说：其实平常都不出南都大学的校门，你要问我喜不喜欢，我连南都的八成地方都没有去过。美国朋友说：你活在你的思想里啊，并不是活在哪个城市里。小鱼儿喜欢他这个说法，物理空间在哪儿，并不重要。

这个时候东都南洋大学向他发出了邀请，让他去面试。去年底去过一次东都开会，东都南洋大学就向他发出了邀请，但是一心想要留在南都大学的小鱼儿没有去。这一次东都南洋大学又邀请他参加学校面试，小鱼儿决定去看看。不为别的，也许是年轻，小鱼儿只是觉得南洋大学的院长中老师气魄斐然，也许在那儿，一个地处边陲又没有物理学科的学校里，能够安安静静地做些自己想做的事情。

其实小鱼儿决定去东都看看的时候，他已然知道自己能留在南都大学了，只是还没有最终校务会的公示。他也能看到自己一两年内的样子。这个时候没有了不确定性，却残留了充满不确定性的过程中不断失调的信念，离开也许并不坏。到了东都，因为也不会撒谎，所以小鱼儿基本以一种想什么说什么的论调回答着南洋大学的名教授们的问题。他一直都很诚实，也看不惯很多读书人染上的虚伪习惯。不过他知道这些表达太过直率，会让人觉得这个年轻人锋芒毕露，中国文化里藏锋还来不及，自己真的要去“木秀于林”，等着风摧吗？他觉得，反正自己也从没什么坏心，还是真诚点吧，哪怕真诚会让人不习惯。中老师在面试之后和他聊了 20 分钟，两人喝了杯咖啡。小鱼儿知道中老师是聪明的人，感到了尊重，也有些佩服中老师对学科的远景考虑和对一个初出茅庐的年轻人的看似无限信任。小鱼儿天真地以为，这是个再难遇到的好领导，而且如果来南洋大学，这便是一次创业，这和自己的导师 8 年前回到中国所做的事情一模一样。有一个这样的“投资人”一起创业，为什么不值得一试呢？这也是在致敬他最爱的导师。

面试结束他便离开了东都，他并不确定南洋大学最终会如何决策，但是习惯了不确定性的小鱼儿这次并没有将结果放在心上。回到南都大学，小鱼儿继续上课，最后一节物理学史课，他知道自己也许真的要离开这里了，他强忍着眼泪，下课时特别说了句："下课了，你们走吧。"学生也许没有意识到什么，还和平常一样欢笑着离开了教室，给他做助教的师弟大抵是知道的，小鱼儿站在讲台上良久，才把他的包拿起，叫他一起离开。命运的有趣之处在于南都大学和东都南洋大学的学校公示一前一后连续两天发给了他，他没有思考就答应了东都南洋大学。那一天大脸猫正在办自己进都的指标，小鱼儿让她放弃一个太珍贵的首府户口，跟自己去偏远的东都。

最不知道如何开口的是自己的导师。小鱼儿等他一回国便去找他，刚刚告诉他决定的时候导师很平静，小鱼儿有些懵。也许导师也太过惊诧于他的决定，有其他学校给小鱼儿非常好的条件，导师是知道的，他也推荐过，但是也许这是一个太令人震惊的决定。很多朋友、同门打电话来挽留，小鱼儿不知道如何解释。

要离开学校的那天晚上，小鱼儿打算去和导师告别。他挑选了两张照片送给导师，一张是自己穿着博士学位服与导师的合照，一张是自己得南都特奖时和导师与校长的合照。两人都没有说很多，导师嘱咐他保重，小鱼儿泣不成声。搭电梯、下楼、走出去、打开自行车，这些动作他不知道是如何完成的。望着楼上导师的房间的灯光，他一直待在那里，流着眼泪。这么长的时间，曾经以为自己会终老于此，最终却决定离开，即使做了离开的决定，小鱼儿也再迈不开腿，自己与导师的感情太深，从没想过有一天真的会走。第二天的告别组会，不出意外小鱼儿没说几句还是泪流满面，导师说昨晚小鱼儿走后，他也在流泪。

到了东都，小鱼儿安顿好，便开始了和原来一样的日子，如果没有特别的事情，他甚至都没去看看东都的风景，享受一下东都特有的古都文化。东都南洋大学的同学们都待他很好，最不寻常的事情是他和大脸猫结婚了，但是其实也很平常，只是有一天早上没有其他事情，他们去领了个证而已。生活还是一样，相处这么长时间，他们并不需要一个隆重的仪式或者礼节来证明什么。

坐在条凳上的小鱼儿站起身。东都降温了，他打了个寒颤，风吹着小雨点拍在他的脸上，眼镜被雨水滴得模糊，但他还是认得回家的路。